Pro .NET Performance

.NET
性能优化

萨沙·戈德斯汀 (Sasha Goldshtein)

[美] 迪马·祖巴列夫 (Dima Zurbalev)　著

伊多·弗莱托 (Ido Flatow)

姚琪琳 刘夏 陈计节 禚娴静　译

人民邮电出版社

北京

图书在版编目（CIP）数据

　　.NET性能优化 /（美）萨沙·戈德斯汀
(Sasha Goldshtein)，（美）迪马·祖巴列夫
(Dima Zurbalev)，（美）伊多·弗莱托 (Ido Flatow)
著；姚琪琳等译. -- 北京：人民邮电出版社，2018.8（2023.3 重印）
　　ISBN 978-7-115-48586-1

　　Ⅰ. ①N… Ⅱ. ①萨… ②迪… ③伊… ④姚… Ⅲ. ①
计算机网络—程序设计 Ⅳ. ①TP393.09

　　中国版本图书馆CIP数据核字(2018)第118970号

版 权 声 明

◆ 著　　[美] 萨沙·戈德斯汀（Sasha Goldshtein）

　　　　[美] 迪马·祖巴列夫（Dima Zurbalev）

　　　　[美] 伊多·弗莱托（Ido Flatow）

　译　　姚琪琳　刘　夏　陈计节　禚娴静

　责任编辑　杨大可

　责任印制　焦志炜

◆ 人民邮电出版社出版发行　　北京市丰台区成寿寺路 11 号

　邮编　100164　电子邮件　315@ptpress.com.cn

　网址　https://www.ptpress.com.cn

　北京盛通印刷股份有限公司印刷

◆ 开本：800×1000　1/16

　印张：18.75　　　　　　　　2018 年 8 月第 1 版

　字数：441 千字　　　　　　2023 年 3 月北京第 7 次印刷

　著作权合同登记号　图字：01-2015-0750 号

定价：69.00 元

读者服务热线：(010)81055410　印装质量热线：(010)81055316
反盗版热线：(010)81055315
广告经营许可证：京东市监广登字 20170147 号

内容提要

　　本书详细解释了影响应用程序性能的 Windows、CLR 和物理硬件的内部结构，并为读者提供了衡量代码如何独立于外部因素执行操作的知识和工具。书中提供了大量的 C#代码示例和技巧，将帮助读者最大限度地提高算法和应用程序的性能，提高个人竞争优势，使用更低的成本获取更多的用户。

　　本书共 11 章，第 1 章和第 2 章关注性能的度量指标及性能评测；第 3 章和第 4 章则深入 CLR 内部，专注于类型与 CLR 垃圾回收的内部实现；第 5~8 章及第 11 章讨论.NET 框架中的几个特定的方面，以及 CLR 提供的几种可用来进行性能优化的手段；第 9 章对复杂度理论和算法进行了简单的尝试；第 10 章则包含了一些独立话题，包括启动时间优化、异常及.NET 反射等。

　　本书适合已经拥有一定 C#语言和.NET 框架的编程基础，对相关概念较为熟悉的中高级程序员阅读学习。

序

截至目前（2012 年 2 月），最初的.NET 框架桌面版已经有 10 年历史了。我经历了这个团队从无到有，并在其中工作至今，且超过一半时间都是担任性能架构师。在.NET 十周年之际，我也在思索.NET 的现状及未来，以及该用何种"正确"的方式来考虑.NET 性能方面的问题。借着为这本专注于.NET 性能方面的书写序的机会，我想阐述一下我的一些思考。

为程序员提升生产力是.NET 框架一直以来的核心价值。垃圾回收（Garbage Collection，GC）是其中最为重要的方面，这不仅是因为它避免了一大类麻烦的问题（内存破坏），还因为它让类库编写者无法采用一些容易出错的内存分配模式（无须缓冲传递或制定一些"应该由谁来删除内存"这样的规则）。由强类型带来的类型安全（现在还包括泛型）是另一个重要方面，因为它迎合了程序员的一大类目标，还可以在程序尚未执行之前让工具发现许多错误。它要求软件组件之间定义严格的协议，这对于编写类库和大型项目来说至关重要。对于那些没有强类型的语言，如 JavaScript，总是在项目规模上升之后愈发显得乏力。基于这两大支柱，我们还添加了一系列着重于可用性的类库（极其统一，接口简单，一致的命名规范等）。我对结果十分自豪，我们创建了一个可以用来编写绝佳生产力代码的系统。

但是仅有程序员的生产力也是不够的，尤其是对于像.NET 运行时，这种软件中的基础部分来说。我们还希望有很高的性能，这也是本书的目的所在。

这里有个坏消息：就像你不能期望程序第一次运行就正确一样，你也无法期望程序一开始就"刚好"有着很高的性能。我们有各种工具（垃圾回收、类型安全）和技术（断言、接口协议）来减少错误，我们同样也有各种工具（不同的 Profiler）和技术（性能计划、热路径原型和延迟初始化）来降低出现性能问题的可能性。

不过好消息是：性能方面的问题也遵循"90-10"规则。一般来说，你的应用程序中有超过 90% 的代码对性能是不敏感的，它可以使用程序员生产力最大化的方式来编写（尽可能使用最少、最简化、最容易的方式来编写代码）。然而，剩下的 10%，则值得投入大量关注。编写这部分代码需要做出精细计划，甚至需要在代码编写之前进行，这也正是第 1 章所关注的事情。为了做出正确的计划，必须收集数据（各类操作及类库调用究竟有多快），为此需要测量工具（Profiler），这是第 2 章的内容。这些是所有高性能软件项目的基石，务必留心。假如真正掌握了这些内容，写出高性能的软件也不会是困难的事情。

而本书剩下的部分，则都是关于在制定性能计划时所需的"各类选项"。在基于一个平台编写软件的时候，了解它的各类基础性能及特征是一件无可替代的事情，这也是第 3 章（类型）、第 4 章（垃圾回收）及第 5 章（基础类库）所关注的内容。假如一个简单的基于.NET 基础实现的原型不能满足性能需求，首先应该研究算法方面的优化或并发方面的内容，因为它们往往可以带来最大的效益。假如还需要更高性能，则可以尝试一些.NET 特有的技巧（第 10 章）。假如其他尝试都失败了，可以在小范围内牺牲程序员的生产力，用非安全或非托管代码（第 8 章）来编写最关键的部分。

1

这里我想强调的观点：首先需要一个计划（第 1 章），这是一切的起点。在这个计划里会发现系统中的高流量或性能关键路径，然后花费额外的开发时间去仔细测量，并针对这些重要路径开发原型方案。接着，根据从原型中所获得的测量结果并结合本书的内容，一般来说想要达到性能目标的过程会很直接。可能只需要避免犯一些常见的性能错误，或采用一些简单的性能优化方式。也可能只需要对关键路径进行并行化访问，或编写一些非安全或非托管代码。无论采用哪种方式，最终的结果是获得一个满足性能目标的设计（通过对 10%的代码进行额外工作），并同时对其余的 90%代码保留.NET 的高生产力。这也是.NET 框架自身的目标：高生产力与高性能，一个都不会少。

这就是我的看法。一方面是坏消息——性能提高不是没有代价的，必须进行详细规划；另一方面是好消息——它也不难，而通过阅读本书，你能在编写高性能.NET 应用程序方面迈出最为重要的一步。

好好享受这本书吧，祝你好运！Sasha、Dima 和 Ido 给我们带来了十分出色的著作。

Vance Morrison
性能架构师，.NET 运行时团队

作者简介

Sasha Goldshtein 是微软公司 Visual C#方向的 MVP，也是 SELA Group 的首席技术官（CTO）。Sasha 领导了 SELA 技术中心的性能与排错团队，并且在多个领域提供咨询服务，包括生产环境调试、应用程序性能排错及分布式架构。Sasha 的经验主要集中在 C#与 C++应用程序开发，以及高可伸缩性和高性能系统架构等方面。他经常在微软公司的相关会议上发表演讲，并举办了如".NET 性能"".NET 调试""深入 Windows"等多项培训课程。

他的 Twitter 账户：@goldshtn

Dima Zurbalev 是 SELA Group 性能与调试团队紧急响应组的高级咨询师。Dima 在性能优化和排错上帮助客户完成了许多几乎不可能完成的任务，引导他们深入理解 CLR 及 Windows 的内部细节。他的大部分开发经验围绕.NET 与 C++基础项目进行，同时，他也在为 CodePlex 上的多个项目贡献代码。

Ido Flatow 是微软公司 Connected 系统方向的 MVP，也是 SELA 团队的高级架构师。他拥有超过 15 年的行业经验，目前是 SELA 的 Windows Azure 及 Web 领域的专家之一，专长为 WCF、ASP.NET、Silverlight 及 IIS 等技术。他是一名微软认证培训师（Microsoft Certified Trainer，MCT），也是微软官方 WCF 4.0 课程（10263A）的合作者。他同样也经常在微软公司的相关会议上发表演讲。

他的 Twitter 账户：@IdoFlatow

技术审阅者简介

Todd Meister 在信息技术（IT）行业工作超过 15 年了。他在 SQL Server 和.NET Framework 方面发表了超过 75 篇文章。除了技术编辑工作之外，他同时还是美国印第安纳州曼西市 Ball State University 的高级 IT 架构师。

Fabio Claudio Ferracchiati 是一位在前沿技术方面上多产的作家及技术审阅者。他给许多.NET、C#、Visual Basic、SQL Server、Silverlight 和 ASP.NET 等方面的书籍做出过贡献。他是一位.NET 方向的微软认证开发者（Microsoft Certified Solution Developer，MCSD）。他住在意大利罗马，受雇于 Brain Force。

致　　谢

写书是一件费尽心神的事情。如果没有家庭、朋友及同事们的无私帮助，这本书可能还需要一年时间才能与大家见面。

SELA Group 的经理 David Bassa 在我们写这本书的过程中提供了大量的帮助，甚至在本书即将截稿之时，对不甚理想的项目进度还表示理解。

与 Apress 出版社的编辑团队的合作也十分愉快，他们容忍了我们非母语式的英语，并将书稿打磨成现在的样子。Gwenan、Kevin 还有 Corbin，谢谢你们的专业与耐心。

最后还要感谢我们的家人，你们为这本书的诞生牺牲了大量的时间。如果没有你们的支持，就不会有这本书。

前　　言

之所以编写这本书，是因为我们觉得还没有哪本权威著作完整地覆盖了与.NET 应用程序性能相关的以下 3 个方面：

- 确定一个性能度量指标，并以此测量应用程序的性能是否达到或超过这个指标；
- 针对各方面（内存管理、网络、I/O、并发以及其他一些方面）进行应用程序性能优化；
- 在充分理解 CLR 及.NET 内部细节，以便设计高性能的应用程序，以及在性能问题出现之时及时修复。

我们相信，.NET 程序员只有在完全理解这 3 方面以后，才能开发出系统的高性能软件解决方案。例如，.NET 内存管理（由 CLR 垃圾回收完成）是一个极其复杂的方面，且有可能导致严重的性能问题，包括内存泄漏以及很长的 GC 暂停时间。如果不理解 CLR 垃圾回收的运作方式，在.NET 中实现高性能的内存管理就变成"撞大运"了。同样，是选择.NET 框架已经提供的集合类型，还是使用自己的实现，需要全面了解 CPU 缓存、运行时复杂度及多线程同步等问题。

本书的 11 章是按适合依次阅读的形式设计的，但读者也可以根据需要来阅读相应的部分，进行查漏补缺。本书各章按逻辑可以分为以下几个部分。

第 1 章和第 2 章关注性能的度量指标及性能的评测。我们会引入一些相关工具来测量应用程序性能。

第 3 章和第 4 章则深入 CLR 内部，专注类型及 CLR 垃圾回收的内部实现——这是应用程序性能优化中涉及内存管理的至关重要的两个话题。

第 5~8 章和第 11 章讨论.NET 框架中的几个特定的方面，以及 CLR 提供的几种可用来进行性能优化的手段——正确使用集合，将串行代码并行化，优化 I/O 及网络操作，高效实用互操作解决方法，以及对 Web 应用程序进行性能优化。

第 9 章对复杂度理论和算法进行简单的尝试。它让读者对算法优化有基本的了解。

第 10 章包含多个不太适合放入其他部分的话题，包括启动时间优化、异常和.NET 反射等。

为了更好地理解某些内容，部分话题会要求读者具备一些预备知识。这本书假设读者已经拥有足够的 C#语言及.NET 框架的编程经验，对相关的基础概念也较为熟悉，包括如下内容。

- Windows：线程、同步、虚拟内存。
- 通用语言运行时（Common Language Runtime，CLR）：即时（Just-In-Time，JIT）编译器、微软中间语言（Microsoft Intermediate Language，MSIL）、垃圾回收器。
- 计算机组成：主存、缓存、磁盘、显卡和网络接口。

书中包含大量示例程序、代码片段以及性能评测。我们不想让这本书篇幅变得很大，因此，往往只引用了其中的简要部分——不过读者可以在本书网站上找到完整的程序及其源代码。

部分章节会使用 x86 汇编语言来展示 CLR 的机制，或更直接地解释某个性能优化原理。尽管这些并不是本书想要表达的最重要的内容，但我们还是推荐读者花些许时间来了解 x86 编程语言的基础知识。Randall Hyde 的免费书 *The Art of Assembly Language Programmer* 是绝佳的材料。

　　总而言之，本书包含大量的性能评测工具、用来提高应用程序细微之处性能的小贴士及小技巧、许多 CLR 机制的理论基础、实践代码示例以及根据作者经验总结出的案例。过去 10 年中我们一直在为客户优化应用程序，也从零开始设计高性能系统。这些年来，我们还培训了数百名程序员，让他们了解如何从软件开发的各个阶段思考应用程序性能。读完本书之后，读者会成为一名高阶的.NET 高性能应用程序开发者，以及针对现有应用的性能优化研究人员。

Sasha Goldshtein

Dima Zurbalev

Ido Flatow

目　　录

第 1 章

性能指标

在开启.NET 性能之旅前，我们需要首先理解性能测试和优化的指标及目标。在第 2 章会探究一系列分析和监控工具。不过在此之前，需要确定哪些性能指标是值得关注的。

应用程序有不同的类型，其性能目标也各不相同，而它们与业务及运营需求密切相关。有些时候，应用程序架构决定了关键的性能指标。例如，你的 Web 服务器假如需要支撑数百万并行用户，则必然要引入多台服务器来实现分布式系统及负载均衡。而对于另外一些情况，性能度量结果决定了应用程序的架构。我们遇到过的大量案例都是在压力测试后系统不得不翻新架构，甚至更糟的是，它们直接在生产环境中崩溃了。

就我们过去的经验来看，相比中途贸然进行性能优化，事先确定系统的性能目标与其环境约束的做法更有针对性。下面是过去几年来我们诊断和修复的部分案例。

- 某台强劲的 Web 服务器上出现了严重性能问题，我们发现该问题是由测试工程师使用的低延迟 4 Mbit/s 共享链接引起的。由于不了解关键性的性能指标，工程师们花费了数天时间来调整 Web 服务器的性能，而事实上它一切正常。
- 为了改进一个富 UI 应用程序的滚动性能，我们调整了 CLR 垃圾回收器的行为，从表面上来看，两者并不相关。然而，通过精确控制内存分配的时机与调整垃圾回收（GC）的工作模式，我们去除了影响用户多时的 UI 延迟问题。
- 我们把一个硬盘移到了 SATA 端口，以此规避微软 SCSI 磁盘驱动里的缺陷（bug），让编译性能提高了 10 倍。
- 考虑到系统的伸缩性和 CPU 负载，我们调整了 WCF 序列化机制，从而把一个 WCF 服务中的消息尺寸减少了 90%。
- 我们进行了代码压缩，并仔细剥离启动时无须加载的依赖组件，把一个拥有 300 个程序集的大型应用程序，在一组过时硬件上的启动时间从 35 s 减少到了 12 s。

这些案例覆盖了各式各样的系统，从低功耗的触摸设备到拥有强大图形功能的高端用户工作站，直到多服务器的数据中心。它们展现了各种包含大量细节元素的独特性能特征。在本章中，我们将大致浏览一下常见现代软件类型中的各种性能指标。下一章里，我们将会说明如何准确测量这些指标，另外还展示了如何系统地优化它们。

1.1 性能目标

性能目标基本上取决于应用程序的外延和架构。当需求确定之后，你便需要决定大体的性能目标。软件开发过程中会根据需求的变化、新的业务及运营需求来调整这些目标。我们先来了解几种典型的应用程序性能目标和运营规范的示例，但与任何性能相关的内容一样，这些指引需要适配你的软件领域。

首先，以下这些性能目标的说法并不恰当。

- 该应用程序需要在大量用户同时访问购物车界面时保持响应度。
- 该应用程序需要在用户数量正常的情况下不会占用大量内存。
- 单台数据库服务器需要在多台应用程序服务器满载的情况下快速响应查询请求。

这些说法的主要问题是过于一般化且过于主观。如果使用这样的性能目标，那么就会涉及不同参照系下的解读。业务分析师可能认为 10 万个并发用户属于"正常数量"，但一个技术团队的成员则深知单台机器是不可能支持得了这么多用户的。相反，开发人员可能会认为 500 ms 的响应时间实属正常，但一个用户界面专家则认为其过于卡顿且需要调整。

性能目标可以用可量化的性能指标来表示，这些指标还需要能够通过某种性能测试手段进行度量。性能目标同时也应该包含环境信息——一般或特定于其性能目标的。下面是一些定义恰当的性能目标示例。

- 在购物车界面的并发用户量不超过 5000 的情况下，该应用程序需要在 300 ms（不包括网络来回时间）以内处理完"重要"类别下的任意页面请求。
- 该应用程序的单个空闲用户会话的内存占用不能超过 4 KB。
- 在不超过 10 台应用服务器访问的情况下，数据库服务器的 CPU 和磁盘占用率不能超过 70%，且能够在 75 ms 内返回"常用"分类下的查询请求。

注意 上述示例中的"重要""常用"分类为业务分析师或应用架构师所定义的通用术语。一般来说，确保所有方面的性能目标是不现实的做法，其花费的开发、硬件及运营成本很难获得合理回报。

现在，我们来关注几种典型应用程序的性能目标示例（见表 1-1）。这个列表不求详尽，不能作为清单，也不能作为你自己的性能目标模板来使用。它只是一份通用框架，用来展示不同类型应用程序的性能目标差异。

表 1-1　　典型应用程序的性能目标示例

系 统 类 型	性 能 目 标	环 境 约 束
外部 Web 服务器	从请求开始到回复生成完毕不得超过 300 ms	不超过 300 个并发活跃请求
外部 Web 服务器	虚拟内存占用（包括缓存）不得超过 1.3 GB	不超过 300 个并发活跃请求，且不超过 5000 个在线用户会话
应用服务器	CPU 使用率不得超过 75%	不超过 1000 个并发活跃 API 请求
应用服务器	硬页面失效不得超过每秒两次	不超过 1000 个并发活跃 API 请求
智能客户端应用程序	从双击桌面快捷方法开始算起，到员工列表主界面显示为止，不得超过 1500 ms	--
智能客户端应用程序	空闲时 CPU 占用不得超过 1%	--
Web 页面	包括顺序调整动画在内，邮件列表的过滤与排序操作不得超过 750 ms	单屏幕不超过 200 封邮件

续表

系 统 类 型	性 能 目 标	环 境 约 束
Web 页面	"客服对话" 窗口中 JavaScript 缓存对象的内存占用不得超过 2.5 MB	--
监控服务	从失败事件开始，到警报生成并发送出去，之间不得超过 25 ms	--
监控服务	当没有警报生成的时候，磁盘 IO 操作率应该为零	--

> **注意**　应用程序所运行的硬件特征是环境约束的重要部分。例如，表 1-1 中所提到的启动时间限制可能需要一块固态硬盘，或至少是一块 7200r/min 的机械硬盘，以及一个支持 SSE3 的 1.2GHz 以上的处理器。这些环境约束无须在每个性能目标里反复出现，但在性能测试时应该有所关注。

在性能目标明确之后，性能测试和负载测试，以及后续的优化过程就能自然而然地展开了。某些推测，如 "在不超过 1000 个并发活跃 API 请求时，应用服务器的硬页面失效不得超过每秒两次"，这个指标在验证时可能经常需要用到一些负载测试工具，并使用特定的硬件环境。下一章里，我们将讨论如何在一个确定的环境中，检测应用程序是否满足或超过既定的性能目标。

编写明确的性能标准往往需要对各项性能指标有所了解，接下来会介绍这些内容。

1.2　性能指标

性能指标不同于性能目标，它与具体场景或环境并不相关。一项性能指标是一个用于体现应用程序行为的可测量的量化数值。你可以在任意硬件及环境下测量一项性能指标，而不必关心此时有多少活跃用户、请求或会话。在开发周期中，你可以从具体的性能目标中总结出各项指标，并选择性地进行测量。

某些应用程序包含领域相关的性能指标，这里并不会对此深究。表 1-2 中列举了那些对大量应用程序都至关重要的几种性能指标和讨论相关优化的具体章节。此外，由于 CPU 使用率和执行时间是重中之重，随后的每一章都会涉及它们。

某些指标对于特定应用程序类型较为关键。例如，数据库访问时间对于客户端系统来说就很难测量。还有一些常见的性能指标与应用程序类型的组合，包括：

- 对客户端应用程序来说，可能会关注启动时间、内存占用及 CPU 占用率。
- 对承担系统算法的服务器端应用程序来说，一般会关注其 CPU 占用率、缓存失效、竞争、内存分配及垃圾回收。
- 对 Web 应用程序来说，一般会测量其内存使用量、数据库访问、网络、磁盘操作及响应时间。

最后，不同的性能指标往往可以在不同级别进行检测，而无须对指标的含义进行重大修改。例如，内存分配和执行时间可以在系统级别、单进程级别、独立方法，甚至代码行进行测量。相对于整体 CPU 占用率或进程级别的执行时间来说，特定方法的执行时间可能是一个更易于操作的性能指标。不幸的是，提高测量的粒度往往会给性能本身带来负担，我们会在下一章中讨论多种分析工具。

表 1-2   性能指标列表（部分）

性 能 指 标	测 量 单 位	本书所在章
CPU 使用率	百分比	所有章
物理/虚拟内存占用	字节（B），千字节（KB），兆字节（MB），吉字节（GB）	第 4 章、第 5 章
缓存失效	次，次/秒	第 5 章、第 6 章
页面失效	次，次/秒	--
数据库访问次数及耗时	次，次/秒，毫秒（ms）	--
内存分配	字节，对象数量，次/秒	第 3 章、第 4 章
执行时间	毫秒（ms）	所有章
网络操作	次，次/秒	第 7 章、第 11 章
磁盘操作	次，次/秒	第 7 章
响应时间	毫秒（ms）	第 11 章
垃圾回收	次，次/秒，耗时（毫秒），占总时间百分比	第 4 章
抛出异常	次，次/秒	第 10 章
启动时间	毫秒（ms）	第 10 章
竞争	次，次/秒	第 6 章

软件开发生命周期中的性能

你会在软件开发周期中的哪个阶段关注性能问题？这个貌似天真的问题实际上承载着将性能改进内建到现有流程的重担。一个"健康"的做法，是把开发周期中的每个步骤都当做是一个更好地理解应用程序性能的机会。首先，定义性能目标和重要的指标。其次，判断应用程序是达到还是超过了这个目标。最后，考虑是否为系统的维护、用户负载及需求的变化引入回归测试。

（1）在需求收集阶段，开始思考该设置怎样的性能目标。

（2）在架构设计阶段，提炼出各项重要的性能指标，并定义具体的性能目标。

（3）在软件开发阶段，对原型代码或局部实现的功能进行比较频繁的探索式性能测试，确保满足系统的性能目标。

（4）在产品测试阶段，进行大量的负载测试和性能测试，用于检测是否完全满足系统的性能目标。

在剩下的开发与维护阶段，对每个版本进行额外的负载测试和性能测试（每天或每周），快速发现系统中的性能退化。

开发一套自动负载测试和性能测试工具，然后搭建一个独立的实验环境，并仔细分析测试结果来保证没有性能退化，这些都是一些十分耗时的事情。不过，这种系统化的性能测量和改进，以及确保系统性能不会逐渐退化的开发过程，能够为产品带来可靠的性能回报，因此，十分值得进行早期投资。

1.3 小结

本章旨在帮助你打开性能指标和性能目标的世界之窗，确保你能够了解什么是性能度量并识别重要的性能指标，这是比具体的性能测量更重要的事情，后者是下一章会讨论的内容。本书余下的部分，则会使用各式工具来度量性能，并提供改进与优化性能的指导。

第 2 章

性能度量

本书主要讨论.NET 应用的性能改进。俗话说，"无度量不改进"。前面第 1 章着重介绍了性能度量相关的工具和技术。对于关注性能的开发人员来说，最糟糕的做法莫过于去猜测应用程序的瓶颈，然后匆匆地得出貌似需要优化的地方。这个结论往往并不成熟，结果通常也以失败而告终。从第 1 章中我们了解到许多有趣的性能指标，这些指标都有可能成为影响应用程序可见性能的关键因素，本章将会介绍如何获取这些数据。

2.1　性能度量方式

度量应用程序的性能有多种方式，其选择标准一般都取决于当时的上下文、应用程序的复杂度、需要的信息类型以及期望结果的精确度等。

白盒测试是度量小程序或类库方法的手段之一。首先对源代码进行审查，在白板上分析复杂度，之后修改相关程序源代码，并插入度量的代码。这个方法通常称为"微观基准测量程序"，本章最后章节会对它具体讨论。白盒测试的做法很有价值，尤其是在那些想要知道精确的结果，理解每一条 CPU 指令的时候，也几乎是唯一的做法——它的问题在于太耗时了，而且对于大型应用程序来说，这种做法也不够灵活。此外，很多场景并不能事先确定待度量和分析的区域，因此，没有工具的帮助很难发现瓶颈所在。

对于大型程序来说，黑盒测试是更常见的做法，即先手工确定测试指标，随后由工具来进行自动度量。借助这种方式，开发人员无须事先识别性能的瓶颈，或假设某一特定部分是性能问题的"罪魁祸首"。本章会讨论多种用于自动分析应用程序性能的工具，并以简单易懂的方式展现它们量化后的结果。这些工具涉及性能计数器、Windows 事件追踪（Event Tracing for Windows，ETW）以及一些商业分析工具。

在阅读本章内容的时候，要记住一点：性能度量工具会给应用程序性能带来负面影响。几乎没有什么工具可以在给出精确信息的同时，而不给应用程序的执行状况带来负担。接下来在讨论不同工具的时候，要注意工具的精度往往会对应用程序产生较高的性能负担。

2.2　Windows 内置工具

商业工具大多是侵入式的度量方式，且需要额外的安装工作。我们在选取它们之前最好先确保充分地利用 Windows 自带的工具。Windows 性能计数器已经有将近 20 年的历史，而 Windows 事件追踪大约是 Windows Vista 时代（2006 年）推出的功能。两者都是各版 Windows 自带的免费功能，也是对应用程序负担最小的性能研究工具。

2.2.1　性能计数器

Windows 性能计数器是 Windows 内置的性能和健康检查机制。包括 Windows 内核、驱动、数据库和 CLR 在内的各式组件都提供了性能计数器，用户和系统管理员可以通过它们了解系统的运行情况。更好的是，绝大部分系统组件的性能计数器都是默认打开的，因此在收集信息时，不会增加额外的负担。

从本地或远程系统中读取性能计数器信息是件十分容易的事情。内置的 Performance Monitor 工具（perfmon.exe）可以展示系统中所有可选的性能计数器，同时把数据写入文件以便后续的研究，它也可以在计数器数据超过指定阈值的时候发出自动警报。如果你具有管理员权限，且能够通过本地网络连接到某一远程系统上，那么性能计数器也可以监控该远程系统。

性能信息层级的组织方式如下：

- 性能计数器分类（或称为性能对象）是与特定系统组件相关的多个独立计数器的集合。例如，.NET CLR Memory、Processor Information、TCPv4 和 PhysicalDisk 都是常见的分类。
- 性能计数器是性能计数器分类下的独立数值属性。一般使用反斜线来分隔性能计数器分类和具体的计数器，如 Process\Private Bytes。性能计数器支持多种数据类型，包括纯粹的数据信息（如 Process\Thread Count）、事件频率（如 Print Queue\Bytes Printed/sec）、百分比（如 PhysicalDisk\% Idle Time）及平均数（如 ServiceModelOperation 3.0.0.0\Calls Duration）。
- 性能计数器分类实例用于区分针对特定组件的计数器集合。例如，系统中可能会有多个处理器，因此，每个处理器在 Processor Information 分类下都会有个对应的实例（也有个汇总的_Total 实例）。大部分的性能计数器分类有多个实例，其余则是单实例的（如 Memory 分类）。

一般运行.NET 应用程序的 Windows 系统已经提供了大量的性能计数器，从中即可发现许多的性能问题而无须其他工具。至少，性能计数器时常可以给出性能问题的大致方向，或从生产系统的数据日志中了解应用程序是否工作正常。

下面是一些典型的场景，在使用过复杂的工具之前，系统管理员或性能分析员可以借助性能计数器大致了解性能问题所在。

- 如果应用程序发生了内存泄漏，性能计数器可以用来了解究竟是托管内存还是原生内存的问题。我们可以通过对比 Process\Private Bytes 和.NET CLR Memory\# Bytes in All Heaps 计数器的数据来发现问题，前者统计了进程所使用的私有内存（包括垃圾回收堆），而后者只包含托管内存（如图 2-1 所示）。
- 如果一个 ASP.NET 应用程序出现了异常状况，则可以从 ASP.NET Applications 分类下的性能计数器里了解一些更具体的情况。例如，Requests/Sec，Requests Timed Out、Request Wait Time 以及 Requests Executing 计数器可以用来发现极端负载情况，而 Errors Total/Sec 计数器可以用来观察异常数量，各种缓存与输出缓存相关的计数器可以用来查看缓存使用是否高效。
- 如果 WCF 服务严重依赖数据库，分布式事务无法应付当前负载，那么 ServiceModel-

Service 分类可以用于定位问题——如 Calls Outstanding、Calls Per Second 及 Calls Failed Per Second 等计数器可以用来确认过量负载，Transactions Flowed Per Second 计数器展示了服务的事务数量，同时 SQL Server 分类下的 MSSQL$INSTANCENAME: Transactions 和 MSSQL$INSTANCENAME:Locks 等计数器可以体现事务执行、过量的锁定，甚至死锁等问题。

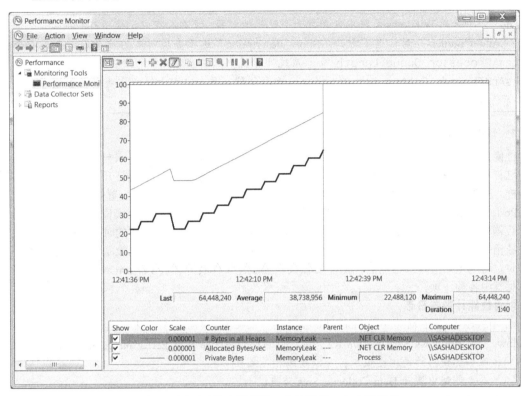

图 2-1　Performance Monitor 主窗口，展示了指定进程的 3 个计数器。上方的线是 Process\Private Bytes 计数器，中间的是.NET CLR Memory\# Bytes in all Heaps，下方的是.NET CLR Memory\Allocated Bytes/sec。这幅图像说明应用程序在垃圾回收堆上有一个内存泄漏问题

使用性能计数器检测内存使用情况

下面跟着我做一个简单的试验，我们将使用 Performance Monitor 和上述的性能计数器对示例程序进行检测，并识别其中的内存泄漏问题。

（1）打开 Performance Monitor，在开始菜单里搜索 "Performance Monitor" 或直接运行 perfmon.exe。

（2）运行本章源码目录里的 MemoryLeak.exe 应用程序。

（3）单击左侧树中的 "Performance Monitor" 节点，并单击绿色的 "+" 按钮。

（4）从.NET CLR Memory 分类中选择# Bytes in all Heaps 和 Allocated Bytes/sec 性能计数器，并从实例列中选择 MemoryLeak 那一项，再单击 "Add >>" 按钮。

（5）从 Process 分类中，选择 Private Bytes 性能计数器，并从实例列中选择 MemoryLeak 那一

项，再单击"Add >>"按钮。

（6）单击"OK"按钮来确认选择的内容，并查看性能图像。

（7）右键单击屏幕下方的计数器，并选择"Scale selected counters"查看图像中的实际数据线。

此时，你应该可以看到 Private Bytes 和# Bytes in all Heaps 两个性能计数器整齐地不断攀升（与图 2-1 略有相似）。这说明托管堆上有内存泄漏，我们会在第 4 章里重新关注这个问题并定位其根源。

提示 一个普通 Windows 系统中包含数千个性能计数器，没有人可以记住所有的项目。我们可以通过"Add Counters"对话框下方的"Show description"选项查找所有的计数器信息，它会指明 System\Processor Queue Length 表示系统处理器中正在等待执行的线程数量，或者.NET CLR LocksAndThreads\Contention Rate/sec 表示每秒有多少次由于线程在获取托管锁时失败而不得不等待其释放的情况出现。

---

1. 性能计数器日志与告警

性能计数器日志很容易配置，甚至可以给系统管理员一份 XML 文件来自动启用性能计数器日志，这样就无须逐一手工指定性能计数器。其结果日志可以在任意机器上打开并回放，就像实时播放一样。另外，还有一些内置的计数器集合可以使用，这样就不需要手动配置需要记录的数据。

Performance Monitor 可以配置性能计数器告警，它会在数据达到特定阈值的时候执行任务。性能计数器日志可以用来创建一个基本的监视基础设施，在性能条件被破坏的时候向系统管理员发送邮件或消息。例如，你可以配置一个性能计数器告警，在内存占用出现危险状况，或磁盘空间即将用尽时，自动重启进程。性能监视器非常强大，强烈建议你实际体会 Performance Monitor 的功能，并熟悉其中各种选项。

配置性能计数器日志

打开 Performance Monitor，并按以下步骤操作来配置一个性能计数器日志（假设读者使用的是 Windows 7 或 Windows Server 2008 R2，在之前的操作系统版本中 Performance Monitor 的界面会略有不同，假如你使用的是这些版本，可以查阅相关文档）。

（1）在左侧树中展开 Data Collector Sets 节点。

（2）右键单击 User Defined 节点，并在上下文菜单中选择"New"→"Data Collector Set"。

（3）给你的数据收集器集合取个名字，选择"Create manually(Advanced)"单选按钮，并单击"Next"。

（4）确认选择了"Create data logs"单选按钮，勾选"Performance counter"选项，并单击"Next"。

（5）使用"Add"按钮来添加性能计数器（会弹出标准的"Add Counters"对话框）。完成后需要配置采样频率（默认频率是 15s 一次）并单击"Next"。

（6）选择一个目录存放 Performance Monitor 产生的计数器日志，并单击"Next"。

（7）选择"Open properties for this data collector set"单选按钮并单击"Finish"。

（8）通过各标签下的选项来配置数据收集器集合的更多参数。你可以定义一个自动开始时间和一个结束条件（如收集到一定数量的数据之后），还可以指定数据采集结束后执行的任务（如把结果自动上传到一个汇总地址）。完成后，单击"OK"。

（9）单击"User Defined"节点，在主面板中右键单击数据收集集合，并选择上下文菜单中的"Start"。

（10）此时计数器日志已经开始运行了，正在向指定的目录中收集数据。该数据收集器集合可以随时停止，停止时只需右键单击，并选择上下文菜单中的"Stop"。

（11）在数据采集完毕之后，可以按照以下步骤使用 Performance Monitor 检查数据。

（12）选择"User Defined"节点。

（13）右键单击你的数据收集器，并在上下文菜单中选择"Latest Report"。

在结果窗口中，你可以添加或删除日志中的计数器列表项，配置时间的范围，或右键单击图像并选择上下文菜单中的"Properties"来调整数据比例。

最后，假如你需要在另一台机器上分析日志数据，那么你要把日志目录复制到相对应的机器上，并展开"Performance Monitor"节点，再单击左侧第二个工具栏按钮（或使用<Ctrl+L>组合键）。在结果对话框中，勾选"Log files"并使用"Add"按钮来导入这些日志文件。

2. 自定义性能计数器

虽然 Performance Monitor 很有用，但有时候还会需要在 .NET 应用程序中使用 System.Diagnostics.PerformanceCounter 来读取数据。你也可以创建自己的性能计数器，并把它们添加到各种数据集中供性能研究之用。

下面是一些可以考虑导出性能计数器分类的场景。

- 开发一个大型系统的基础类库。该类库可以通过性能计数器来汇报各种性能信息，对开发人员或系统管理员来说，通常这比查阅日志文件或调试源代码方便。
- 开发一个自定义的服务器系统。它接受外部请求，处理后再返回回复内容（自定义 Web 应用程序和 Web 服务等）。这个系统需要关注请求处理频率、错误数量以及类似的统计数据（可以参考 ASP.NET 性能计数器分类）。
- 开发一个与硬件通信的 Windows 服务。该服务无人值守但高度可靠。你可以自定义计数器汇报硬件的健康状况、软件与硬件交互的通信频率以及类似的统计数据。

下面的代码将一个单实例的性能计数器分类从应用程序导出，并定期更新。其中，假设 AttendanceSystem 类包含了当前登录的用户数量信息，而该数据需要创建一个性能计数器并暴露（编译时需要引入 System.Diagnostics 命名空间）。

```
public static void CreateCategory() {
  if (PerformanceCounterCategory.Exists("Attendance")) {
    PerformanceCounterCategory.Delete("Attendance");
  }
  CounterCreationDataCollection counters = new CounterCreationDataCollection();
  CounterCreationData employeesAtWork = new CounterCreationData(
    "# Employees at Work", "The number of employees currently checked in.",
    PerformanceCounterType.NumberOfItems32);
  PerformanceCounterCategory.Create(
    "Attendance", "Attendance information for Litware, Inc.",
    PerformanceCounterCategoryType.SingleInstance, counters);
}
public static void StartUpdatingCounters() {
  PerformanceCounter employeesAtWork = new PerformanceCounter(
    "Attendance", "# Employees at Work", readOnly: false);
  UpdateTimer = new Timer(_ = > {
    employeesAtWork.RawValue = AttendanceSystem.Current.EmployeeCount;
```

```
    }, null, TimeSpan.Zero, TimeSpan.FromSeconds(1));
}
```

可见，配置自定义性能计数器花费的工夫很少，但它对开展性能研究十分重要。在定位性能或配置错误的确切原因时，相关系统的性能计数器和自定义的性能计数器几乎是每个性能研究人员的必要手段。

> **注意** 性能监视器也可以用来收集性能计数器以外的其他信息，包括系统的配置数据，如注册表项的值、WML 对象属性甚至必要的磁盘文件等。它还可以用来获取 ETW 提供者（接下来会讨论相关内容）的数据。借助 XML 模板，系统管理员只要通过少量手动操作，便能快速地对系统启用数据收集器集合，并生成有用的报表。

虽然性能计数器提供了大量有用的性能数据，但它无法当做一个高效的日志或监控框架。所有的系统组件更新性能计数器的频率最多只不过每秒几次，而 Windows 性能监视器也最多每秒读取一次性能计数器。假如某个性能研究需要每秒产生数千次事件，那么性能计数器并不是一种合适的做法。这时 Windows 事件追踪（Event Tracing for Windows，ETW）就是一个可以选择的工具，ETW 的设计目标便是支持高速数据收集和丰富的数据类型（不只是简单数据）。

2.2.2 Windows 事件追踪

Windows 事件追踪是一套 Windows 内置的高性能事件日志框架。与性能计数器一样，许多系统组件和应用程序框架，包括 Windows 内核和 CLR，都定义了一系列提供者（provider），用于报告组件的内部工作信息，即事件。与性能计数器不同，ETW 提供者可以在运行时打开或关闭，而前者永远处于开启状态。因此，只有在真正需要性能研究的时候，才会引入数据收集和传输所带来的性能负担。

提供最多 ETW 信息的数据源莫过于内核提供者（kernel provider）了，它提供了有关进程和线程创建，以及 DLL 加载、内存分配、网络 I/O 及栈统计（也称为采样）等信息。表 2-1 列出了一些内核与 CLR ETW 提供者所报告的有用信息。ETW 可以用来研究系统整体表现，如正在消耗 CPU 时间的那些进程、磁盘 I/O 及网络 I/O 瓶颈，以及获取托管进程中垃圾回收统计数据和内存占用情况等，稍后还会涉及其他一些场景。

ETW 事件带有精确的时间，还可以包含自定义信息，如当前的栈信息。这些栈信息可用来进一步确认性能或正确性问题的来源。例如，CLR 提供者会在每次垃圾回收开始和结束的时候产生事件。结合确切的栈信息，这些事件可以用来定位引发垃圾回收的程序（有关垃圾回收及其触发的更多信息，参见第 4 章）。

读取这些非常详细的信息需要一个 ETW 集合工具和一个应用程序。这个应用程序可以读取原始 ETW 的事件和完成一些基础的分析。截止到本书写作时，有两个工具可以做这些事情，它们是 Windows SDK 里的 Windows 性能工具箱（Windows Performance Toolkit，WPT，也称为 XPerf）和 PerfMonitor（不要与 Windows Performance Monitor 混淆），后者是微软 CLR 团队开发的一个开源项目。

表 2-1　　　　　　　　　　　　　　Windows 和 CLR 的部分 ETW 事件

提供者	标记/关键字	描　　述	事件（部分）
内核	PROC_THREAD	进程与线程的创建和销毁	—
内核	LOADER	镜像的加载和卸载（DLL、驱动、EXE）	—
内核	SYSCALL	系统调用	—
内核	DISK_IO	磁盘 I/O 读写（包括头位置）	—
内核	HARD_FAULTS	引起磁盘 I/O 的硬失效（内存访问失效）	—
内核	PROFILE	采样事件——每秒收集一次所有处理器的栈	—
CLR	GCKeyword	垃圾回收统计和信息	收集开始，收集结束，析构器执行，100KB 内存分配
CLR	ContentionKeyword	托管锁上的线程竞争	竞争的开始（线程开始等待）和结束
CLR	JITTracingKeyword	JIT 编译器信息	方法内联成功，方法内联失败
CLR	ExceptionKeyword	异常抛出	—

1. Windows 性能工具箱（WPT）

Windows 性能工具箱（Windows Performance Toolkit，WPT）是一套用于控制 ETW 会话的工具集，它将 ETW 事件写入日志文件，并进行处理或后续展示。它也可以将 ETW 事件生成图像，以及包含栈信息和聚合的汇总表格。WPT 的安装文件包括在 Windows SDK 的 Web 安装包中，可以在微软下载界面"Window SDK and emulator archinve"页面下载，在安装选项界面中选择 Common Utilities→Windows Performance Toolkit。Windows SDK 安装完成之后，找到安装目录下的 Redist\Windows Performance Toolkit 子目录，运行与你的系统架构对应的安装文件（32 位系统为 Xperf_x86.msi，64 位系统为 Xperf_x64.msi）即可。

> **注意**　在 64 位 Windows 中，访问栈信息需要改变一个注册表设置，以禁止内核代码页被换出（包括 Windows 内核本身及任何驱动器），这个设置会使得系统的工作集大小（即内存占用）增加几兆。具体的注册表项目是 HKLM\System\CurrentControlSet\Control\Session Manager\Memory Management，将 DisablePagingExecutive 设为 DWORD 0x1，并重启系统即可生效。

用于捕获和分析 ETW 记录的工具分别是 XPerf.exe 和 XPerfView.exe，两者都需要管理员权限才能运行。XPerf.exe 有数个命令行参数用于选择追踪过程中的提供者、缓存的尺寸、事件写入的文件名以及其他许多选项。XPerfView.exe 则用于数据分析，并从追踪文件的内容生成图形化的报表。

所有的追踪内容都可以带有栈信息，这对于研究性能问题的细节颇有帮助。不过，并不需要从某个特定的提供者来捕获事件以获取栈信息，从而了解系统正在做的事情，SysProfile 内核标记组能够以每毫秒一次的频率获取所有处理器的栈信息。这是从方法级别了解一个繁忙的系统正在做什么事情的基本方法（我们会在本章稍后讨论采样分析器的部分再来详细回顾这个模式）。

使用 XPerf 捕获及分析内核记录

在这部分内容里，我们将使用 XPerf.exe 来获取内核轨迹，并使用 XPerfView.exe 生成图像进行分析。这个实验需要在 Windows Vista 或以后的系统中完成。它也要求设置两个环境变量：右键单击"Computer"，然后单击"Properties"，接着单击"Advanced settings"，并单击对话框下方的"Environment Variables"按钮。

将系统环境变量 NT_SYMBOL_PATH 指向微软公开符号服务器和一个本地的符号缓存目录，如 srv*C:\Temp\ Symbols*http://msdl.microsoft.com/download/symbols。

将系统环境变量 NT_SYMCACHE_PATH 指向一个本地目录——需要与上面的本地符号缓存目录不同。

以管理员权限打开命令提示符窗口，并进入 WPT 安装目录（如 C:\Program Files\Windows Kits\8.0\Windows Performance Toolkit）。

使用 Base 内核提供者组开始追踪，其中包含 PROC_THREAD、LOADER、DISK_IO、HARD_FAULTS、PROFILE、MEMINFO 及 MEMINFO_WS 内核标记（见表 2-1）。

进行一些系统活动，如执行应用程序、在窗口之间切换、打开文件，至少持续几秒时间（这些事件将会被追踪到）。

停止追踪，并使用命令"xperf -d KernelTrace.etl"将记录写入日志文件。

使用命令"xperfview KernelTrace.etl"启动图形化分析器。

弹出的窗口中包含多幅图像，每幅对应一个 ETW 关键字在追踪时生成的事件。你可以选择左侧显示的图像。一般来说，最上方的图像展示的是处理器的占用情况，而后续图像则会显示磁盘 I/O 操作数量，内存占用及其他一些统计信息。

选择处理器占用图像的一部分，单击右键，并选择上下文菜单的"Load Symbols"项。这会打开一个可展开的显示区，你可以浏览所有进程在这段处理器时间里被追踪到的方法（第一次从微软符号服务器加载符号会耗费较长时间）。

WPT 的功能远不止于此。你也可以浏览界面上的其他部分，并试着捕获和分析其他内核组中追踪得到的数据，甚至是你自己应用程序里的 ETW 提供者（我们会在本章稍后讨论自定义 ETW 提供者）。

在许多场景下都能使用 WPT 来深入了解系统的整体行为和独立进程的性能。下面是一些示例场景和相关截图。

- WPT 可以捕获系统所有磁盘 I/O 操作，并将其与物理磁盘关联起来，尤其是涉及硬盘旋转长时间查询的时候（如图 2-2 所示）。

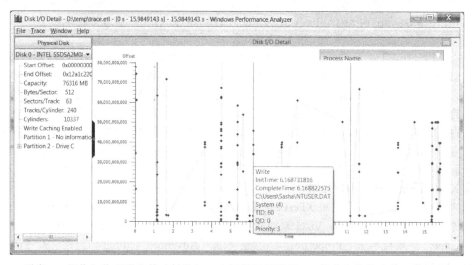

图 2-2　磁盘 I/O 操作与物理磁盘的映射叠加。光标提示展示了 I/O 操作之间的查询及单独的 I/O 细节

- WPT 可以获取追踪过程中系统所有处理器活动的调用栈。它可以从进程、模块及函数级别对调用栈进行聚合，并大致理解是系统中哪个部分（或是哪个特定应用程序）正在消耗 CPU 时间。注意，这里并不支持托管栈帧，稍后会使用 PerfMonitor 来解决这个问题（如图 2-3 所示）。

- WPT 可以叠加不同活动类型的图表，以此展示 I/O 操作、内存占用、处理器活动，以及其他记录下的数据之间的相关性（如图 2-4 所示）。

- WPT 可以展示追踪信息中调用栈的聚合结果（需要在追踪启动时配置 -stackwalk 命令行开关）——从中可以了解到创建特定事件的完整调用栈信息（如图 2-5 所示）。

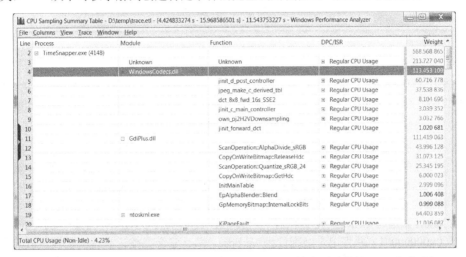

图 2-3 单个进程的详细栈帧。Weight 栏目展示了该帧上所消耗的 CPU 大致时间

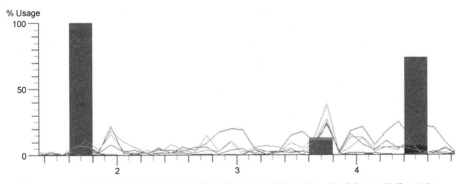

图 2-4 CPU 活动的叠加图像（不同的线代表不同的处理器）和磁盘 I/O 操作（列）。
图中没有展示出 I/O 活动与 CPU 活动之间有明显的相关性

注意 Windows SDK 的最新版本（8.0 版）带有两个新工具：Windows Performance Recorder（wpr.exe）和 Windows Performance Analyzer（wpa.exe），其目的是逐步替代我们之前提到的 XPerf 和 XPerfView。例如，`wpr -start CPU` 基本等价于 `xperf -on Diag`，而 `wpr -stop reportfile` 与 `xperf -d reportfile` 大致相同。WPA 分析界面略有不同，不过功能和 XPerfView 相似。有关新工具的更多信息，参见 MSDN 文档。

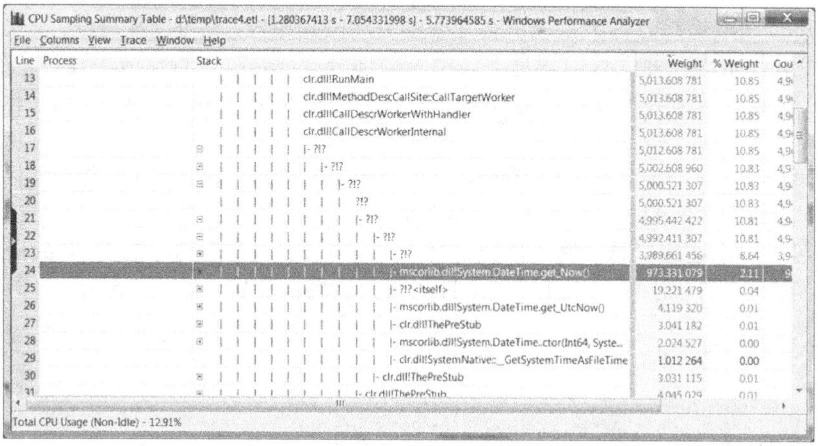

图 2-5　报表中调用栈的聚合结果。注意，这里只显示了部分托管栈帧，我们无法得知"?!?"的内容。其中 mscorlib.dll 的栈帧（如 System.DateTime.get_Now()）被正确显示出来了，因为它们是由 NGen 预编译生成，而不是在运行期间由 JIT 编译器生成的

　　XPerfView 擅长根据内核提供者的数据生成合适的图表，但对于自定义的提供者支持稍显不足。例如，虽然它可以捕获 CLR ETW 提供者的事件，但无法根据不同事件来生成美观的图像。你需要根据提供者文档中给出的关键字和事件来理解追踪时生成的原始数据（MSDN 文档中 CLR ETW 提供者的关键字和事件完整列表，可从微软官网 Docs 中的.NET Framework Performance 中查看）。

　　假如用 XPerf 来追踪 CLR ETW 提供者（e13c0d23-ccbc-4e12-931b-d9cc2eee27e4）的数据，使用 GC 关键字（0x00000001）并将记录级别设为 Verbose，那么它会完整记录该提供者生成的所有事件。将其输出至 CSV 文件，或使用 XPerfView 来展示数据，我们也便能识别出应用程序中与 GC 相关的时间——但效率低下。图 2-6 是一个 XPerfView 生成的报表示例，`GC /Start` 和 `GC /Stop` 之间的时间表示应用程序中的一次垃圾回收过程。

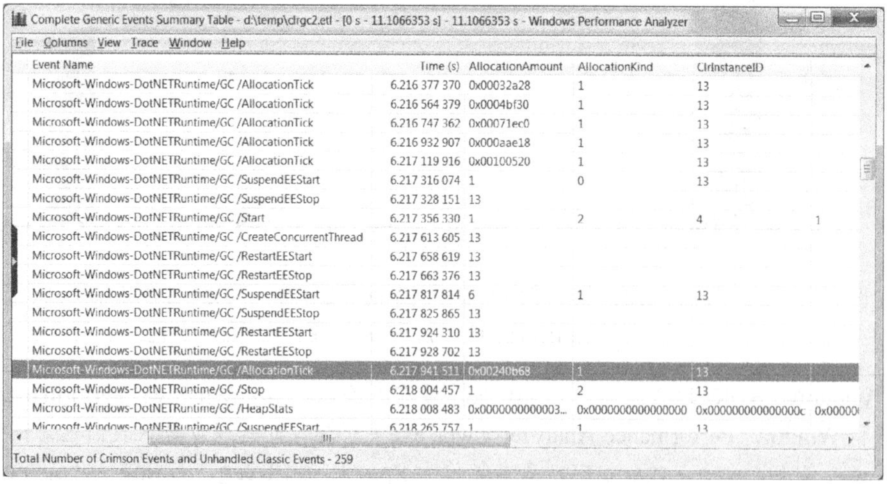

图 2-6　CLR 垃圾回收相关事件的原生报表，选中行为 GCAllocationTick_V1 事件，
大约每分配 100KB 内存时触发一次

　　幸运的是，微软的基础类库（Base Class Library，BCL）团队已经了解这些不便，并提供了一套开源类库及工具来分析 CLR ETW 追踪数据，称为 PerfMonitor。我们接下来讨论这个工具。

2. PerfMonitor

　　PerfMonitor.exe 是由微软 BCL 团队发布在 CodePlex 网站上的一款开源命令行工具。截止到写作时间为止，最新的 PerfMonitor 1.5 版本可以从 CodePlex Archive 网站中下载。与 WPT 相比，PerfMonitor 的主要优势在于它能够理解 CLR 各种事件的含义，而不是简单地将原始数据列在表格里。PerfMonitor 可以用来分析进程中的 GC 和 JIT 活动，并对托管栈进行采样，用于确定应用程序的哪个部分正在占用 CPU 时间。

　　PerfMonitor 针对高级用户提供了一个称为 TraceEvent 的类库，以便开发人员编程访问 CLR ETW 事件。这个类库可以用在自定义的系统监控软件，自动分析生产系统中获取的追踪数据，并对下一步的工作进行决策。

　　虽然 PerfMonitor 也可以用来收集内核事件或自定义 ETW 提供者发出的事件（使用 /KernelEvents 和 /Provider 命令行开关），但它一般还是用来基于内置的 CLR 提供者来分析托管应用程序的行为。它的 runAnalyze 命令行选项可以用来执行一个指定的应用程序，监控它的执行过程，并在应用程序终止后生成一份详细的 HTML 报表，这份报告可以在默认的浏览器中打开。你可以查阅 PerfMonitor 的用户指南——至少是它的 Quick Start 部分——来生成一份与本章内截图类似的报表。通过 PerfMonitor usersguide 命令可以打开用户指南。

　　当 PerfMonitor 监控了一个应用程序并生成了报表之后，它会生成下面的命令行输出。在阅读这部分内容时，你可以基于本章源代码目录中的 JackCompiler 示例程序来试着运行一下这个工具。

```
C:\PerfMonitor > perfmonitor runAnalyze JackCompiler.exe

Starting kernel tracing. Output file: PerfMonitorOutput.kernel.etl
Starting user model tracing. Output file: PerfMonitorOutput.etl
Starting at 4/7/2012 12:33:40 PM
Current Directory C:\PerfMonitor
Executing: JackCompiler.exe {

} Stopping at 4/7/2012 12:33:42 PM = 1.724 sec
Stopping tracing for sessions 'NT Kernel Logger' and 'PerfMonitorSession'.
Analyzing data in C:\PerfMonitor\PerfMonitorOutput.etlx
GC Time HTML Report in C:\PerfMonitor\PerfMonitorOutput.GCTime.html
JIT Time HTML Report in C:\PerfMonitor\PerfMonitorOutput.jitTime.html
Filtering to process JackCompiler (1372). Started at 1372.000 msec.
Filtering to Time region [0.000, 1391.346] msec
CPU Time HTML report in C:\PerfMonitor\PerfMonitorOutput.cpuTime.html
Filtering to process JackCompiler (1372). Started at 1372.000 msec.
Perf Analysis HTML report in C:\PerfMonitor\PerfMonitorOutput.analyze.html
PerfMonitor processing time: 7.172 secs.
```

　　PerfMonitor 生成的几个 HTML 文件里都包含了提炼后的报表，不过，我们随时可以使用 XPerfView 或其他工具来读取原始 ETL 文件中的 ETW 追踪数据。这个例子中的概要分析包含以下信息（当然，与你的机器上的实验结果可能会有所不同）。

- CPU 统计：CPU 时间总共耗费 917 ms，平均 CPU 使用率为 56.6%。剩下的时间则用于等待其他一些操作。
- GC 统计：GC 总耗时为 20 ms，垃圾回收堆最大尺寸为 4.5 MB，最高分配频率为每秒 1496.1 MB，平均 GC 停顿为 0.1 ms。
- JIT 编译统计：在运行期间 JIT 编译器总共编译了 159 个方法，生成了 30493 字节机器码。

在 CPU、GC 和 JIT 报表中可以深入了解大量有用的信息。CPU 详细报表提供的信息包括：占用大部分 CPU 时间的方法（自底向上分析）、CPU 耗时的调用树（自顶向下分析）以及跟踪信息中每个方法调用者与被调用者的独立视图。为避免生成体积巨大的报表，开销没有超过特定阈值（自底向上分析为 1%，自顶向下分析为 5%）的方法被排除在外了。图 2-7 是一个自底向上分析报表示例，3 个 CPU 占用最多的方法为 System.String.Concat、JackCompiler.Tokenizer.Advance 和 System.Linq.Enumerable.Contains。图 2-8 是一个自顶向下分析报表示例（局部）——84.2%的 CPU 耗时被 JackCompiler.Parser.Parse 方法占用了，它调用了 ParseClass、ParseSubDecls、ParseSubDecl 和 ParseSubBody 等方法。

Name	Exc %	Exc MSec	Inc %	Inc MSec	CPU Utilization	First	Last
mscorlib!System.String.Concat(String,String,String)	15.0	138	15.0	138	CPU Utilization over time. Total time is broken into 32 buckets and each digit represents its CPU		
JackCompiler.Compiler!JackCompiler.Tokenizer.Advance()	12.5	115	19.3	177	_ = no CPU used		
System.Core!System.Linq.Enumerable.Contains(IEnumerable`1<!!0>,!!0)	8.1	74	8.1	74	0 = 0-10% CPU use		
JackCompiler.Compiler!JackCompiler.Parser.ParseTerm()	7.0	64	25.8	237	1 = 10-20% use.		
JackCompiler.Compiler!JackCompiler.Parser.ParseAddExpression()	4.4	40	36.8	337	9 = 90-100% use		
kernel32!?	3.7	34	3.7	34	A = 100-110% use.		
mscorlib!System.IO.TextWriter.WriteLine(String,Object)	3.6	33	9.9	91	Z = 340-350% use.		
JackCompiler.Compiler!JackCompiler.Tokenizer.EatWhile(Predicate`1<wchar>)	2.9	27	3.5	32	* = greater than 350% use.		
JackCompiler.Compiler!JackCompiler.Parser.ParseMulExpression()	2.5	23	33.5	307	0334334333244330	535.779	1388.363
JackCompiler.Compiler!JackCompiler.Parser.ParseExpression()	2.2	20	43.8	402	0445445444355450	534.779	1388.363
JackCompiler.Compiler!JackCompiler.Parser.IsNextTokenMulOp()	2.2	20	5.3	49	000001000_00_0	582.152	1375.159
JackCompiler.Compiler!JackCompiler.Parser.ParseLetStatement()	2.1	19	39.3	360	0544544434433430	533.779	1388.363
ntdll!?	2.1	19	98.3	901	_0211599A9999AA9A991_	297.866	1390.272
JackCompiler.Compiler!JackCompiler.Parser.ParseSubCall(Token)	2.1	19	21.6	198	112122222233220	547.779	1389.374
mscorwks!?	2.0	18	2.0	18	001	399.791	519.773
JackCompiler.Compiler!JackCompiler.CCodeGenerator.Assignment(Token,bool)	1.9	17	5.6	51	10000100100000	555.843	1365.522
JackCompiler.Compiler!JackCompiler.Parser.ParseSubBody()	1.9	17	78.5	720	1878798876888881	529.779	1389.374
JackCompiler.Compiler!JackCompiler.Parser.ParseRelationalExpression()	1.9	17	40.9	375	0444445444354440	534.779	1388.363
System.Core!System.Linq.Enumerable.Contains(IEnumerable`1<!!0>,!!0)	1.5	14	1.5	14	0_00_00_00_0	547.779	1389.374
JackCompiler.Compiler!JackCompiler.Tokenizer.Next()	1.2	11	19.3	177	221121221322110	547.779	1389.374
JackCompiler.Compiler!JackCompiler.Tokenizer.EatWhitespace()	1.2	11	1.7	16	0_0_0__00000	515.773	1382.273

图 2-7　PerfMonitor 的自底向上报表。其中"Exc %"列为指定方法独自占用的 CPU 时间评估，而"Inc %"列则代表它及其所有子方法调用（调用树中的子树）的 CPU 时间评估

Name	Inc %	Inc MSec	Exc %	Exc MSec	CPU Utilization
ROOT	100.0	917	0.0	0	0311599A9999AAA9A991
+Process JackCompiler (1372)	100.0	917	0.0	0	0311599A9999AAA9A991
+Thread (4636)	100.0	917	0.2	2	0311599A9999AAA9A991
+ntdll!?	98.3	901	2.1	19	0211599A9999AAA9A991
|+JackCompiler!JackCompiler.CompilerDriver.Main(String[])	95.3	874	0.2	2	1599A9999AAA99A991
		+JackCompiler!JackCompiler.CompilerDriver.DriveCompilerWithCCodeGenerator(String[])	95.1	872	0.5	5	0599A9999AA99A991
		+JackCompiler.Compiler!JackCompiler.Parser.Parse()	84.2	772	0.0	0	2989898988998991
			+JackCompiler.Compiler!JackCompiler.Parser.ParseClass()	84.2	772	0.9	8	2989898988998991
			+JackCompiler.Compiler!JackCompiler.Parser.ParseSubDecls()	82.0	752	0.1	1	2979898988988991
				+JackCompiler.Compiler!JackCompiler.Parser.ParseSubDecl()	81.9	751	0.5	5	2979898888988881
				+JackCompiler.Compiler!JackCompiler.Parser.ParseSubBody()	78.5	720	1.9	17	1870798878888881
					+JackCompiler.Compiler!JackCompiler.Parser.ParseStatements()	75.4	691	0.3	3	1878788878888881
						+JackCompiler.Compiler!JackCompiler.Parser.ParseStatement()	75.0	688	0.5	5	1877788878888881
						+JackCompiler.Compiler!JackCompiler.Parser.ParseLetStatement()	30.2	277	1.2	11	0433433323222320
							+JackCompiler.Compiler!JackCompiler.Parser.ParseExpression()	20.3	186	0.0	0	0223212222111210
								+JackCompiler.Compiler!JackCompiler.Parser.ParseRelationalExpression()	19.5	179	0.3	3	0222212212111210
								+JackCompiler.Compiler!JackCompiler.Parser.ParseAddExpression()	17.7	162	0.1	1	0222211212111110
									+JackCompiler.Compiler!JackCompiler.Parser.ParseMulExpression()	16.8	154	0.5	5	0222211211111110
									+JackCompiler.Compiler!JackCompiler.Parser.ParseTerm()	12.9	118	0.8	7	212111111100100
						+JackCompiler.Compiler!JackCompiler.Parser.ParseDoStatement()	22.0	202	0.1	1	122122222223220
							+JackCompiler.Compiler!JackCompiler.Parser.ParseSubCall(Token)	17.3	159	0.1	1	011021112222210
								+JackCompiler.Compiler!JackCompiler.Parser.ParseExpressionList()	8.1	74	0.0	0	01011000011110
								+JackCompiler.Compiler!JackCompiler.Parser.ParseExpression()	8.1	74	0.3	3	01011000011110

图 2-8　PerfMonitor 的自顶向下报表

　　详细的 GC 分析报表包含每一代的垃圾回收统计（次数、耗时）表格，以及各独立 GC 事件的信息，包括停顿时间和回收的内存数量等。其中部分信息对于讨论垃圾回收器的内部机制与性能影响至关重要，我们会在第 4 章进行讨论。如图 2-9 所示，展示了这些独立 GC 事件的部分信息。

　　最后，详细的 JIT 分析报表展示了 JIT 编译器用于编译每个应用程序方法时所需的时间和触发编译的精确时刻。这部分信息可用于判断应用程序的启动时间是否有改进空间。假如 JIT 编译器耗费了大量时间，则（使用 NGen）进行预编译可能是个值得投入的优化方式。我们会在第 10 章里讨论 NGen 和其他一些减少应用程序启动时间的策略。

| GC Events by Time | | | | | | | | | | | | | |
| All times are in msec. Start time is msec from trace start. | | | | | | | | | | | | | |
Start Time	GC Num	Gen	Pause	Alloc Rate MB/sec	Alloc MB	MSec GC/ Alloc MB	MSec GC/ Kept MB	Before MB	After MB	Ratio Before/After	Reclaimed	Suspend Time	Type	Reason
551.053	1	0	0.20	7.53	4.15	0.046	2.56	4.15	0.07	55.82	4.07	0.01	NonConcurrentGC	AllocSmall
554.348	2	0	0.09	1341.22	4.15	0.020	0.84	4.23	0.10	42.74	4.13	0.01	NonConcurrentGC	AllocSmall
557.265	3	0	0.08	1465.75	4.15	0.018	0.59	4.25	0.13	33.15	4.12	0.01	NonConcurrentGC	AllocSmall
560.292	4	0	0.08	1405.49	4.15	0.019	0.49	4.27	0.16	27.49	4.12	0.01	NonConcurrentGC	AllocSmall
563.323	5	0	0.09	1406.78	4.15	0.020	0.46	4.31	0.18	23.94	4.13	0.01	NonConcurrentGC	AllocSmall
566.281	6	0	0.08	1449.91	4.16	0.017	0.33	4.34	0.21	20.79	4.14	0.01	NonConcurrentGC	AllocSmall

图 2-9　独立 GC 事件，包括回收的内存尺寸、应用程序停顿时间、所发生的回收类型以及其他详细信息

　　提示　从多个高性能 ETW 提供者收集数据会生成体积巨大的记录文件。例如，PerfMonitor 的默认收集模式每秒会产生 5 MB 原始数据。即便是容量巨大的硬盘，也能被连续数天的追踪数据占满。幸运的是，XPerf 和 PerfMonitor 都支持循环记录模式，即只保留最新的 N 兆数据。在 PerfMonitor 中，我们可以通过/Circular 命令行开关来指定记录文件的最大尺寸（以兆为单位），并在超过阈值的情况下，自动丢弃最早的记录文件。

　　虽然 PerfMonitor 是一个十分强大的工具，但它的原始 HTML 报表和丰富命令行选项增大了它的使用难度。接下来讨论的工具与 PerfMonitor 功能类似，使用场景相同，但在收集和解读 ETW 信息时，提供了更为友好的界面，可以加快某些类型的性能研究。

3. PerfView 工具

　　PerfView 是微软公司发布的一款免费工具，在 PerfMonitor 提供的 ETW 信息收集和分析功能之外，还加入了托管堆分析等功能。我们会在稍后与其他工具一起进行讨论（如 CLR Profiler 或 ANTS Memory Profiler）。PerfView 可以从微软下载中心获得。注意：PerfView 安装时必须在管理员权限下运行，因为它需要访问 ETW 基础设施。

　　选择 PerfView 中的 Collect → Run 菜单（如图 2-10 中的主窗口）可以分析指定进程的 ETW 信息。为了随后能够进行堆的分析，我们可以基于本章源代码目录下的 MemoryLeak.exe 示例程序使用 PerfView。PerfView 会执行该应用程序，并生成一份报表，它提供了 PerfMonitor 的全部乃至其他一些信息，包括：

- 从各种提供者（如 CLR 竞争信息、原生磁盘 I/O、TCP 包以及硬页面失效）收集来的 ETW 事件原始列表；
- 应用程序中耗费 CPU 时间的分组后的栈位置，包括自定义的过滤器和阈值；
- 镜像（程序集）加载时的栈位置、磁盘 I/O 操作和 GC 分配（每大约 100 KB 对象分配）；

- GC 统计及事件，包括每次垃圾回收的耗时和空间回收数量。

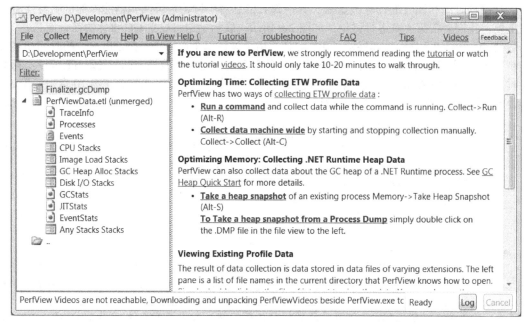

图 2-10　PerfView 的主界面。在左侧文件视图中有一个堆 dump 和一个 ETW 跟踪记录。
主视图中的链接指向工具所支持的各项命令

此外，PerfView 还可以用来捕捉当前正在运行的进程的堆快照，或从内存转储文件中导入堆快照。导入后，PerfView 可以用来查看快照中占用内存最多的类型，并识别出保持这些对象的引用链。如图 2-11 所示，展示了 PerfView 针对 Schedule 类的引用分析器，该类（及其引用的对象）占用了堆镜像中的 31 MB 大小。同时，PerfView 成功地识别出 Employee 对象保持了对 Schedule 对象的引用，而 Employee 对象则处在析构队列中（我们将会在第 4 章进行讨论）。

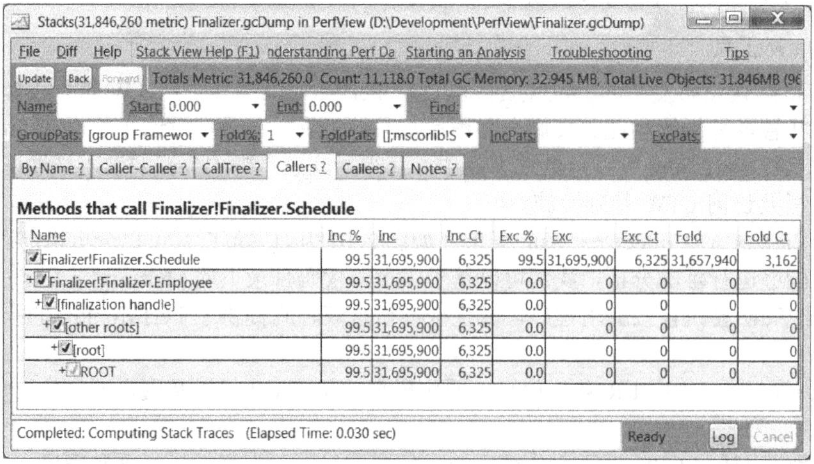

图 2-11　Schedule 类的引用链，占用了应用程序堆快照中 99.5% 的内存

在本章的随后几节里我们会讨论内存分析器。随着讨论的深入，我们发现与商业工具相比，PerfView 的可视化功能还是稍显薄弱。不过 PerfView 是免费的，可以让许多性能研究事半功倍。在主屏幕上，它同时提供了一个其内置向导的访问链接，BCL 团队也提供了一些视频来演示这款工具的主要功能。

4. 自定义 ETW 提供者

与性能计数器类似，你需要根据自身应用程序来应用这套强大的测量和信息采集框架。.NET 4.5 之前，要想在托管应用程序中暴露 ETW 信息还是比较复杂的。大量细节问题需要自行应对，如定义一个应用程序 ETW 提供者清单，在运行时初始化，并记录事件。相比之下，在.NET 4.5 中编写一个自定义的 ETW 提供者变得简单很多。你只需继承 System.Diagnostics.Tracing.EventSource 类，并调用基类里的 WriteEvent 方法即可。各种细节（诸如向系统注册 ETW 提供者或格式化事件数据）都会帮助自动处理了。

下面的类是一个托管应用程序中的 ETW 提供者示例（其完整代码可以在本章源代码目录中找到，稍后也会通过 PerfMonitor 来执行）：

```csharp
public class CustomEventSource : EventSource {
  public class Keywords {
    public const EventKeywords Loop = (EventKeywords)1;
    public const EventKeywords Method = (EventKeywords)2;
  }

  [Event(1, Level = EventLevel.Verbose, Keywords = Keywords.Loop,
      Message = "Loop {0} iteration {1}")]
  public void LoopIteration(string loopTitle, int iteration) {
    WriteEvent(1, loopTitle, iteration);
  }

  [Event(2, Level = EventLevel.Informational, Keywords = Keywords.Loop,
      Message = "Loop {0} done")]
  public void LoopDone(string loopTitle) {
    WriteEvent(2, loopTitle);
  }

  [Event(3, Level = EventLevel.Informational, Keywords = Keywords.Method,
      Message = "Method {0} done")]
  public void MethodDone([CallerMemberName] string methodName = null) {
    WriteEvent(3, methodName);
  }
}

class Program {
  static void Main(string[] args) {
    CustomEventSource log = new CustomEventSource();
    for (int i = 0; i < 10; ++i) {
      Thread.Sleep(50);
      log.LoopIteration("MainLoop", i);
    }

    log.LoopDone("MainLoop");
    Thread.Sleep(100);
    log.MethodDone();
  }
}
```

通过 PerfMonitor 还可以自动从应用程序中发现 ETW 提供者。在运行应用程序的时候监听 ETW

提供者，则会生成一份应用程序中所有 ETW 事件的报表。例如：

```
C:\PerfMonitor > perfmonitor monitorDump Ch02.exe

Starting kernel tracing. Output file: PerfMonitorOutput.kernel.etl
Starting user model tracing. Output file: PerfMonitorOutput.etl
Found Provider CustomEventSource Guid ff6a40d2-5116-5555-675b-4468e821162e
Enabling provider ff6a40d2-5116-5555-675b-4468e821162e level: Verbose keywords:
0xffffffffffffffff
Starting at 4/7/2012 1:44:00 PM
Current Directory C:\PerfMonitor
Executing: Ch02.exe {

} Stopping at 4/7/2012 1:44:01 PM = 0.693 sec
Stopping tracing for sessions 'NT Kernel Logger' and 'PerfMonitorSession'.
Converting C:\PerfMonitor\PerfMonitorOutput.etlx to an XML file.
Output in C:\PerfMonitor\PerfMonitorOutput.dump.xml
PerfMonitor processing time: 1.886 secs.
```

> **注意**　这里并没有把另外一套性能监视和健康检测框架考虑进去：Windows Management Instrumentation(WMI)。WMI 是一套集成在 Windows 里的命令和控制(command-and-control，C&C)基础设施，超出了本章的内容范围。它可以用来获取系统状态的信息（如当前安装的操作系统、BIOS 固件或剩余磁盘信息），注册感兴趣的事件（如进程创建与终止），以及调用控制方法来改变系统状态（如创建网络共享或加载驱动）。WMI 的更多信息，可参考微软的 MSDN 文档。假如你对开发托管 WMI 提供者感兴趣，Sasha Goldshtein 的文章 "WMI Provider Extensions in .NET 3.5" 是个不错的开始。

2.3　时间分析器

　　虽然性能计数器和 ETW 事件提供了 Windows 应用程序的大量内部信息，但假如有工具——分析器——可以获得方法及代码行级别（比 ETW 的栈信息收集更进一步）的执行时间也是很有帮助的。本节会探讨几款商用工具及其优势。记住一点，越强大、精确的工具在测量时也会带来越大的负担。

　　接下来介绍的分析器涉及许多商业工具，它们大部分都有现成的替代品。在这里并不特定推荐任何一款工具。本章里谈到的产品只是我们用于性能研究的常备工具，不同的人会有不同的偏好。

　　我们讨论的第一个分析器是微软公司从 Visual Studio 2005（Team Suite 版）开始提供的内置组件。本章我们会使用 Visual Studio 2012 的分析器，它可以在 Premium 及 Ultimate 版本的 Visual Studio 里找到。

2.3.1　Visual Studio 采样分析器

　　Visual Studio 采样分析器的工作原理与之前在 ETW 部分中谈论过的 PROFILE 内核开关很相似。它会定期打断应用程序执行，并记录每个处理器当前运行线程的调用栈信息。与内核 ETW 提供者不同，该采样分析器可以根据多种条件来打断应用程序。表 2-2 列出了其中部分条件。

　　使用 Visual Studio 分析器捕获样本成本较低，并且如果样本事件间隔够大（默认为 10000000 个时钟周期），那么在应用程序执行时的损耗不到 5%。此外，采样非常灵活，可以附加到某个正在运行的进程，收集一段时间的样本事件，然后断开进程分析数据。基于这些特点，该采样方法推荐在开始 CPU 瓶颈（消耗大量 CPU 时间的方法）性能分析时使用。

表 2-2　　　　　　　　　　Visual Studio 采样分析器（部分）事件

触发器	含 义	合理范围	场 景
时钟周期	应用程序所使用的 CPU 时钟周期	1 MB~ 1000 MB	找到占用 CPU 时间最多的方法（瓶颈）
页面失效	应用程序访问某一内存页，该内存页当前不在 RAM，且必须能从磁盘中找到（页面文件）	1~1000	找到引起页面失效的方法,如"昂贵"的磁盘 I/O 而不是内存访问
系统调用	应用程序所使用的 Win32 API 或.NET 类会调用操作系统服务	1~10000	找到会导致"昂贵"的用户到内核模式转换的方法
最高级缓存未命中	应用程序访问的内存地址不在 CPU 缓存而位于主内存（RAM）中	1000 MB~1 MB	找到会导致缓存命中（见第 5 章）的代码
指令重试	应用程序执行一个 CPU 指令	500 KB~100 MB	与时钟周期类似

在采样会话结束时，分析器会制定一个汇总表，表中的每个方法都包含两个数字：独占样本数（方法当前在 CPU 上执行时产生的样本数量）和非独占样本数（方法当前在调用栈或其他地方执行时产生的样本数量）。应用程序的 CPU 占用主要由包含大量独占样本的方法造成，而包含大量非独占样本的方法则不直接使用 CPU，但它们所调用的方法会使用（例如，在单线程应用中，Main 方法的非独占样本所占百分比很可能为 100%）。

在 Visual Studio 中运行采样分析器

我们后面会介绍采样分析器从简单的命令行环境中运行的方式，但最简单的运行方法还是从 Visual Studio 中直接启动来进行产品分析。我们建议你使用自己的应用程序进行以下实验。

（1）在 Visual Studio 中，单击 "Analyze" → "Launch Performance Wizard" 菜单项。

（2）在第一个向导页中，选中 "CPU Sampling"，然后单击 "Next" 按钮（本章后面会讨论其他探测模式，到时候你可以再来重新实验）。

（3）如果要分析的项目位于当前加载的解决方案中，选中 "One or more available projects"，并在列表中选择项目。否则，选中 "An executable (.EXE file)"。单击 "Next" 按钮。

（4）如果在上一步选择了 "An executable (.EXE file)"，这里可以找到你的可执行文件，必要时可提供命令行参数，然后单击 "Next" 按钮（如果不方便使用自己的应用程序，可以使用本章源代码文件夹中的 JackCompiler.exe 示例程序）。

（5）选中 "Launch profiling after the wizard finishes"，单击 "Finish" 按钮。

（6）如果不是以管理员身份运行 Visual Studio，那么将提示你升级分析器的凭证（Credential）。

（7）当程序运行结束时，会打开分析结果。你可以使用顶部的 "Current View" 复选框在不同视图间切换，展示从应用程序代码中收集到的样本。

要进行更多的实验，可以在分析会话结束时查看 Performance Explorer 工具窗口（Analyze→Windows →Performance Explorer）。它可以配置采样参数（如选择不同的样本事件或间隔）、选择目标二进制文件和比较多次运行的探测结果等。

图 2-12 展示了分析结果，包含最"昂贵"的调用路径和收集到的拥有最多独占样本的函数。图 2-13 展示了详细报表，显示了哪些方法占用了最多的 CPU 时间（包含大量独占方法）。双击列表中的方法会弹出详细窗口，其中显示了从应用程序的哪一行代码能收集到最多的样本(如图 2-14 所示)。

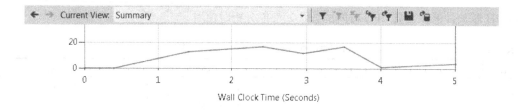

Hot Path

The most expensive call path based on sample counts

Function Name	Inclusive Samples %	Exclusive Samples %
⏶ JackCompiler.Parser.ParseStatements()	75.95	0.38
⏶ JackCompiler.Parser.ParseStatement()	75.19	0.00
🔥 **JackCompiler.Parser.ParseDoStatement()**	**27.10**	**0.00**
🔥 **JackCompiler.Parser.ParseLetStatement()**	**25.95**	**0.00**
🔥 **JackCompiler.Parser.ParseIfStatement()**	**13.36**	**0.00**

Related Views: Call Tree Functions

Functions Doing Most Individual Work

Functions with the most exclusive samples taken

Name	Exclusive Samples %
System.String.Concat(string,string,string)	24.81
System.Linq.Enumerable.Contains(class System.Collections.Generic.IEnumerable`1<!!0>,!!...	11.07
System.IO.TextWriter.WriteLine(string,object)	8.02
System.Linq.Enumerable.Contains(class System.Collections.Generic.IEnumerable`1<!!0>,!!...	6.49
_PreStubWorker@4	4.96

图 2-12　分析器报表的汇总视图，显示了产生最多样本的调用路径和产生最多独占样本的函数

Function Name	Inclusive Samp...	Exclusive Sam...
System.String.Concat(string,string,string)	65	65
System.Linq.Enumerable.Contains(class System.Collections.Generic.IEnumerable`1<!!0	29	29
System.IO.TextWriter.WriteLine(string,object)	58	21
System.Linq.Enumerable.Contains(class System.Collections.Generic.IEnumerable`1<!!0	17	17
_PreStubWorker@4	15	13
System.String.Concat(object,object)	11	11
JackCompiler.Tokenizer.NextChar()	15	6
System.IO.File.OpenText(string)	6	6
System.IO.StreamReader.Peek()	6	6
JackCompiler.Tokenizer.Advance()	80	5
System.Collections.Generic.HashSet`1.Contains(!0)	5	5

图 2-13　函数视图，显示了产生最多独占样本的函数。System.String.Concat 函数产生的
独占样本是其他函数的两倍

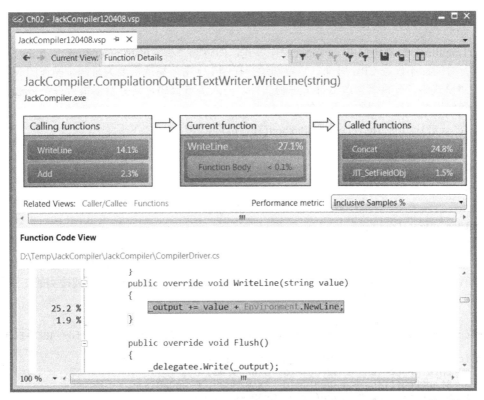

图 2-14　函数详细视图，显示了调用 JackCompiler.CompilationOutputTextWriter.WriteLine 函数和被该函数调用的函数。在函数代码中，会根据非独占样本累积的百分比来对代码行进行高亮显示

警告　看上去采样似乎是能准确度量 CPU 利用率的技术。这里可能会有某些观点，如"如果方法包含的独占样本率为 65%，那么它就消耗了 65% 的时间"。然而由于采样的统计特征，这些说法并不可靠，平时实践时也要尽量避免。因为有很多因素会导致采样结果不准确。例如，在应用程序执行时，CPU 时钟频率每秒会改变几百次，因此，样本数和真正的 CPU 时间之间是有偏差的；一个方法可能会产生很多样本，但如果没有执行，就会被"遗忘"（没有充分展现）；而如果一个方法在运行时产生了很多样本，但每次完成得都很快，就可能被"夸大"（过分展现）。总之，采样分析器的结果是应用程序 CPU 瓶颈的概要描述，而不是 CPU 时间的精准展现。

除了每个方法的独占/非独占样本表，Visual Studio 分析器还提供了很多其他信息。我们建议你自己探索一下这个分析工具，Call Tree 视图显示了应用程序中的方法调用层次（与图 2-8 中的 PerfMonitor 自顶向下的报表类似），Lines 视图显示了行级别的样本信息，Modules 视图按程序集对方法进行分组，可以快速找到性能瓶颈的解决方向。

由于所有采样间隔都需要应用程序线程触发才能运行，因此，没法从阻塞等待 I/O 或同步机制的应用程序线程中获取样本。对于 CPU 密集型的应用程序，采样方法是可行的。但对于 I/O 密集型的应用程序，就需要考虑其他依赖于侵入式探测机制的方法。

2.3.2　Visual Studio 检测分析器

Visual Studio 分析器还提供了另一种操作模式，即检测分析（instrumentation profiling），专门测量整体运行时间而不仅是 CPU 时间。它特别适合探测 I/O 密集型或需要大量同步操作的应用程序。在检测探测模式中，分析器修改目标二进制文件，写入测量代码，向分析器报告每个被检测方法的准确时间和调用数信息。例如，下面的方法：

```
public static int InstrumentedMethod(int param) {
  List<int> evens = new List<int>();
  for (int i = 0; i < param; ++i) {
    if (i % 2 == 0) {
      evens.Add(i);
    }
  }

  return evens.Count;
}
```

在检测该方法时，Visual Studio 分析器会对其进行修改。记住，检测发生在二进制级别，源代码本身并没有被修改，不过，我们可以通过 IL 反编译器（如.NET Reflector）查看被检测的二进制文件。（简便起见，我们对结果进行了少量修改。）

```
public static int mmid = (int)
  Microsoft.VisualStudio.Instrumentation.g_fldMMID_2D71B909-C28E-4fd9-A0E7-ED05264B707A;
  public static int InstrumentedMethod(int param) {
  _CAP_Enter_Function_Managed(mmid, 0x600000b, 0);
  _CAP_StartProfiling_Managed(mmid, 0x600000b, 0xa000018);
  _CAP_StopProfiling_Managed(mmid, 0x600000b, 0);
  List<int> evens = new List<int>();
  for (int i = 0; i < param; i++) {
    if (i % 2 == 0) {
      _CAP_StartProfiling_Managed(mmid, 0x600000b, 0xa000019);
      evens.Add(i);
      _CAP_StopProfiling_Managed(mmid, 0x600000b, 0);
    }
  }
  _CAP_StartProfiling_Managed(mmid, 0x600000b, 0xa00001a);
  _CAP_StopProfiling_Managed(mmid, 0x600000b, 0);
  int count = evens.Count;
  _CAP_Exit_Function_Managed(mmid, 0x600000b, 0);
  return count;
}
```

在方法调用一开始的 **_CAP** 是对 VSPerf110.dll 模块的互操作调用，被检测的程序集引用了该模块。它们负责测量时间和记录方法调用次数。由于会捕获被检测代码中的所有方法调用、捕获方法入口和出口的位置，因此，在检测运行结束后，得到的信息是十分准确的。

如果在检测模式下运行图 2-12～图 2-14 中的应用程序（即 JackCompiler.exe），分析器生成的报表中的 Summary 视图会包含相似的信息：应用程序中最“昂贵”的调用路径和包含最多独立工作的函数。不过，此时的信息并非基于样本数量（仅测量 CPU），而是基于被检测代码锁记录的精确时间信息。图 2-15 所示的 Functions 视图展示了以毫秒（ms）为单位的独占和非独占时间，以及函数被调用的次数。

Function Name	Elapsed Inclusi...	Elapsed Exclus...	Number of Calls
JackCompiler.Tokenizer.NextChar()	4,163.71	2,246.36	951,000
JackCompiler.Token..ctor(valuetype JackCompiler.TokenType,string)	2,561.65	1,557.73	463,000
JackCompiler.Tokenizer.Advance()	9,195.09	1,070.54	293,000
JackCompiler.Parser.Match(class JackCompiler.Token)	7,751.63	749.13	171,000
JackCompiler.Tokenizer.EatWhile(class System.Predicate`1<char>)	2,445.82	716.53	144,000
System.Object..ctor()	627.72	627.72	483,000
System.String.op_Equality(string,string)	580.68	580.68	1,161,000
System.String.get_Chars(int32)	481.38	481.38	951,000
JackCompiler.Parser.ParseStatements()	9,734.91	456.07	6,000
System.Predicate`1.Invoke(!0)	501.06	435.24	525,000
JackCompiler.Tokenizer.get_IsAtEnd()	418.59	404.36	293,000
System.Environment.get_NewLine()	391.10	391.10	951,000
System.String.Concat(string,string)	383.15	383.15	1,091,000
System.String..ctor(char[])	342.48	342.48	463,000
JackCompiler.Parser.NextToken()	2,586.89	329.52	121,000

图 2-15　Functions 视图：System.String.Concat 不再是性能瓶颈，因为我们的注意力转移到了 JackCompiler.Tokenizer.NextChar 和 JackCompiler.Token..ctor 上，前者被调用了几乎 100 万次

提示　图 2-12 和图 2-15 所示的示例应用程序并非完全 CPU 密集型，事实上大多数时间都在阻塞（等待 I/O 操作完成）。这就解释了为什么在采样结果中，System.String.Concat 耗费了大量 CPU，而在检测结果中，JackCompiler.Tokenizer.NextChar 则是性能瓶颈。

尽管看起来检测模式似乎更准确，不过，如果实际的应用程序是 CPU 密集型的，还是应该尝试采样模式。检测模式不够灵活，要求使用者必须在启动应用程序之前检测代码，并且不能附加到已运行的进程。此外，检测模式还有一笔很大的损耗，即显著增加代码体积，并将探针（probe）作为运行时开销，每当程序进入或离开某个方法时，分析器都会收集这些探针。（某些检测分析器还提供了行检测模式，每行代码都被检测探针包围；这样会变得更慢！）

和前面一样，过于信任检测分析器的结果也是很有风险的。由于应用程序运行在检测模式下，尽管分析器尽可能地在最终结果中去除检测带来的损耗，但收集到的时间信息还是有可能在方法的调用数并没有改变的情况下发生显著偏差。谨慎使用采样和检测模式，比较多个报表与记录优化是否生效可以帮助我们洞悉应用程序的耗时所在。

2.3.3　时间分析器的高级用法

时间分析器还做了很多其他的优化，也并没有在前面的章节提及。对这些内容的进一步详细介绍已经超出了本章范畴，但还是有必要列一下，否则它们很可能因为 Visual Studio 神奇的魔法而被忽略。

1. 采样模式下的一些小技巧

如 2.3.1 节所示，采样分析器可以从多种事件中收集样本，包括缓存未命中和页面失效。在第 5 章和第 6 章中，我们将介绍一些大幅度提升应用程序性能的实例，它们主要受益于内存访问特征的

改善（主要是尽可能减少缓存未命中）。在分析这些应用程序及其确切的代码位置所导致的缓存未命中和页面失效数量时，分析器可以提供很大的价值。（使用检测模式时还可以收集缓存未命中、instructions retired 和 mispredicted branches 等 CPU 计数器。要做到这一点，只需要在 Performance Explorer 面板中打开性能会话属性，找到 CPU Counter 标签页。所收集的信息会作为新的列显示在 Functions 视图的报表中。）

采样模式比检测模式更灵活。例如，可以使用 Performance Explorer 面板将处于采样模式的分析器附加到已经运行的进程上。

2．在分析时收集其他数据

在所有分析模式且分析器处于激活的状态时，Performance Explorer 面板都可以用来暂停和恢复数据收集，并生成标记。这些标记将显示在最终报表的 Marks 视图中，它们有助于更简单地辨别应用程序执行的不同部分。

> **提示**　Visual Studio 分析器甚至包含一个 API，供应用程序在代码中暂停和恢复分析。这可以用来避免收集不感兴趣的数据，以减少分析器数据文件的大小。关于分析器 API 的更多内容，参见 MSDN 文档。

分析器还可以在探测运行时收集 Windows 性能计数器和 ETW 事件（本章前面讨论过）。此功能可以通过 Performance Explorer 中的性能会话属性，在 Windows Events 和 Windows Counter 选项卡中开启。ETW 追踪数据只能通过 **VSPerfReport /summary:ETW** 命令在命令行中查看，而性能计数器数据则位于 Visual Studio 报表的 Marks 视图中。

最后，如果 Visual Studio 消耗很长的时间来分析报表，并给出很多额外数据。不用担心，这只会对性能产生一次影响。分析完成后，右键单击 Performance Explorer 中的报表，选择 "Save Analyzed Report"。报表文件的扩展名为.vsps，可以立即在 Visual Studio 中打开。

3．分析技巧

在 Visual Studio 中打开报表，可以看到 Profiler Guidance，其中包含大量有用的技巧，来帮助我们检测本书所提到的那些常见性能问题，例如：

- "考虑使用 **StringBuilder** 进行字符串拼接"，这是一条非常有用的规则，它可以减少应用程序产生的垃圾数量，从而减少垃圾回收的次数，详见第 4 章；
- "大量对象在第 2 代垃圾回收时被回收"，对象的"中年危机"现象，详见第 4 章；
- "在值类型中重写 **Equals** 方法和相等操作符"，对于常用值类型来说，这是非常重要的优化，详见第 3 章；
- "过度使用反射是非常昂贵的操作"，详见第 10 章。

4．高级分析定制

在生产环境收集性能信息是非常困难的，因为需要安装大量像 Visual Studio 这样的工具。幸运的是，我们不用安装整个 Visual Studio 套件即可以在生产环境安装并运行 Visual Studio 分析器。分析器的安装文件可以在 Visual Studio 安装媒介的 **Standalone Profiler** 目录下找到（32 位和 64 位系统有各自的版本）。安装完成后，按照 MSDN Library 中 Analyzing Application Performance 的介绍在分析器下启动应用程序，或使用 VSPerfCmd.exe 工具将分析器附加到某个已知进程。之后，分析器会生成一个可以在其他机器上用 Visual Studio 打开的.vsp 文件，或使用 VSPerfReport.exe 生成 XML

或 CSV 报表，它无须借助 Visual Studio 即可在产品环境上查看。

在检测模式下，可以使用 VSInstr.exe 工具在命令行中打开很多定制的选项。如使用 START、SUSPEND 选项，在某个函数中启动或挂起探测，或使用 INCLUDE 与 EXCLUDE 选项基于函数名的某种模式包含或排除某些函数。关于 VSInstr.exe 的更多信息，可阅读 MSDN 中的相关文章。

有些分析器可以提供远程分析模式，允许主分析器 UI 运行于某台机器，但分析会话发生在另一台机器上，且不需要手动复制性能报表。例如，JetBrains 的 dotTrace 分析器就支持这种操作模式，它会启动一个运行于远程机器的远程代理，通过该代理与主分析器 UI 通信。这样就可以避免在产品环境上安装整个分析器套件。

注意 在第 6 章中，我们将使用 GPU 进行超级并行计算，带来高于百倍的速度提升。如果性能问题出现在运行于 GPU 上的代码中，标准时间分析器就无能为力了。有些工具，如 Visual Studio，可以分析和诊断 GPU 代码中的性能问题。但这超出了本章范围。如果你使用 GPU 进行图形或普通计算，可以研究一下适用于 GPU 编程框架（如 C++ AMP、CUDA 和 OpenCL）的工具。

本节充分介绍了如何使用 Visual Studio 分析器分析应用程序的执行时性能（总体或仅 CPU）。托管应用程序性能的另一重要方面是内存管理。在后续的两节中，我们将讨论内存分配分析器和内存分析器，它们可以准确定位应用程序中内存相关的性能瓶颈。

2.4 内存分配分析器

内存分析器能检测应用程序中发生的内存分配事件，并生成详细的报告，展示出哪些方法最占内存，方法所持有的实例的类型与其他一些内存相关的统计。通常在垃圾回收器回收已分配内存的过程中，内存占用大的应用程序会消耗大量的时间。在第 4 章我们将会看到，CLR 让内存的分配变得很轻松，成本也相对不高，但回收的过程却变得费劲。于是，一系列分配大量内存的小方法运行起来可能只占很短的 CPU 时间，在时间分析器的报告里它们很难被注意到，但它们在执行期间不确定什么时候就可能会引发垃圾回收，而这却能让应用程序变慢。我们曾见过一些没有注意内存分配优化的生产环境应用程序，通过对其分配方式和内存管理进行调优，就能够直接提升性能，有时提升幅度能达到 10 倍。

我们在这里介绍两种分析内存分配的工具：全能的 Visual Studio 分析器提供的内存分析功能，以及免费、独立的工具 CLR 分析器。需要注意的是，这些工具都会给内存占用大的程序带来一些额外开销，这是由于这些分析器需要记录所有的内存分配操作。尽管如此，与它们所生成的宝贵的报告相比，哪怕百倍的影响，分析期间的等待也是值得的。

2.4.1 Visual Studio 内存分配分析器

Visual Studio 分析器有两种模式收集内存分配的信息与对象的生命周期数据（哪些对象被垃圾回收器回收）：取样和监测。在取样模式中，分析器会收集整个进程中的内存分配情况；而在监测模式中，分析器仅收集受监测的模块中的内存分配情况。

接下来，我们对本章源代码文件夹提供的 JackCompiler.exe 示例程序运行 Visual Studio 分析器进行分析。在 Visual Studio 性能向导中，选择 ".NET 内存分配"。分析完成后会产生一系列视图，其中摘要视图展示分配了最多内存的函数和这些内存具体存储的类型（如图 2-16 所示）。函数视图展示每个方法所分配的对象个数与方法占用内存的多少（照旧，inclusive and exclusive metrics 都提供）；函数详细视图展示了调用方和被调用方的信息，还带有着色高亮的源代码视图，并用方框标示出内存分配信息（如图 2-17 所示）。更有趣的是内存分配视图，它展示了哪些调用树负责分配了哪些类型（如图 2-18 所示）。

Functions Allocating Most Memory

Functions with the highest exclusive bytes allocated

Name		Bytes %
System.String.Concat(string,string,string)		89.04
System.String.CtorCharCount(char,int32)		1.66
System.IO.TextWriter.WriteLine(string,object)		1.43
System.String.Concat(object,object)		1.41
JackCompiler.Tokenizer.Advance()		1.03

Types With Most Memory Allocated

Types with the hightest total number of bytes allocated

Name		Bytes %
System.String		95.53
System.Char[]		1.47
JackCompiler.Token		0.65
System.String[]		0.48
System.Byte[]		0.45

图 2-16　内存分配报告提供的摘要视图

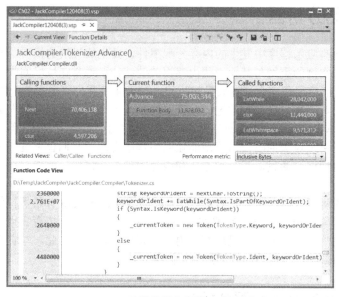

图 2-17　JackCompiler.Tokenizer.Advance 函数的详细视图，图中展示了调用方、被调用方和函数的
源代码，用方框标示出分配的数目

图 2-18　内存分配视图，展示了负责分配 System.String 对象的调用树

在第 4 章中，我们会感受到快速释放临时对象的重要性，届时会讨论一种严重的性能状况，称作"中年危机"，通常是由于临时对象持续存活所致。要想识别应用程序中的这种状况，就需要利用分析器报告的对象生命周期视图来查看对象在哪一代被回收，这有助于了解它们是不是存活了太久。从图 2-19 可以看出，应用程序分配的所有字符串（总数超过 1 GB！）都在 0 代被回收，也就是说，它们连一次回收过程也没有逃过。

图 2-19　对象生命周期视图有助于找出在多次回收之后持续存活的临时对象。在此图中，
所有对象都在第 0 代被回收，这也是最实惠的垃圾回收（详细情况参见第 4 章）

尽管 Visual Studio 内存分析器所生成的报告已经相当强大，但还是缺少一些可视化的能力。例如，通过追踪调用栈来分析特定类型的分配情况相当耗时，尤其当它到处分配时（如广泛存在的字符串和字节数组）。CLR 分析器提供了好几种可视化的功能，对 Visual Studio 分析器形成了补充。

2.4.2　CLR 分析器

CLR 分析器是一款免安装的独立分析工具，大小不到 1 MB，可以从微软官网的下载中心获得。可贵的是，它还附带完整的源代码，如果需要利用 CLR 分析器的 API 定制研发，就正好派上用场。

它既可以附加到运行中的进程（从 CLR 4.0 开始），也能启动新进程，然后将所有内存分配和垃圾回收的事件记录下来。

虽然运行 CLR 分析器相当简单——只要运行分析器，单击启动应用，选择一个应用，然后等待报告生成即可，但其报告的丰富程度却毫不含糊。我们接下来将解读报告中一部分的视图；而关于 CLR 分析器完整的指南，可参见 CLRProfiler.doc 文档，它已经包含在下载包中。与之前一样，通过在 JackCompiler.exe 示例程序上运行 CLR 分析器就可以自己体验下面的过程。

图 2-20 所示的主视图是在目标应用终止之后生成的。它包含一些关于内存分配和垃圾回收相关的基本统计数据。这个视图提供了一系列常规步操作的入口，在这里可以调查内存分配源，以确定应用程序在哪个位置创建了最多的对象（类似于 Visual Studio 分析器的分配视图）。关注垃圾回收情况也可以了解哪些对象被回收了。最后，还能可视化地检视内存堆中的内容以了解其大致结构。

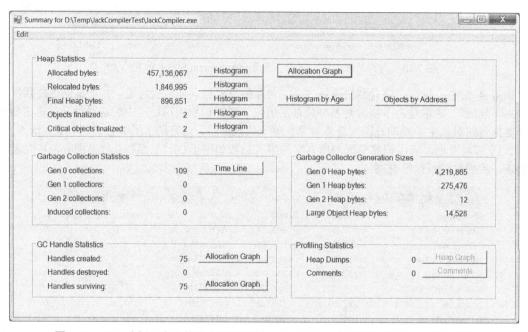

图 2-20　CLR 分析器生成的报告的主视图，展示了分配情况和垃圾回收的统计信息

如图 2-20 所示，"已分配的字节数"和"终止态堆中的字节数"右边的"Histogram"按钮可以用于查看直方图，它们是根据对象类型所占大小绘制而成。这些直方图既可以用来找出明显的大对象和小对象，也有助于分析对哪些类型的分配最频繁。图 2-21 所示的直方图即为示例程序运行期间所分配的所有对象。

图 2-20 所示的"Allocation Graph"按钮可以查看应用程序在分配对象时的调用栈视图，循着视图中分组的图线，很容易从分配了最多内存的方法找到一个个具体的类型，从而找出相应实例是从哪些方法分配的。图 2-22 所示为分配图的一小部分，展示了分配了 372 MB 内存（Inclusively）的 Parser.ParseStatement 方法和它逐个调用的多个方法。（另外，CLR 其他的视图还提供"查看分配图"的上下文菜单功能，可以查看应用中的对象的子级分配图。）

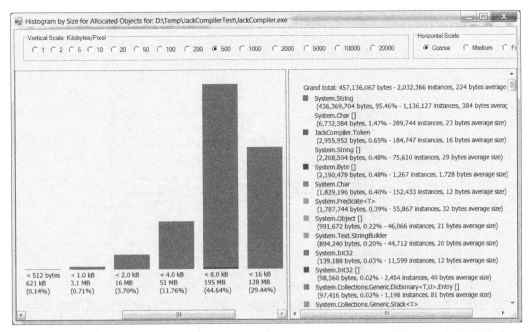

图 2-21 目标应用中分配的所有对象。图中每个柱图表示对应大小区间的对象；右侧的图例
展示了字节总数与按类型统计的实例数

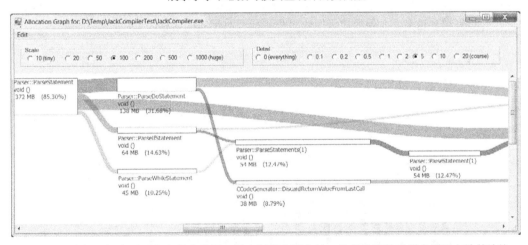

图 2-22 分析目标应用后产生的分配图。图中仅列出了方法；具体分配的类型在图形右边的边缘

　　如图 2-20 所示的 "Histogram by Age" 按钮可以显示对终止态堆中的对象按存活期进行分组统计的图表。有了它就可以快速地分辨哪些是存活了很久的对象，哪些只是临时分配的对象，这对于检测 "中年危机" 状况很重要。（详细讨论参见第 4 章。）

　　而图 2-20 所示的 "Objects by Address" 按钮，则能够将终止态托管内存区域可视化为不同的层次；最下面的层次是存留时间长的对象（如图 2-23 所示）。我们可以在层次之间抽丝剥茧地发掘并了解是哪些对象占据着应用程序的内存。这个视图也可以用于诊断堆内部的碎片离散情况（如由于固定所致），详细讨论参见第 4 章。

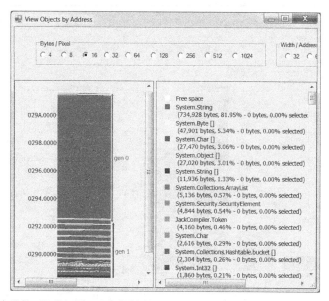

图 2-23　应用程序内存堆的可视化视图。左侧的数字为地址；gen 0、gen 1 字样是堆的子区域，第 4 章中会介绍

最后，如图 2-20 所示的垃圾回收统计区的"Time Line"按钮可以可视化地查看各次垃圾回收的过程与它们给应用程序内存堆产生的影响（见图 2-24）。这一视图还可识别哪些类型的对象被回收了和内存堆在垃圾回收期间发生的变化。它对于查找内存泄漏也相当有用，内存泄漏一般是由于应用程序持有的对象越来越多，而导致垃圾回收过程不能回收足够的内存。

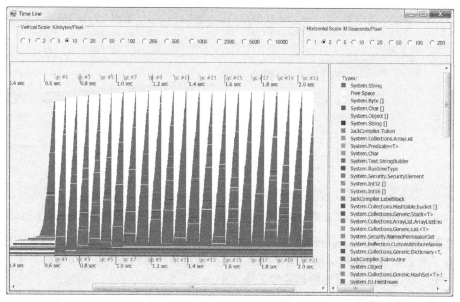

图 2-24　应用程序垃圾回收时间线。底部的秒数表示单次垃圾回收运行时间，而图形面积就是托管堆。在垃圾回收发生时，内存占用量直线下降，然后又逐步上升直到下次回收。整体来看，内存使用情况是恒定的（在垃圾回收之后），因此这个应用程序并不存在内存泄漏问题

上面讲到的分配图和直方图都非常有用。不过，有时候不仅是方法之间的调用关系重要，了解对象之间的引用关系也一样重要。例如，如果应用程序存在内存泄漏，就有必要通过追踪内存堆，与大对象进行分类对比，才能找出真正妨碍了垃圾回收这些对象的引用关系。在分析的目标应用运行期间，单击"Show Heap now"按钮以便生成内存堆快照，接下来需要用它来查看并梳理对象之间的引用。

如图 2-25 所示的分析器报告中同时展示了 3 个内存堆快照，展示了 f-reachable 队列持有的对象所占字节数目的增长，而增长发生在 Employee 和 Schedule 对象上（第 4 章会进一步讨论）。如图 2-26 所示为第二个和第三个内存堆快照期间分配的对象，通过"Show New Objects"上下文菜单可以使用此功能。

CLR 分析器中的堆内存快照可以用来诊断内存泄漏问题，但可视化工具还不够丰富。接下来要讨论的商业工具会提供更强大的能力，包括自动检测常见的内存泄漏点、智能的过滤器和更精巧的分组功能。由于大部分这些工具并不记录每个分配的对象的信息，也不会捕获分配调用栈，它们被分析的目标应用程序中引入的影响更小，这是一个很大的好处。

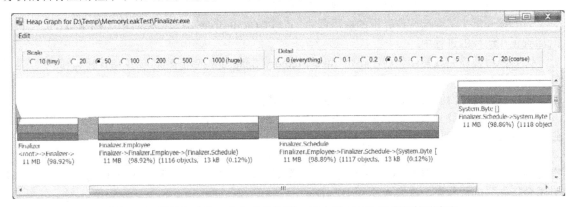

图 2-25　增量生成的 3 个内存堆快照，其中有 11MB 的实例持续存留

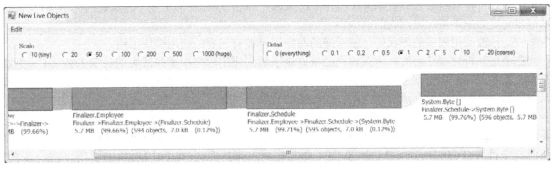

图 2-26　在最后两个内存堆快照之间产生的新对象，可以清楚地看出内存泄漏正是
f-reachable 队列的引用链上发生的

2.5　内存分析器

本节将讨论两个商业版本的内存分析工具，它们专门用于可视化托管堆和检测内存泄漏源。由于这些工具颇为复杂，因此这里只会介绍其中一小部分的功能，可以在相应的用户指南中查阅其余的内容。

2.5.1　ANTS Memory Profiler

RedGate 的 ANTS Memory Profiler 是一款专门用于内存快照分析的工具。下面将详细介绍使用它诊断内存泄漏的过程。RedGate 网站上提供了一个 14 天的免费试用版本，可以下载安装并按照下面介绍的步骤对应用进行分析。以下的这些指导和截图使用了 ANTS Memory Profiler 的 7.3 版本，也是写本书时的最新版本。

另外，本章源代码文件夹中的 FileExplorer.exe 应用程序也可以用来练习。在这个应用程序中，从左侧的目录树导航到非空目录就会出现内存泄漏问题。

（1）在分析工具中运行待分析的应用程序。（与 CLR Profiler 类似，ANTS 从 CLR 4.0 开始可以附加到正在运行的进程中。）

（2）应用程序完成初始化后，使用 Take Memory Snapshot 按钮来捕获初始的快照。此快照是后续性能分析的基准。

（3）随着内存泄漏的积累，可以生成额外的堆快照，以作为后续分析的参考。

（4）应用程序终止后，对比快照（基线快照与上一个快照，或它们之间的中间快照）以了解导致内存增长的那些对象类型。

（5）Instance Categorizer 会显示内存堆中的对象实例，在这里可以关注特定的类型，从而识别持有可疑类型对象的引用类型。（此阶段检查的是类型之间的引用——类型 A 的实例对类型 B 的实例引用会按类型进行分类，就像 A 引用 B 一样。）

（6）使用 Instance List 浏览可疑类型的各个实例。从中可以识别几个代表性的实例，并使用 Instance Retention Graph 来确定它们被保留在内存中的原因。（此阶段检查的是各个对象之间的引用，并且可以得出特定对象不被垃圾回收的原因。）

（7）修改应用程序的源代码，使泄漏的对象不再被有问题的调用链所引用。

在上述分析过程结束时，你应该已经很好地了解到应用程序中那些最大的对象未被 GC 回收的原因。其实，导致内存泄漏的原因有很多，而真正的艺术是如大海捞针般在百万个对象堆中，快速识别出那些引起主要内存泄漏，且具有代表性的对象和类型。

图 2-27 展示了两个快照之间的比较视图。从图 2-27 中可以看出，内存泄漏（以字节为单位）主要由 string 对象组成。Instance Categorizer（如图 2-28 所示）中的 string 类型展示出有一个事件在内存中持有 FileInformation 实例，而它们反过来持有对 byte[] 对象的引用。进一步使用 Instance Retention Graph（如图 2-29 所示）去查看那些特定的实例，你会发现 FileInformation.FileInformationNeedsRefresh 静态事件是内存泄漏的源头。

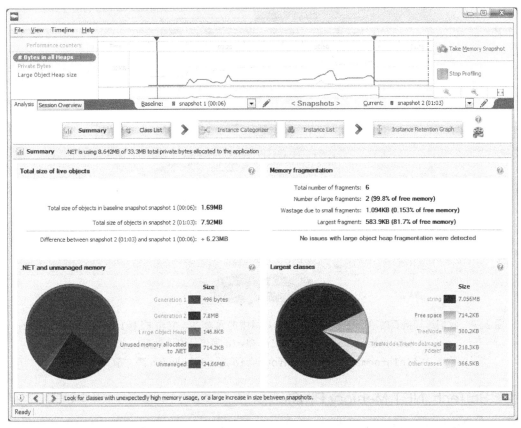

图 2-27　两个堆快照之间的比较。图中显示这两个堆快照之间大小的总体差别是 6.23 MB+，
而目前在内存中最大的类型是 System.String

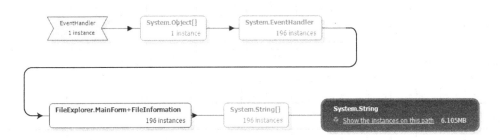

图 2-28　string 对象被一个字符串数组所引用，而这个数组被 FileInformation 实例引用，进而
FileInformation 实例又被一个事件对象持有（通过 System.EventHandler 代理）

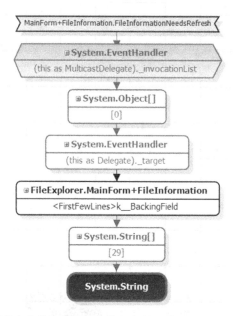

图 2-29　我们选择检查的单个字符串是字符串数组中的元素 29，它由 `FileInformation` 对象的
`<FirstFewLines>k__BackingField` field 字段持有。随后的引用指向了
`FileInformation.FileInformationNeedsRefresh` 静态事件

2.5.2　SciTech .NET Memory Profiler

SciTech .NET Memory Profiler 是另一款专注于内存泄漏诊断的商业工具。它的基本分析流程与
ANTS Memory Profiler 非常相似，且该分析工具还可以打开转储文件。这意味着再也不必和应用程序
一起运行该工具，且可以使用在 CLR 内存不足时由于系统崩溃而生成的转储文件。这个功能对诊断
内存泄漏事件至关重要，尤其当问题已经在生产环境中出现之后。memprofiler 网站提供一个 10 天的
免费评估版本。下面的指导和截图使用的是.NET Memory Profiler 4.0 版本。

> **注意**　CLR Profiler 无法直接打开转储文件，但是它有一个名为! TraverseHeap 的 SOS.DLL 命
> 令，这个命令可以生成符合 CLR Profiler 格式的.log 文件。我们会在第 3 章和第 4 章中探讨 SOS.DLL
> 命令的更多例子。同时，Sasha Goldshtein 的博客文章也给出了如何一起使用 SOS.DLL 和 CLR
> Profiler 的示例。

选中.NET Memory Profiler 中 File 下的 Import memory dump 菜单项可以打开内存转储（memory
dump）文件。如果有多个转储文件，你可以将它们全部导入到分析会话中，并将其作为堆快照进行
比较。导入过程可能相当冗长，特别是在涉及大堆的情况下；为了更快地分析会话，SciTech 提供了
一个单独的工具 NmpCore.exe，它可以用在生产环境中捕获堆会话，而不依赖于转储文件。

图 2-30 展示了.NET Memory Profiler 中的两个内存转储文件对比的结果。它通过事件处理程序直
接发现了内存中的可疑对象，并将分析结果指向 FileInformation 对象。

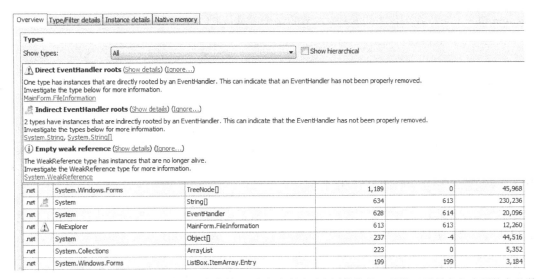

图 2-30　两个内存快照的初步分析结果。表中第一列显示了活跃实例的数量，而第三列是它们占用的字节数。由于工具提示文本的原因，其中主要内存消耗（string 对象）并没有显示

如图 2-31 所示，集中分析了 `FileInformation` 对象。图 2-31 说明了从 `FileInformation.FileInformationNeedsRefresh` 事件处理程序到选定的 `FileInformation` 实例存在一个单一的根路径，并且图中各个实例的可视化数据确认了之前使用 ANTS Memory Profiler 看到的相同引用。

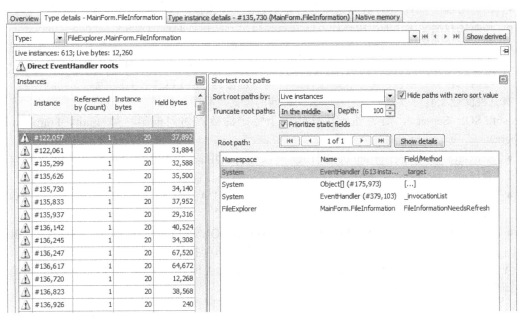

图 2-31　`FileInformation` 实例。在图中，左侧表中 "Held bytes" 列给出了每个实例（对象图中的子树）占用的内存大小，图的右侧则显示了实例的最短根路径

在这里将不再重复介绍.NET Memory Profiler 的其他功能。如果想继续学习，那么从 SciTech 网

站 memprofiler 上可以找到优秀的教程。本节的这个工具从 CLR Profiler 的堆转储（heap dump）开始，总结了我们关于内存泄漏检测工具和技术的调查内容。

2.6　其他分析器

在本章中，我们主要关注于 CPU、时间和内存方面的分析工具，因为这些是大多数性能问题调研的重点。另外，还有一些其他性能指标有专门的度量工具，本节中也会简要介绍其中的一部分。

2.6.1　数据库和数据访问分析工具

许多托管应用程序是围绕数据库构建的，它们需要花费很大一部分时间等待查询结果的返回或批量更新的完成。数据库访问可以在两个方面进行分析：从应用程序方面（这是数据访问分析工具的领域）和从数据库方面（这是留给数据库分析工具的最好任务）。

数据库分析工具常常需要数据库厂商特定的专业知识，并且通常是由数据库管理员在其性能调研和日常工作中使用，因此数据库分析工具不是本节讨论的重点。SQL Server Profiler 是一款针对 Microsoft SQL Server 的数据库分析工具，非常强大。如果读者感兴趣，可以在微软官网 MSDN 上了解有关 SQL Server Profiler 的更多信息。

另一方面，数据访问分析工具则属于应用程序开发人员的日常工作范围。这些工具会分析应用程序的数据访问层（DAL），并常常报告以下内容：

- 由应用程序 DAL 执行的数据库查询和初始化每个操作所产生的精确栈调用信息；
- 初始化数据库操作的应用程序方法列表和每个方法执行的查询列表；
- 效率低下的数据库访问告警，例如，执行无限的结果集查询，获取所有表的列，但只使用其中的一部分，发出的查询包含太多的表连接，或者查询一个具有 N 个关联实体的实体，并且随后执行另一个包含每个关联实体的查询（也称为"SELECT N + 1"问题）。

有几种商业工具可以分析应用程序数据访问的模式。其中一些只能用于特定的数据库产品（如 Microsoft SQL Server），而另外一些只能用于特定的数据访问框架（如 Entity Framework 或 NHibernate）。下面是相关的几个例子。

- RedGate ANTS Performance Profiler 可以分析应用程序对 Microsoft SQL Server 数据库的查询。
- Visual Studio "Tier Interactions" 分析功能可以针对 ADO.NET 的任何同步数据访问操作。遗憾的是，它不会报告数据库操作的调用栈。
- Hibernating Rhinos 系列的分析工具（LINQ to SQL Profiler、Entity Framework Profiler 和 NHibernate Profiler）可以分析由特定的数据访问框架执行的所有操作。

我们不会在这里详细地讨论这些分析工具，不过，如果你担心数据访问层的性能，可以考虑在性能问题调研中将它们与时间或内存分析工具一起运行。

2.6.2　并发分析工具

并发编程的日益普及导致了专门针对高并发软件的分析工具，这些分析工具使用运行在多个处理器上的多个线程。在第 6 章中，我们将研究几种这样的场景，从中可以容易地收获由并发编程带来的性能收益，并且这些性能提升通过准确的度量工具得以最好地实现。

在 Concurrency 和 Concurrency Visualizer 模式下的 Visual Studio profiler 使用 ETW 监控并发应用程序的性能，并生成几个有价值的视图。这些视图有助于检测特定于高并发软件的可扩展性和性能瓶颈。它有两种操作模式，如下所示。

并发模式（或资源竞争分析）：可以检测应用程序线程正在等待的资源，如托管锁。报告的一部分重点介绍资源本身和因等待资源解锁而阻塞的线程，这有助于找到并消除可扩展性瓶颈（如图 2-32 所示）。报告的另一部分显示了特定线程的争用信息，即线程必须等待的各种同步机制，这有助于减少特定线程执行中的障碍。要想在此操作模式下启动分析工具，你可以使用"Explorer pane or Analyze→Launch Performance Wizard"菜单项，然后选择 Concurrency 模式。

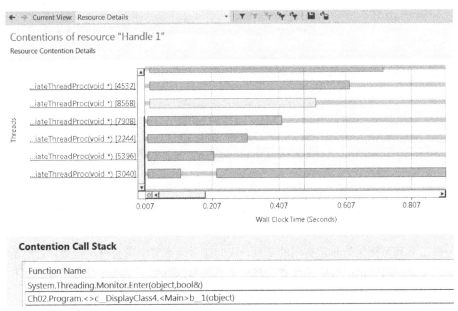

图 2-32　特定资源的竞争——有几个线程在同时等待获取这个资源。当一个线程被选中时，
其阻塞调用栈被列在底部

Concurrency Visualizer 模式（或多线程执行可视化）：会显示所有应用程序线程的执行细节图，并根据其当前状态显示不同的颜色。每个线程状态的转移——I/O 阻塞、等待同步机制，连同调用栈和可能发生的阻塞调用栈解除（如图 2-33 所示）——都会被记录下来。这些报告非常有助于了解应用程序线程的作用，并且检测到表现不佳的性能模式，如超额预订、订阅过低、资源匮乏和过度同步。Task Parallel Library 机制（如并发循环和 CLR 同步机制）的图表中还内置了这些工具的支持。可以用"Analyze→Concurrency Visualizer"子菜单在此操作模式下启动分析工具。

> **注意**　MSDN 有基于 Concurrency Visualizer 图形的多线程应用程序的反模式集合，包括锁护送（lock convoy）、不均匀的任务负载分配、超额预订和其他，都可以在微软官网 MSDN 中找到这些反模式。当运行自己的度量工具时，你也可以通过比较报告结果来识别类似的问题。

图 2-33　几个应用程序（列在后面）和它们执行结果的可视化展示。从可视化结果和底部的直方图可以明显看出那些没有均匀分布在不同的线程之间的任务

　　并发分析工具和可视化是非常有用的工具，我们在后续章节中也会再次提到。它们是 ETW 巨大影响力的另一个很好的证据，犹如"王者"存在于性能监控框架中，用于托管和原生分析工具。

2.6.3　I/O 分析工具

　　本章介绍的最后一个性能指标类别是 I/O 操作。ETW 事件可用于获取物理磁盘访问的计数和详细信息，以及页面故障、网络数据包和其他类型的 I/O 信息，但是还没有涉及任何专门的 I/O 操作治理内容。

　　Sysinternals Process Monitor 是一个免费的工具，用于收集文件系统、注册表和网络活动（如图 2-34 所示）。Sysinternals 整套工具或最新版本的 Process Monitor 都可以从 TechNet 网站（微软 Dosc 网站中 Downloads 选项下 Process Monitor）下载。通过应用它丰富的过滤功能，系统管理员和性能调研员可以使用 Process Monitor 来诊断与 I/O 相关的错误（如缺少文件或权限不足）及性能问题（如远程文件系统访问或过度分页）。

　　Process Monitor 为其捕获的每个事件提供了完整的用户模式和内核模式栈跟踪。因此，用它来了解应用程序源代码中过多或错误的 I/O 操作发生的原因是非常理想的。遗憾的是，在撰写 Process Monitor 这部分内容时，我无法解码托管的调用栈，但它至少指出了执行 I/O 操作的应用程序的大致方向。

　　本章使用了很多度量应用程序性能的自动工具，包括执行时间、CPU 时间、内存分配，甚至 I/O

操作。各种度量技术让人过于眼花缭乱，这也是开发人员经常喜欢针对他们应用程序的性能执行手动基准测试的原因之一。本章结束之前，我们将讨论微基准测试与它潜在的误区。

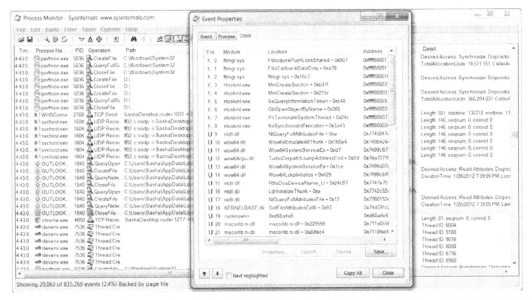

图 2-34　Process Monitor 在主视图中显示了几个类型的事件，在对话框窗口中显示了一个特定事件的调用栈。框架 19 及更低版本是托管框架

2.7　微基准测试

　　一些性能问题和质疑只能通过手动度量来解决。你可能会下定决心使用 StringBuilder，或者去度量第三方库的性能，或者通过展开内部循环来优化精简算法，或者通过尝试和错误的方式帮助 JIT 将常用数据放入注册表中，而不会愿意使用分析工具进行性能度量。究其原因，可能是分析工具太慢、太贵或太麻烦。尽管微基准测试通常风险很高，但它仍然很受欢迎。如果你想选择它，那么可以阅读接下来的内容以确保做法恰当。

2.7.1　设计不佳的微基准测试示例

　　下面我们会从一个设计不佳的微基准测试例子开始，逐步改进它，直到它提供的结果有意义且与问题领域的事实知识相关联。这个过程的目的是确定哪个更快——使用 is 关键字然后转换为所需类型，还是使用 as 关键字且依赖于结果。

```
// Test class
class Employee {
  public void Work() {}
}

// Fragment 1 - casting safely and then checking for null
static void Fragment1(object obj) {
  Employee emp = obj as Employee;
```

```
    if (emp ! = null) {
      emp.Work();
    }
  }

  // Fragment 2 - first checking the type and then casting
  static void Fragment2(object obj) {
    if (obj is Employee) {
      Employee emp = obj as Employee;
      emp.Work();
    }
  }
```

一个基本的基准框架可能如下:

```
static void Main() {
  object obj = new Employee();
  Stopwatch sw = Stopwatch.StartNew();
  for (int i = 0; i < 500; i++) {
    Fragment1(obj);
  }

  Console.WriteLine(sw.ElapsedTicks);
  sw = Stopwatch.StartNew();
  for (int i = 0; i < 500; i++) {
    Fragment2(obj);
  }

  Console.WriteLine(sw.ElapsedTicks);
}
```

尽管这个例子的结果还算是可以重复的,但它并不是一个令人信服的微基准测试。通常情况下,第一个循环的输出为 4 个刻度,第二个循环的输出为 200~400 个。这可能会得出"第一个片段快 50~100 倍"的结论。然而,这种度量存在重大的错误,其结论源于以下因素。

- 循环仅运行一次, 500 次迭代不足以得出任何有意义的结论,运行整个基准测试所需的时间可以忽略不计,因此,可能会受到许多环境因素的影响。
- 没有花精力阻止优化,因此, JIT 编译器可能已经内联并完全丢弃了两个度量循环。
- Fragment1 和 Fragment2 方法不仅度量了 is 和 as 关键字的成本,还度量了方法调用的成本(对 FragmentN 方法本身)。调用该方法的转换成本可能比剩下工作的成本要高很多。

在这些问题的基础上改进,以下微基准测试更加接近描述两种运算的实际成本:

```
class Employee {
  // Prevent the JIT compiler from inlining this method (optimizing it away)
  [MethodImpl(MethodImplOptions.NoInlining)]
  public void Work() {}
}

static void Measure(object obj) {
  const int OUTER_ITERATIONS = 10;
  const int INNER_ITERATIONS = 100000000;

  // The outer loop is repeated many times to make sure we get reliable results
  for (int i = 0; i < OUTER_ITERATIONS; ++i) {
    Stopwatch sw = Stopwatch.StartNew();

    // The inner measurement loop is repeated many times to make sure we are measuring
an
    // operation of significant duration
```

```
  for (int j = 0; j < INNER_ITERATIONS; ++j) {
    Employee emp = obj as Employee;
    if (emp ! = null)
      emp.Work();
  }

  Console.WriteLine("As - {0}ms", sw.ElapsedMilliseconds);
}
for (int i = 0; i < OUTER_ITERATIONS; ++i) {
  Stopwatch sw = Stopwatch.StartNew();

  for (int j = 0; j < INNER_ITERATIONS; ++j) {
    if (obj is Employee) {
      Employee emp = obj as Employee;
      emp.Work();
    }
  }

  Console.WriteLine("Is Then As - {0}ms", sw.ElapsedMilliseconds);
}
}
```

我的其中一台测试机器的结果（在丢弃第一次迭代之后）在第一个循环中显示为 410 ms，第二个循环为 440 ms，这是一个可靠且可重现的性能差异，它可能会让你确信将 as 关键字只用于转换和检查会更高效。

然而，谜题还未结束。如果我们将 virtual 修饰符添加到 Work 方法中，则性能差异完全消失了。即使我们增加了迭代次数，差异也没有出现。这个现象并不能由微基准框架的优点或不足因素所解释——这是来自问题领域的结果。在这两种情况下，我们只有进到汇编语言级别并检查由 JIT 编译器生成的循环，才能理解此行为。首先，在 virtual 修饰符之前：

```
; Disassembled loop body - the first loop
mov edx,ebx
mov ecx,163780h (MT: Employee)
call clr!JIT_IsInstanceOfClass (705ecfaa)
test eax,eax
je WRONG_TYPE
mov ecx,eax
call dword ptr ds:[163774h] (Employee.Work(), mdToken: 06000001)
WRONG_TYPE:

; Disassembled loop body - the second loop
mov edx,ebx
mov ecx,163780h (MT: Employee)
call clr!JIT_IsInstanceOfClass (705ecfaa)
test eax,eax
je WRONG_TYPE
mov ecx,ebx
cmp dword ptr [ecx],ecx
call dword ptr ds:[163774h] (Employee.Work(), mdToken: 06000001)
WRONG_TYPE:
```

在第 3 章中，我们将深入讨论 JIT 编译器调用非虚方法和虚方法发出的指令序列。当调用非虚方法时，则 JIT 编译器必须发出一个指令，以确保我们没有在空引用上进行方法调用。第二个循环中的 CMP 指令就是完成该任务的。在第一个循环中，JIT 编译器可以优化此检查，因为在调用之前，有一个语句对转换的结果进行空引用检查（if (emp ! = null) ...）。在第二个循环中，JIT 编译器的优化启发式方法不足以优化检查（尽管它本来是一样安全的），而额外指令则负责额外的 7%~8%

的性能开销。

但是，添加 virtual 修饰符之后，JIT 编译器会在两个循环体中生成完全相同的代码：

```
; Disassembled loop body - both cases
mov edx,ebx
mov ecx,1A3794h (MT: Employee)
call clr!JIT_IsInstanceOfClass (6b24cfaa)
test eax,eax
je WRONG_TYPE
mov ecx,eax
mov eax,dword ptr [ecx]
mov eax,dword ptr [eax + 28h]
call dword ptr [eax + 10h]
WRONG_TYPE:
```

原因是当调用 virtual 方法时，不需要显式执行空引用检查，它是方法调度序列中固有的（正如我们将在第 3 章中看到的）。当循环体相同时，则时序结果也是相同的。

2.7.2　微基准测试指南

一个成功的微基准测试的度量内容必须符合以下准则。

- 测试代码的环境是正在开发的真实环境的代表。例如，如果它是针对数据库表操作进行设计的，则不应在内存数据集合中运行一个方法。
- 测试代码的输入代表了正在开发的实际输入。例如，如果它是针对数百万个元素的集合操作设计的，则不应在一个三元素列表上度量排序方法的成本。
- 与度量的实际测试代码相比，用于设置环境的支持代码应该是可以协商的。如果不可以，那么设置应该发生一次，测试代码应该可以重复多次。
- 测试代码应该能够运行足够长时间，以便在硬件和软件波动的情况下仍然是可观和可靠的。例如，如果正在测试值类型装箱运算的开销，而单个装箱运算可能太快，以致无法产生显著的结果，这将需要相同测试的许多迭代才能变得真实。
- 测试代码不能被语言编译器或 JIT 编译器优化。当尝试度量简单运算时，这种情况经常发生在"释放"模式。（我们稍后会探讨这个观点。）

如果你已经确定测试代码是足够健壮的，并且度量了想要度量的精确效果时，那么投入一些时间搭建基准测试环境是必要的。

- 当基准测试运行时，目标系统上不允许其他进程运行。网络、文件 I/O 和其他类型的外部活动应尽量减少（例如，禁用网卡并关闭不必要的服务）。
- 分配多个对象的基准测试应该小心垃圾回收效应。建议在重大基准测试迭代之前和之后强制垃圾回收，以便尽量减少彼此的影响。
- 测试系统上的硬件应与生产环境中要使用的硬件类似。例如，涉及密集随机磁盘寻找的基准测试在固态硬盘驱动器上的运行速度要比使用旋转磁头的机械驱动器快得多。（同样适用于显卡、特定处理器功能，如 SIMD 指令、内存架构和其他硬件特性。）

最后应该关注度量本身。下面这些是设计基准测试代码时要注意的事项。

- 丢弃第一个测量结果，它经常受到 JIT 编译器和其他应用程序启动成本的影响。此外，在第一次度量期间，数据和指令不太可能在处理器的缓存中。（一些度量缓存效果的基准测试不需要考虑这个建议。）

- 重复度量多次，使用多个度量值而不仅是平均值——标准偏差（表示结果的方差）和连续度量之间的波动也很有意思。
- 从基准代码中减去度量循环的开销，这需要度量空循环的开销，因为 JIT 编译器可能会优化远程空循环，所以它对结果的影响并非微不足道。（用汇编语言编写循环是抵消这种风险的一种方式。）
- 从时序结果中减去时间度量开销，并使用最经济和最准确的时间测量方法，通常是 System.Diagnostics.Stopwatch。
- 了解度量机制的分辨率、精度和准确性。例如，Environment.TickCount 的精度通常只有 10~15 ms，尽管其分辨率似乎是 1 ms。

> **注意** 分辨率是度量机制的精密度。如果报告结果是 100 ns 的整数倍数，则分辨率为 100 ns。然而，它的精度可能远远小于一个 500 ns 的物理时间间隔，其中一次可能报告 2×100 ns，而另一次为 7×100 ns。在这种情况下，我们可以将精度上限设置为 300 ns。最后，精度代表了度量机制的正确程度。如果它能够可靠、反复地报告 5000 ns 物理时间间隔为 5400 ns，精度为 100 ns，那么我们可以认为真实的精确度是 +8%。

本节开头那个糟糕的例子并不会阻止你编写微基准测试。不过，你可以考虑这里提供的建议，以便设计有意义且结果可信的基准测试。最差的性能优化是基于不正确度量的优化；遗憾的是，手动基准测试往往会陷入这样的困境。

2.8　小结

性能度量并不简单，其中原因之一是存在大量各种各样的度量和工具，以及这些工具对度量精度和应用程序行为带来的影响。我们在本章中已经介绍了很多工具，如果要求准确地说明不同工具的使用场景，你可能会感到有些困难。表 2-3 总结了本章中演示的所有工具的重要特性，以供查阅。

表 2-3　　　　　　　　　　　本章所有工具主要特征的总结列表

工　具	性　能　指　标	开　销	特别的优点/缺点
Visual Studio Sampling Profiler	CPU 使用，缓存丢失，页面错误，系统调用次数	低	—
Visual Studio Instrumentation Profiler	执行时间	中	不能附加到运行中的进程
Visual Studio Allocation Profiler	内存分配	中	—
Visual Studio Concurrency Visualizer	线程可视化，资源竞争	低	可视化线程执行信息、竞争详细信息、栈、取消阻塞的栈
CLR Profiler	内存分配，垃圾回收统计，对象引用	高	堆图形可视化，分配图形，垃圾回收时间可视化
Performance Monitor	进程或系统级上的数字性能指标	无	只有数字信息，没有方法级别的信息
BCL PerfMonitor	执行时间，垃圾回收信息，JIT 信息	非常低	简单，几乎没有额外的运行时分析

工　具	性　能　指　标	开　销	特别的优点/缺点
PerfView	运行时间，堆信息，垃圾回收信息，JIT 信息	非常低	为 PerfMonitor 添加空闲堆分析能力
Windows Performance Toolkit	来自系统和应用级别的 ETW 事件	非常低	—
Process Monitor	文件，注册表，网络 I/O 操作	低	—
Entity Framework Profiler	通过实体框架类的数据访问	中	—
ANTS Memory Profiler	内存使用和堆信息	中	强大的过滤和可视化能力
.NET Memory Profiler	内存使用和堆信息	中	不能打开内存转储文件

　　现在我们已经掌握了这些工具，并对托管应用程序所期望的性能指标有了大概的了解。接下来，我们准备深入到 CLR 的内部构件中，来研究一下采取哪些实际步骤来提高托管应用程序的性能。

第 3 章

类型揭秘

本章关注.NET 的类型，值类型和引用类型在内存中如何存储，JIT 在调用虚方法时要做什么，要正确实现一个值类型有哪些注意事项等细节。我们为什么要千方百计不计篇幅来讨论这些内部工作原理？这些内部细节如何影响应用程序的性能？因为值类型和引用类型在设计、分配、等式、赋值和存储等其他诸多方面都存在不同，这使得选择适当的类型成为程序性能至关重要的方面。

3.1 示例

假设有一个简单的类型 Point2D，表示一个小型二维空间中的点。两个坐标都可以用 short 表示，因此整个对象只存储 4 字节。现在我们要在内存中存储一个包含 1000 万个点的数组，需要多少空间？答案在很大程度上取决于 Point2D 是引用类型还是值类型。如果是引用类型，1000 万个点的数组将存储 1000 万个引用。在 32 位系统中，1000 万个引用消耗大约 40 MB 内存。对象本身将至少消耗同样的内存。事实上，稍后我们将看到，每个 Point2D 实例至少占用 12 字节内存。这样，1000 万个点的数组所使用的内存，达到了惊人的 160 MB。另一方面，如果 Point2D 为值类型，1000 万个点的数组将存储 1000 万个点，不会消耗额外的字节，即总共消耗 40 MB 内存，是引用类型的 1/4（如图 3-1 所示）。这种存储密度（memory density）上的差别，是我们在某些情况下选择值类型的主要原因。

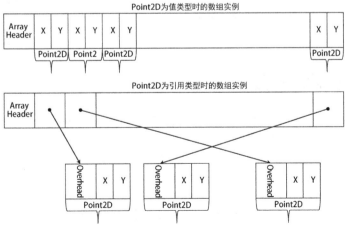

图 3-1 当 Point2D 分别为值类型和引用类型时的数组实例

> **注意** 存储点实例而不是引用还有一个好处。如果要按顺序遍历这个大数组，编译器和硬件访问连续数组中的 Point2D 实例，要比通过引用来访问堆上的对象容易得多，因为后者在内存中并不一定是连续的。我们在第 5 章将看到，CPU 缓存可以对应用程序性能产生巨大的影响。

我们会很自然地得出这样的结论：理解 CLR 如何在内存中分配对象、引用类型和值类型的区别，对于应用程序的性能是至关重要的。我们将先介绍值类型和引用类型在语言层面的根本区别，然后深入研究其内部实现细节。

3.2 引用类型和值类型在语义上的区别

.NET 中的引用类型包括类、委托、接口和数组。string（System.String）这个随处可见的类型也是引用类型。.NET 中的值类型包括结构和枚举。int、float 和 decimal 这样的基元类型都是值类型。.NET 开发者也可以使用 struct 关键字创建其他值类型。

在语言层面，引用类型具有引用语义，我们考虑的总是对象的标识，而不是其内容。值类型具有值语义，对象没有标识，访问对象时是直接访问其内容而不是引用。这影响到了.NET 语言的很多方面，见表 3-1。

表 3-1 值类型和引用类型在语义上的区别

条 件	引 用 类 型	值 类 型
将对象传递给方法	只传递引用；对象的改变会影响到其他引用	将对象的内容复制给参数（使用 ref 或 out 关键字除外）；对象的改变不会影响到外部代码
将变量赋值给变量	只复制引用；两个变量的引用将指向相同的对象	复制内容；两个对象的内容将完全相同，但同时也毫无关联
使用 operator==进行比较	比较引用；如果两个引用指向相同的对象，则相等	比较内容；如果两个对象每个字段都相同，则相等

无论使用哪种.NET 语言，这种语义上的差别都会影响到我们写代码的方式。然而，相对于引用类型值类型在用法上的差异来说，这些只是冰山一角。首先，我们先来看看对象存储的位置，以及如何分配和销毁。

3.3 存储、分配和销毁

引用类型只从托管堆（由.NET 垃圾回收器所管理的内存区域，我们将在第 4 章详细讨论垃圾回收器）上分配。从托管堆上分配对象时，会涉及指针的递增，这对性能来说是非常低廉的操作。在多处理器系统中，如果多个处理器访问堆上相同的对象，将需要进行同步。但相比在非托管环境下进行分配来说（如使用 malloc），这仍然是非常低廉的操作。

垃圾回收器以一种非确定性的方式进行内存回收，并且无法保证进行了哪些内部操作。我们在第 4 章将看到，一次完整的垃圾回收代价是非常高的，但一个构造良好的应用程序，其平均垃圾回收成本，应该比相应非托管应用小得多。

注意 严格来说，某些引用类型也可以从栈上分配。例如，使用 unsafe 上下文和 stackalloc 关键字创建的基元类型的数组（如整型数组），或者使用 fixed 关键字在自定义结构中内嵌一个固定大小的数组（将在第 8 章讨论），都可以实现在栈上分配引用类型。不过，通过 stackalloc 和 fixed 关键字创建的对象并不是"真正"的数组，它们的内存布局（memory layout）与在堆上分配的标准数组是有差别的。

单纯的值类型通常在执行线程的栈上分配。但值类型可以内嵌于引用类型，这时它们就分配在堆上。值类型也可以被装箱，将存储转移到堆上（本章后面会介绍装箱）。从栈上分配值类型是一个非常低廉的操作，包括修改栈指针寄存器（Intel x86 中的 ESP），并且在同时分配多个对象时，还有额外的优势。事实上，方法的"开场白"代码一般会使用一条 CPU 指令来为所有局部变量在栈上分配存储空间。

回收栈上的内存也同样非常高效，只需要反向修改栈指针寄存器。由于方法被编译为机器码的方式有所不同，编译器不需要统计方法局部变量占了多少内存空间，而是用 3 个指令销毁整个栈帧，我们称之为"收场白"代码。

下面是一个托管方法编译为 32 位机器码后的开场白和收场白（这并不是 JIT 编译器生成的包含大量优化的产品代码，我们将在第 10 章介绍这些内容）。该方法包含 4 个局部变量，在开场白中一次性分配，在收场白中一次性回收：

```
int Calculation(int a, int b)
{
  int x = a + b;
  int y = a - b;
  int z = b - a;
  int w = 2 * b + 2 * a;
  return x + y + z + w;
}
; parameters are passed on the stack in [esp+4] and [esp+8]
push ebp
mov ebp, esp
add esp, 16 ; allocates storage for four local variables
mov eax, dword ptr [ebp+8]
add eax, dword ptr [ebp+12]
mov dword ptr [ebp-4], eax
; ...similar manipulations for y, z, w
mov eax, dword ptr [ebp-4]
add eax, dword ptr [ebp-8]
add eax, dword ptr [ebp-12]
add eax, dword ptr [ebp-16] ; eax contains the return value
mov esp, ebp ; restores the stack frame, thus reclaiming the local storage space
pop ebp
ret 8 ; reclaims the storage for the two parameters
```

注意 在 C#和其他托管语言中，new 关键字并非只能用于堆分配。我们也可以使用 new 关键字在栈上分配值类型。例如，下面的代码会从栈上分配一个 DateTime 实例，初始化为 2011 年最后一天（System.DateTime 是值类型）：DateTime newYear = new DateTIme(2011, 12, 31)。

栈和堆有哪些不同

在.NET 进程中，栈和堆并不像大多数人认为的那样有很大区别。栈和堆都是虚拟内存上的地址范围，并且，线程栈所保留的地址范围与托管堆所保留的地址范围相比，并没有什么先天优势。访问栈上的内存地址并不比访问堆上的内存地址快或慢，有以下几种情况。

- 在栈上，时间分配的局部性（分配的时间很接近）意味着空间局部性（存储的位置很接近）。同样，时间分配的局部性意味着时间访问的局部性（一起分配的对象也一起被访问），连续的栈存储能充分利用 CPU 缓存和操作系统的分页系统，往往具有更好的性能。
- 栈上的内存密度通常比堆上要高，这是因为引用类型需要额外的开销（本章后面会进行讨论）。更高的存储密度通常意味着更好的性能，例如，能有更多的对象用于 CPU 缓存。
- 线程栈往往都很小。Windows 上默认情况下栈最大为 1 MB，并且大多数线程通常只使用很少的栈页（stack page）。在当今的系统中，所有应用程序的线程栈都能用于 CPU 缓存，这使得栈上对象的访问速度非常之快。（相比之下，堆上的对象很少能用于 CPU 缓存。）

但要说明的是，不能将所有分配都放到栈上！Windows 的线程栈资源是有限的，很容易被错误的递归和大型栈分配耗尽。

在浅显地介绍了值类型和引用类型的区别之后，是时候深入实现细节了。这些细节也解释了我们之前已经提过多次的，两者在存储密度方面的显著区别。需要事先说明的是，下面描述的是 CLR 的内部实现细节，随时可能被修改。我们能确保以下内容是.NET 4.5 最新发布的，但不能保证以后不会变化。

3.4　引用类型揭秘

我们先来介绍引用类型。引用类型的内存布局非常复杂，会对它们的运行时性能产生重大的影响。为了讨论方便，我们来看看 Employee 这个典型的引用类型示例，它包含多个实例和静态字段，以及一些方法：

```
public class Employee
{
  private int _id;
  private string _name;
  private static CompanyPolicy _policy;
  public virtual void Work() {
    Console.WriteLine("Zzzz...");
  }
  public void TakeVacation(int days) {
    Console.WriteLine("Zzzz...");
  }
  public static void SetCompanyPolicy(CompanyPolicy policy) {
    _policy = policy;
  }
}
```

假设有一个位于托管堆上的 Employee 引用类型的实例。图 3-2 展示了在 32 位.NET 进程中，该实例的布局。

对象内 Storage for_id 和 Storage for_name 字段的顺序可能会发生变化（但如"值类型揭秘"一节所述，可以使用 StructLayout 特性进行控制）。对象存储的前 4 个字节字段称为对象头字节（object header word，或同步块索引），紧接着的 4 个字节字段称为方法表指针（method table pointer，或类型对象指针）。这些字段是服务于 JIT 和 CLR 本身的，无法通过.NET 语言直接访问。对象引用（实际上就是个内存地址）指向方法表指针的开头，因此，对象头字节的位置为对象地址向前偏移 4

字节。

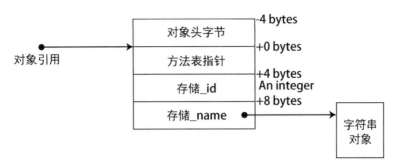

图 3-2　位于托管堆上的 Employee 实例布局，包含引用类型 overhead

注意　在 32 位系统中，堆上的对象会对齐到最近的 4 字节的倍数。也就是说，一个对象即使只包含一个 byte 成员，因为需要对齐，也会占用堆上的 12 字节（实际上即使一个类没有实例字段，在初始化时也会占用 12 字节）。但在 64 位系统上，情况就不太一样了。首先，方法表指针字段和对象头字节字段都会占用 8 字节的内存。其次，堆上的对象会对齐到最近的 8 字节的倍数。也就是说，一个对象即使只包含一个 byte 成员，也会占用惊人的 24 字节。这很好地说明了引用类型的存储密度开销，特别是在创建大量小对象时。

3.4.1　方法表

方法表指针指向一个 CLR 内部数据结构——方法表（MT）。方法表指向另一个内部数据结构——EEClass（EE 代表 Execution Engine，执行引擎）。方法表和 EEClass 包含一些信息，可用来分发虚方法和接口方法调用、访问静态变量、确定对象的运行时类型、高效访问基类型方法等。方法表中包含的是经常访问的信息，用于那些关键特性的运行时操作，如虚方法分发。而 EEClass 包含的是不常访问的信息，但也会用于某些运行时特性，如反射。我们可以使用 SOS 命令行的!DumpMT 和!DumpClass 命令，以及 Rotor（SSCLI）源代码，来学习这两种数据结构的内容。但要注意的是，我们讨论的是内部实现细节，不同 CLR 版本的实现可能完全不同。

注意　SOS（Son of Strike）是调试器的扩展 DLL，方便我们使用 Windows 调试器来调试托管应用程序。它通常与 WinDbg 一起使用，但也能通过 Immediate Window 加载到 Visual Studio 中。我们可以使用 SOS 命令一窥 CLR 的内核，因此本章中会频繁出现。要了解 SOS 的更多信息，可以参考联机帮助（加载完扩展后执行!help 命令）或 MSDN 文档。学习 SOS 特性和调试托管应用程序的最佳途径是阅读 Mario Hewardt 的 *Advanced .NET Debugging*（Addison-Wesley，2009）一书。

静态字段的位置信息是由 EEClass 决定的。基元类型（如整型）存储于启动堆上动态分配的地址中，而自定义的值类型和引用类型则是间接引用堆上的地址（通过 AppDomain 对象数组）。要访问静态字段，不需要访问方法表或 EEClass，JIT 编译器会将静态字段的地址硬编码到生成的机器码中。静态字段的引用数组的地址是固定的，因此，不会在垃圾回收过程中发生变化（参见第 4 章）。基元静态字段驻留在方法表中，垃圾回收器也触碰不到。这保证了硬编码的地址能够访问到这些字段：

```
public static void SetCompanyPolicy(CompanyPolicy policy)
{
    _policy = policy;
}
mov ecx, dword ptr [ebp+8]      ;copy parameter to ECX
mov dword ptr [0x3543320], ecx  ;copy ECX to the static field location in the global pinned
array
```

方法表最明显的特征是包含一个代码地址的数组，每个地址对应类型中的一个方法，包括从基类继承的所有虚方法。例如，图 3-3 展示了上面提到的 Employee 类的一种可能的布局，假设它继承自 System.Object。

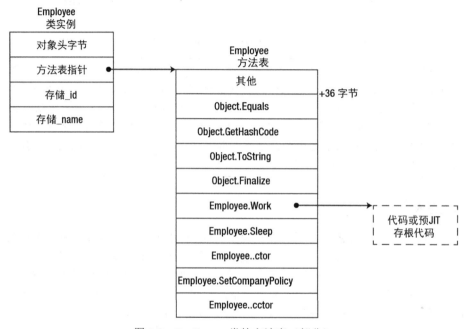

图 3-3　Employee 类的方法表（部分）

对于给定的方法表指针，我们可以使用 SOS 命令 !DumpMT 来检查方法表（可通过检查对象引用的第一个字段，或通过 !Name2EE 命令进行命名查找，来获取对象的方法表指针）。指定 -md 选项将输出方法描述符表，包含每个类型中方法的代码地址和描述符。（描述符表中 JIT 列的值可以为以下 3 种：PreJIT，表示方法已通过 NGEN 编译；JIT，表示方法在运行时被 JIT 编译；NONE，表示方法还没被编译。）

```
0:000> r esi
esi=02774ec8
0:000>!do esi
Name:               CompanyPolicy
MethodTable:        002a3828
EEClass:            002a1350
Size:               12(0xc) bytes
File:               D:\Development\...\App.exe
Fields:
None
0:000> dd esi L1
02774ec8 002a3828
```

```
0:000> !dumpmt -md 002a3828
EEClass:            002a1350
Module:             002a2e7c
Name:               CompanyPolicy
mdToken:            02000002
File:               D:\Development\...\App.exe
BaseSize:           0xc
ComponentSize:      0x0
Slots in VTable:    5
Number of IFaces    in IFaceMap: 0
--------------------------------------------------
MethodDesc Table
   Entry MethodDe JIT Name
5b625450 5b3c3524 PreJIT System.Object.ToString()
5b6106b0 5b3c352c PreJIT System.Object.Equals(System.Object)
5b610270 5b3c354c PreJIT System.Object.GetHashCode()
5b610230 5b3c3560 PreJIT System.Object.Finalize()
002ac058 002a3820   NONE CompanyPolicy..ctor()
```

> **注意**　与 C++ 的虚函数指针表不同，CLR 方法表包含所有方法的代码地址，包括非虚方法。由方法表创建器生成的方法顺序是不确定的。目前的顺序为：继承的虚方法（包括任何可能的重写，稍后会讨论）、新增的虚方法、非虚实例方法和静态方法。

　　方法表中存储的代码地址是在运行时生成的，方法在第一次调用时由 JIT 编译器进行编译（使用 NGEN 除外，将在第 10 章讨论）。不过，由于使用了一个常见的编译器技巧，方法表的使用者不会意识到这一步骤。当方法表第一次创建时，其内容为指向专门的预 JIT 编译的存根代码，这些存根代码包含一个 CALL 指令，可将调用器（caller）分发到一个 JIT 例程，在运行时编译相应的方法。编译完成后，这些存根代码会被 JMP 指令改写为刚刚编译的方法。存储预 JIT 存根和其他方法信息的数据结构叫作方法描述符（method descriptor），可以用 SOS 命令 !DumpMD 来查看。

　　在一个方法被 JIT 编译前，其方法描述符包含以下信息：

```
0:000> !dumpmd 003737a8
Method Name:    Employee.Sleep()
Class:          003712fc
MethodTable:    003737c8
mdToken:        06000003
Module:         00372e7c
IsJitted:       no
CodeAddr:       ffffffff
Transparency:   Critical
```

下面是一个预 JIT 存根的例子，它负责更新方法描述符：

```
0:000> !u 002ac035
Unmanaged code
002ac035 b002       mov     al,2
002ac037 eb08       jmp     002ac041
002ac039 b005       mov     al,5
002ac03b eb04       jmp     002ac041
002ac03d b008       mov     al,8
002ac03f eb00       jmp     002ac041
002ac041 0fb6c0     movzx   eax,al
002ac044 c1e002     shl     eax,2
002ac047 05a0372a00 add     eax,2A37A0h
002ac04c e98270ca66 jmp     clr!ThePreStub (66f530d3)
```

当方法被 JIT 编译后，方法描述符变为：

```
0:007> !dumpmd 003737a8
Method Name:    Employee.Sleep()
Class:          003712fc
MethodTable:    003737c8
mdToken:        06000003
Module:         00372e7c
IsJitted:       yes
CodeAddr:       00490140
Transparency:   Critical
```

一个真正的方法表所包含的信息要远远多于上面介绍的。理解这些增加的字段将非常有助于理解我们将要介绍的方法分发的细节。因此，我们必须多花点时间来讲解 Employee 实例的方法表结构。我们假设 Employee 类实现了 3 个接口：IComparable、IDisposable 和 ICloneable。

图 3-4 展示了很多上面所介绍的方法表布局中没有的信息。首先，方法表的头部包含若干标记（flag），可用于动态查看其布局信息，如虚方法的数量和类型实现的接口数量。其次，方法表包含若干指针，分别指向其基类的方法表、其自身的模块和它的 EEClass，其中 EEClass 还包含对方法表的反向引用。再次，真正的方法位于类型所实现的接口方法表之后。因此，在方法表开始处的偏移 40 字节的地方，会有一个指向方法列表的指针。

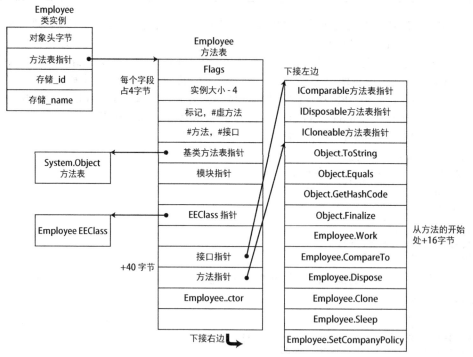

图 3-4　Employee 方法表的详细信息，包括用于虚方法调用的指向
接口列表和方法列表的内部指针

> **注意**　访问类型方法中的代码地址表需要额外的解引用（dereference）步骤，因为类型方法表和对象方法表可能存储在不同的内存位置。例如，查看 System.Object 的方法表，会发现它的方法

代码地址存储在单独的位置。此外，包含很多虚方法的类将会拥有很多一级表指针，派生类可以部分复用这些表指针。

3.4.2 调用引用类型实例的方法

显然，方法表可用于调用对象实例的方法。我们假设栈的 EBP-64 位置包含 Employee 对象的地址，其方法表布局如图 3-4 所示。那么我们可以使用下面的指令序列调用 Work 虚方法：

```
mov ecx, dword ptr [ebp-64]
mov eax, dword ptr [ecx]            ;the method table pointer
mov eax, dword ptr [eax+40]         ;the pointer to the actual methods inside the method table
call dword ptr [eax+16]             ;Work is the fifth slot (fourth if zero-based)
```

第一条指令将栈上的引用复制到 ECX 寄存器上；第二条指令解引用 ECX 寄存器以获取对象的方法表指针；第三条指令获取方法表中方法列表的内部指针（偏移量为 40 字节）；第四条指令解引用偏移量为 16 字节的内部方法表，来获取 Work 方法的代码地址并调用。要想理解为什么使用方法表来分发虚方法，需要考虑运行时绑定，即多态是如何通过虚方法实现的。

假设我们还有一个 Manager 类，继承自 Employee 并重写了 Work 虚方法，同时还实现了另一个接口：

```
public class Manager : Employee, ISerializable
{
  private List<Employee> _reports;
  public override void Work() ...
  // ...implementation of ISerializable omitted for brevity
}
```

编译器可能需要通过 Employee 静态类型的对象引用，来调用 Manager.Work 方法，如下面的代码所示：

```
Employee employee = new Manager(...);
employee.Work();
```

这种特殊的情况下，编译器或许可以通过静态流分析（static flow analysis），来推断出应该调用 Manager.Work 方法（但目前的 C#和 CLR 实现还不行）。而在一般情况下，在使用静态类型的 Employee 引用时，编译器需要将绑定推迟到运行时。事实上，绑定到正确方法的唯一途径，是在运行时确定 employee 变量所引用的对象的真实类型，然后基于这个类型信息来分发虚方法。JIT 编译器就是使用方法表来实现这一点的。

如图 3-5 所示，在 Manager 类的方法表布局中，Work 方法槽（slot）被不同的代码地址覆盖了，而方法的分发顺序仍然相同。注意，覆盖的方法槽相对于方法表开始处的偏移量有所变化，因为 Manager 类实现了新的接口。而"方法指针"这个字段的偏移量仍然不变，但内容却有所不同：

```
mov ecx, dword ptr [ebp-64]
mov eax, dword ptr [ecx]
mov eax, dword ptr [ecx+40]         ;this accommodates for the Work method having a different
call dword ptr [eax+16]             ;absolute offset from the beginning of the MT
```

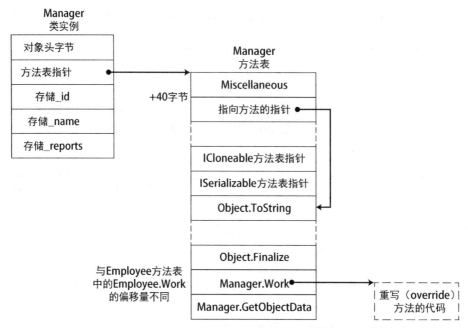

图 3-5　Manager 方法表的布局，包含新的接口方法表槽，使得"方法指针"的偏移量变大

> **注意**　对于子类重写的方法，其相对于方法表开始处的偏移量是不确定的。这种对象布局是 CLR 4.0 新增的。在 CLR 4.0 之前，类型所实现的接口列表存储在代码地址的后面，也就是方法表的最后。这意味着在所有子类中，`Object.Equals` 的地址和其他代码地址的偏移量都是不变的。同时，这也意味着虚方法分发的指令序列只需要 3 条，而不是 4 条（上面的第 3 条指令就没有必要了）。一些旧的文章或书籍可能还在参考之前的调用序列和对象布局，这也证明了不同版本的 CLR 内部细节可能会悄无声息地发生改变。

3.4.3　非虚方法的分发

我们也可以使用相同的分发序列来调用非虚方法。但其实对于非虚方法，没有必要使用方法表来进行方法分发，因为在 JIT 编译方法的分发时，被调方法（或至少是预 JIT 存根）的代码地址已经确定了。例如，如果栈位置 `EBP-64` 包含一个 `Employee` 对象的地址，那么下面的指令序列将以 5 为参数调用 `TakeVacation` 方法：

```
mov edx, 5                    ;parameter passing through register – custom calling convention
mov ecx, dword ptr [ebp-64]   ;still required because ECX contains 'this' by convention
call dword ptr [0x004a1260]
```

我们仍然需要将对象的地址加载到 `ECX` 寄存器，因为在 `ECX` 里所有的实例方法都需要接收隐式的 `this` 参数。但却没有必要解引用方法表指针，再从方法表中获取地址了。在执行调用后，JIT 编译器仍然需要更新调用点（call site），这是通过对一个内存地址（本例中为 `0x004a1260`）进行间接调用来实现的。这个内存地址先是指向预 JIT 存根，JIT 编译器编译完方法后，会立即对其进行修改。

但是，上面的方法分发序列有一个很严重的问题。它能够成功分发对空引用对象进行的方法调用，并且可能在这个实例方法访问实例字段或其他虚方法的时候才会检测出来，这会造成非法访问（access violation）。实际上，C++就是这样调用实例方法的。下面的代码在大多数 C++环境下都能顺利执行，但肯定会让 C#开发者"坐立不安"。

```
class Employee {
public: void Work() { } // empty non-virtual method
};
Employee* pEmployee = NULL;
pEmployee->Work();    // runs to completion
```

实际上,如果我们查看 JIT 编译器调用非虚实例方法所使用的序列,会发现包含一条额外的指令:

```
mov edx, 5                         ;parameter passing through register – custom calling convention
mov ecx, dword ptr [ebp-64]        ;still required because ECX contains 'this' by convention
cmp ecx, dword ptr [ecx]
call dword ptr [0x004a1260]
```

CMP 指令会用第一个操作数减去第二个操作数，然后将操作结果设置为 CPU 标志位。但上面的代码并没有使用存储在 CPU 标志位中的比较结果，那么 CMP 指令如何帮助我们不去调用空对象引用上的方法呢？原来 CMP 指令会访问 ECX 寄存器中的内存地址，其中包含该对象的引用。如果对象引用为空，内存访问将会失败（非法访问），因为在 Windows 进程中访问地址 0 是非法的。CLR 会将这个非法访问转换为 NullReferenceException，并在调用点抛出。这比在方法已经调用后再在方法内部生成空引用检查指令要好得多。此外，CMP 指令只占用 2 字节，并且除空引用检查外，还能检查无效访问。

> **注意** 在调用虚方法时，就没有必要生成类似的 CMP 指令了。由于标准的虚方法调用流程会访问方法表指针，这可以保证对象指针是有效的，相当于隐式执行了空引用检查。即使对于非虚方法调用，也并不总是会生成 CMP 指令。在最新的 CLR 版本中，JIT 编译器非常智能，可以避免多余的检查。例如，如果程序流刚刚执行完某个对象的虚方法，这意味着已经包含了隐式的空引用检查，那么 JIT 编译器可能就不会生成 CMP 指令。

我们之所以如此关心虚方法和非虚方法调用的具体实现细节，并不是因为或有或无的多出来的内存访问或指令生成。而是因为编译器不能对虚方法进行方法内联（method inlining）优化。对于现代高性能应用程序来说，方法内联是十分重要的。它是一个非常简单的编译器技巧，牺牲代码长度来换取执行速度。对于简短的方法，会在调用处用方法本身的内容所替换。例如，下面的代码完全可以用 Add 方法内部的加法操作来替换 Add 方法:

```
int Add(int a, int b)
{
    return a + b;
}
int c = Add(10, 12);
// assume that c is used later in the code
```

在未优化的调用序列中，上面的代码会产生差不多 10 条指令：3 条用来设置参数和分发方法，两条用来建立方法帧（method frame），一条对两个数字进行加法操作，两条用来销毁方法帧，最后一条从方法返回。优化后的调用序列只包含一条指令，是哪一条呢？是 ADD 指令吗？实际上，这里还使用了另一个优化——常量合并（constant-folding），可以在编译时计算加法操作的结果，然后将常量 22 赋给变量 c。

内联和非内联所产生的性能差别有可能是巨大的，特别是当方法像上面那样简单的情况下。例如，属性就非常适合方法内联，特别是编译器生成的自动属性，因为它没有任何逻辑，只是直接访问字段。但虚方法不能内联，因为只有当编译器在编译时（或 JIT 编译器在 JIT 编译时），知道要调用哪个方法，才能内联。但对于虚方法调用，只能在运行时通过内嵌在对象中的类型信息，才能确定被调方法，这不可能生成正确的内联代码。如果所有的方法默认都是虚方法，属性也为虚属性，那么在可能内联的地方都需要直接调用方法，所产生的成本将是非常惊人的。

既然方法内联如此重要，那么 sealed 关键字会对方法分发产生什么样的影响呢？例如，如果 Manager 类的 Work 方法是密封的，对静态类型为 Manager 的对象引用调用 Work 方法，可以认为是调用非虚实例方法：

```
public class Manager : Employee
{
  public override sealed void Work() ...
}
Manager manager = ...; // could be an instance of Manager, could be a derived type
manager.Work();        // direct dispatch should be possible!
```

即便如此，在撰写本书时，在我们所测试的 CLR 版本中，sealed 关键字对方法分发没有任何效果。尽管我们都知道密封的类或方法能够有效地防止虚方法分发。

3.4.4　静态方法和接口方法的分发

出于完整性，我们还要考虑另外两种方法类型：静态方法和接口方法。分发静态方法非常简单，不需要加载对象引用，简单地调用方法（或其预 JIT 存根）即可。因为调用不需要通过方法表，JIT 编译器使用和非虚实例方法同样的技巧：方法分发会间接地通过一块特殊的内存地址，该地址会在 JIT 编译后被更新。

但接口方法分发则完全不同。表面上看起来分发接口方法和分发虚实例方法没什么区别。的确，接口和经典的虚方法一样，能够实现某种形式的多态。但是，对于某个接口的多个实现类，我们没法保证相同的接口方法位于方法表相同的槽内。下面的代码中，两个类都实现了 IComparable 接口：

```
class Manager : Employee, IComparable {
  public override void Work() ...
  public void TakeVacation(int days) ...
  public static void SetCompanyPolicy(...) ...
  public int CompareTo(object other) ...
}
class BigNumber : IComparable {
  public long Part1, Part2;
  public int CompareTo(object other) ...
}
```

显然，这两个类的方法表布局是完全不同的，CompareTo 方法所在的槽号也完全不同。复杂的对象继承层次和多接口实现使得编译器需要生成一个额外的分发步骤，来确定方法表中接口方法所在的位置。

在早期的 CLR 版本中，接口在首次加载时会生成一个接口 ID，以上信息会存储在一个以接口 ID 为索引的全局（应用程序域级别的）表中。在方法表中有一个特殊的项（偏移量 12），指向全局接口表适当的位置，全局接口表中的项又指回到方法表的一个子表，里面存放着接口方法指针。这需要多个步骤才能实现，如下所示：

```
mov ecx, dword ptr [ebp-64] ; object reference
mov eax, dword ptr [ecx]    ; method table pointer
mov eax, dword ptr [eax+12] ; interface map pointer
mov eax, dword ptr [eax+48] ; compile time offset for this interface in the map
call dword ptr [eax]        ; first method at EAX, second method at EAX+4, etc.
```

这看起来不仅复杂而且代价"昂贵"。共需 4 次内存访问才能获取接口实现的代码地址并分发。对于某些接口，这显得成本过高。因此，即使没有打开优化开关，产品级的 JIT 编译器也永远不会使用上述序列。对于一般情况，JIT 使用了一些技巧，可以有效地内联接口方法。

热径分析（hot-path analysis）：如果 JIT 检测到某个接口实现经常被使用，就会用优化的代码（可能直接内联常用的接口实现）来取代原来的调用点：

```
mov ecx, dword ptr [ebp-64]
cmp dword ptr [ecx], 00385670  ; expected method table pointer
jne 00a188c0                   ; cold path, shown below in pseudo-code
jmp 00a19548                   ; hot path, could be inlined body here

cold path:
if (--wrongGuessesRemaining < 0) { ;starts at 100
  back patch the call site to the code discussed below
} else {
  standard interface dispatch as discussed above
}
```

频率分析（frequency analysis）：如果 JIT 检测到对某个调用点的热径选择不再正确时，会用新的热径替换旧的热径，并在每次发现错误时都会进行替换。

```
start: if (obj->MTP == expectedMTP) {
  direct jump to expected implementation
} else {
  expectedMTP = obj->MTP;
  goto start;
}
```

有关接口方法分发的更多细节，建议阅读 Sasha Goldshtein 的文章"JIT Optimizations"和 Vance Morrison 的博文"Digging into interface calls in the .NET Framework: Stub-based dispatch"。接口方法分发是一个活靶子，也是经常会被优化的点，未来的 CLR 版本很可能对其进行全新的优化。

3.4.5 同步块索引和 lock 关键字

引用类型实例中内嵌的另一个头字段为对象头字节（也叫同步块索引）。与方法表指针不同，该字段的用途广泛，包括同步、GC 簿记、析构和散列码存储等。该字段包含一些位，可以精确地指出在某一时刻存储了哪些信息。

对象头字节最复杂的应用是使用 CLR 的监视机制进行同步。对于 C# 来说，就是使用 lock 关键字。其要点是，多个线程同时想进入被 lock 关键字保护的代码区域，但一次只有一个线程能进入该区域，以达到互斥效果：

```
class Counter
{
  private int _i;
  private object _syncObject = new object();
  public int Increment()
  {
    lock (_syncObject)
```

```
    {
      return ++_i; // only one thread at a time can execute this statement
    }
  }
}
```

但 lock 关键字不过是语法糖，是对 Monitor.Enter 和 Monitor.Exit 方法的包装：

```
class Counter
{
  private int _i;
  private object _syncObject = new object();
  public int Increment()
  {
    bool acquired = false;
    try
    {
      Monitor.Enter(_syncObject, ref acquired);
      return ++_i;
    }
    finally {
      if (acquired) Monitor.Exit(_syncObject);
    }
  }
}
```

为了保证互斥，所有对象都应该可以关联这种同步机制。由于在一开始为所有对象都创建同步机制过于"昂贵"，因此，这种关联会延迟到对象第一次用于同步时才创建。在需要时，CLR 会从一个全局数组同步块表中分配一个叫作同步块的结构。该同步块包含一个指回其自身对象的引用（但此引用为弱引用，不能阻止该对象被回收），除此之外，还包含一个用 Win32 事件实现的同步机制——监视（monitor）。该同步块的索引存储在对象的头字节中，如图 3-6 所示。如果以后将该对象用于同步时，会识别出已存在的同步块索引，并用关联的监视对象进行同步。

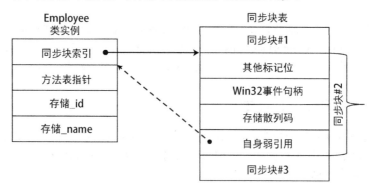

图 3-6　关联到某一对象实例的同步块索引。该同步块索引字段只存储到同步块表的索引，
因此，CLR 在对表进行操作（调整大小或移动）时，不必修改同步块索引

如果同步块长时间不使用，垃圾回收器会对其进行回收，解除对象与它的关联，将同步块索引设置为无效的索引。经过这一系列操作，该同步块可以关联到其他对象，从而节省同步机制所需的珍贵的操作系统资源。

我们可以使用 SOS 命令 !SyncBlk 来检测同步块是否处于被竞争的状态，如某个线程拥有同步块而其他线程正在等待。从 CLR 2.0 开始，同步的创建会延迟到产生竞争的时候。由于没有同步块，CLR 会使用瘦锁（thin lock）来管理同步状态。下面我们来看几个例子。

　　首先，我们来看一个对象的对象头字节，该对象还未用于同步，但其散列码（hash code）已经被访问过（本章后面会讨论引用类型的散列码存储）。在下面的代码中，EAX 指向散列码为 46104728 的 Employee 对象：

```
0:000> dd eax-4 L2
023d438c 0ebf8098 002a3860
0:000> ? 0n46104728
Evaluate expression: 46104728 = 02bf8098
0:000> .formats 0ebf8098
Evaluate expression:
  Hex:     0ebf8098
  Binary: 00001110 10111111 10000000 10011000
0:000> .formats 02bf8098
Evaluate expression:
  Hex:     02bf8098
  Binary: 00000010 10111111 10000000 10011000
```

　　这里并没有同步块索引，只有散列码和两个值为 1 的位，其中之一表示散列码存储于对象头字节中。接下来，我们调用 Monitor.Enter 来锁定该对象，再检查对象头字节：

```
0:004> dd 02444390-4 L2
0244438c 08000001 00173868
0:000> .formats 08000001
Evaluate  expression:
  Hex:     08000001
Binary: 00001000 00000000 00000000 00000001
0:004> !syncblk
Index   SyncBlock MonitorHeld Recursion Owning      Thread Info SyncBlock Owner
    1   0097db4c            3         1 0092c698      1790    0 02444390 Employee
```

　　在 !SyncBlk 命令的输出结果中，我们可以很明显地看出该对象用于同步块#1（想了解更多关于该命令输出结果的信息，参见 SOS 文档）。当另一个线程试图通过同一个对象进入 lock 语句时，将进入一个标准的 Win32 等待（如果为 GUI 线程，则会弹出消息）。以下为一个正在等待监视器的线程的栈底：

```
0:004> kb
ChildEBP RetAddr Args to Child
04c0f404 75120bdd 00000001 04c0f454 00000001 ntdll!NtWaitForMultipleObjects+0x15
04c0f4a0 76c61a2c 04c0f454 04c0f4c8 00000000 KERNELBASE!WaitForMultipleObjectsEx+0x100
04c0f4e8 670f5579 00000001 7efde000 00000000 KERNEL32!WaitForMultipleObjectsExImplementation+0xe0
04c0f538 670f52b3 00000000 ffffffff 00000001 clr!WaitForMultipleObjectsEx_SO_TOLERANT+0x3c
04c0f5cc 670f53a5 0097db60 00000000 clr!Thread::DoAppropriateWaitWorker+0x22f
04c0f638 670f544b 00000001 0097db60 00000000 clr!Thread::DoAppropriateWait+0x65
04c0f684 66f5c28a ffffffff 00000001 00000000 clr!CLREventBase::WaitEx+0x128
04c0f698 670fd055 ffffffff 00000001 00000000 clr!CLREventBase::Wait+0x1a
04c0f724 670fd154 00939428 ffffffff f2e05698 clr!AwareLock::EnterEpilogHelper+0xac
04c0f764 670fd24f 00939428 00939428 00050172 clr!AwareLock::EnterEpilog+0x48
04c0f77c 670fce93 f2e05674 04c0f8b4 0097db4c clr!AwareLock::Enter+0x4a
04c0f7ec 670fd580 ffffffff f2e05968 04c0f8b4 clr!AwareLock::Contention+0x221
04c0f894 002e0259 02444390 00000000 00000000 clr!JITutil_MonReliableContention+0x8a
```

　　所使用的同步对象为 25c，是某个事件的句柄：

```
0:004> dd 04c0f454 L1
04c0f454 0000025c
0:004> !handle 25c f
Handle 25c
  Type          Event
  Attributes    0
```

```
GrantedAccess   0x1f0003:
      Delete,ReadControl,WriteDac,WriteOwner,Synch
      QueryState,ModifyState
HandleCount     2
PointerCount    4
Name            <none>
Object Specific Information
  Event Type Auto Reset
  Event is Waiting
```

最后，检查赋给该对象的原生同步块内存，会发现其散列码和同步机制句柄清晰可见：

```
0:004> dd 0097db4c
0097db4c 00000003 00000001 0092c698 00000001
0097db5c 80000001 0000025c 0000000d 00000000
0097db6c 00000000 00000000 00000000 02bf8098
0097db7c 00000000 00000003 00000000 00000001
```

最后值得一提的是，在前面的例子中，我们在锁定对象之前，通过调用 GetHashCode 创建随后的同步块。从 CLR 2.0 开始，如果对象还没有和同步块关联过，CLR 会做一个特殊的优化，不去创建同步块，而是使用瘦锁机制，以节省时间和内存。当对象第一次被锁定且没有竞争时（不存在其他试图锁定该对象的线程），CLR 会将该对象当前所在线程的托管线程 ID 存储在对象头字节中。例如，下面的对象头字节，该对象被应用程序的主线程锁定，但还没有任何线程竞争这个锁：

```
0:004> dd 02384390-4
0238438c 00000001 00423870 00000000 00000000
```

托管线程 ID 为 1 的线程是应用程序的主线程，我们可以通过 !Threads 命令看到：

```
0:004> !Threads
ThreadCount:         2
UnstartedThread:     0
BackgroundThread:    1
PendingThread:       0
DeadThread:          0
Hosted Runtime:      no
                                                              Lock
   ID OSID ThreadOBJ State GC Mode   GC Alloc Context   Domain   Cock Apt Exception
0   1 12f0 0033ce80  2a020 Preemptive 02385114:00000000 00334850 2    MTA
2   2 23bc 00348eb8  2b220 Preemptive 00000000:00000000 00334850 0    MTA (Finalizer)
```

我们还可以通过 SOS 命令 !DumpObj 来查看瘦锁，它指明了头部包含瘦锁的对象所属的线程。同样，!DumpHeap -thinlock 命令可以输出当前托管堆中的所有瘦锁：

```
0:004> !dumpheap -thinlock
  Address       MT        Size
02384390 00423870     12 ThinLock owner 1 (0033ce80) Recursive 0
02384758 5b70f98c     16 ThinLock owner 1 (0033ce80) Recursive 0
Found 2 objects.
0:004> !DumpObj 02384390
Name:         Employee
MethodTable:  00423870
EEClass:      004213d4
Size:         12(0xc) bytes
File:         D:\Development\...\App.exe
Fields:
      MT        Field    Offset            Type VT    Attr      Value Name
00423970  4000001         4 CompanyPolicy 0  static  00000000 _policy
ThinLock owner 1 (0033ce80), Recursive 0
```

当其他线程试图锁定该对象时，会等待瘦锁释放（即删除对象头字节中的所属线程信息）。如果一定时间之后，锁还没能释放，将会转换为一个同步块，并将同步块索引存储在对象头字节中。从这时起，将会和往常一样按照 Win32 的同步机制来阻塞线程。

3.5 值类型揭秘

我们已经学习了引用类型的内存布局和对象头字节的用途，现在该来讨论一下值类型了。值类型的内存布局要简单得多，但这也带来了局限性和装箱（一种非常复杂的处理过程，可以弥补在需要引用类型的地方使用值类型而导致的不兼容性）。使用值类型的主要原因是其出色的内存密度和低廉的开销。我们在编写值类型时，任何一个跟性能有关的点都非常重要。

为了讨论方便，我们还是使用本章开始时引入的简单值类型 Point2D，它表示一个二维空间上的点：

```
public struct Point2D
{
    public int X;
    public int Y;
}
```

一个 X=5、Y=7 的 Point2D 实例的内存布局如下所示，没有额外的"开销"字段"扰乱视听"，如图 3-7 所示。

图 3-7　一个 Point2D 值类型实例的内存布局

在极个别的情况下，可能需要自定义值类型的内存布局。例如，在互操作时，值类型需要原封不动地传递给非托管代码。我们可以通过 StructLayout 和 FieldOffset 这两个特性来实现自定义布局。StructLayout 特性可以指定对象字段的布局顺序与定义顺序一致（默认），或显式地按照 FieldOffset 特性提供的偏移量进行排序。这样字段就可能会重叠，有点类似 C 语言的联合体（union）。例如，下面这个值类型，可以将一个浮点数"转换"成对应的 4 字节：

```
[StructLayout(LayoutKind.Explicit)]
public struct FloatingPointExplorer
{
    [FieldOffset(0)] public float F;
    [FieldOffset(0)] public byte B1;
    [FieldOffset(1)] public byte B2;
    [FieldOffset(2)] public byte B3;
    [FieldOffset(3)] public byte B4;
}
```

如果将一个浮点类型的值赋给对象的 F 字段，同时也会修改 B1~B4 的值，反之亦然。实际上 F 字段和 B1~B4 字段在内存中是重叠的，如图 3-8 所示。

图 3-8　一个 FloatingPointExplorer 实例的内存布局。水平对齐的两个块在内存中是重叠的

由于值类型实例没有对象头字节和方法表指针，因此，无法像引用类型那样提供丰富的语义。接下来我们会看到这种简单布局所带来的局限性，以及在把值类型当作引用类型使用时会发生什么。

值类型的局限性

我们首先来看看对象头字节。如果程序希望使用一个值类型实例来进行同步，通常都会是一个错误（bug）（我们稍后会解释），但运行时应该认为这是非法并抛出异常吗？在下面的代码示例中，如果两个不同的线程同时调用同一个 Counter 实例的 Increment 方法，将会发生什么？

```
class Counter
{
  private int _i;
  public int Increment()
  {
    lock (_i)
    {
      return ++_i;
    }
  }
}
```

当我们打算这样做的时候，会发现这样一个意想不到的问题：C#编译器不允许 lock 关键字使用值类型。不过，我们已经熟知 lock 关键字的内部原理，可以变通一下：

```
class Counter
{
  private int _i;
  public int Increment()
  {
    bool acquired=false;
    try
    {
      Monitor.Enter(_i, ref acquired);
      return ++_i;
    }
    finally
    {
      if (acquired) Monitor.Exit(_i);
    }
  }
}
```

这样一来，程序就引入了一个错误（bug）。多个线程能够同时进入锁内修改_i，而且调用 Monitor.Exit 还会抛出异常（要了解如何以正确的方式同步访问整型变量，阅读第 6 章）。因为

Monitor.Enter 方法接收的是 System.Object 类型的参数，是一个引用，而我们传递的是值类型（按值传递）。尽管此时（在需要引用的地方传递值），我们所传递的值并没有被更改，但是传递给 Monitor.Enter 方法的值与传递给 Monitor.Exit 方法的值具有不同的标识。类似地，在一个线程里传递给 Monitor.Enter 方法的值，与另一个线程里传递给 Monitor.Enter 的值也具有不同的标识。如果我们在需要引用的地方（按值）传递值，就不能获得正确的锁语义。

当方法返回引用类型时，如果我们返回了一个值类型，在语义上也不是非常合适。例如，下面的代码：

```
object GetInt()
{
  int i = 42;
  return i;
}
object obj = GetInt();
```

GetInt 方法按值返回一个值类型，然而调用者期望方法返回的是引用类型。方法本可以返回在方法执行时存储 i 的栈位置，但得到的将是到无效内存地址的引用，因为方法的栈帧会在方法返回前清空。这说明默认情况下按值复制的值类型语义，并不适合需要对象引用（指向托管堆）的地方。

3.6 值类型的虚方法

我们还没有考虑方法表指针，就已经在将值类型视为重中之重的时候遇到了难以解决的问题。现在来看看虚方法和接口实现。CLR 禁止值类型之间的继承关系，因此不能在值类型上定义新的虚方法。真是万幸，因为一旦允许定义虚方法，调用这些方法就需要方法表指针，而值类型实例上根本没有这个东西。这并不是太大的局限，因为值类型按值复制的语义使得它们并不适合需要对象引用的多态。

但是值类型从 System.Object 继承了一些虚方法，如 Equals、GetHashCode、ToString 和 Finalize。我们只讨论前两个，不过大多数内容也适用于其他虚方法。先来看看它们的签名：

```
public class Object
{
  public virtual bool Equals(object obj) ...
  public virtual int GetHashCode() ...
}
```

所有.NET 类型都可以实现这些虚方法，包括值类型。这意味着我们要具备对一个值类型实例分发虚方法的能力，即使它没有方法表指针。值类型的内存布局妨碍了我们对值类型实例进行哪怕是十分简单的操作，它需要某种机制，能把值类型实例"转换"为更能代表"真正"对象的东西。

3.7 装箱

当编译器检测到需要将值类型实例当作因引用类型时，就会生成 IL 指令 box。然后，JIT 编译器解释该指令，调用某个方法分配堆存储，将值类型实例的内容复制到堆上，并用对象头（对象头字节和方法表指针）包装起来。每当需要对象引用的时候，就使用这种"箱子"（box），如图 3-9 所示。需要注意的是，这个箱子与原始的值类型实例已经没有关系了，修改其中一个不会影响另一个。

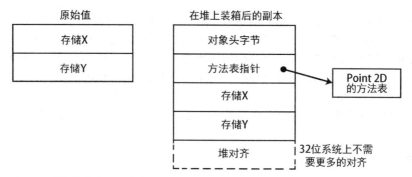

图 3-9　原始的值类型和装箱后堆上的副本。后者具有标准的引用类型 "开销"
（对象头字节和方法表指针），并且可能需要堆对齐

```
.method private hidebysig static object GetInt() cil managed
{
  .maxstack 8
  L_0000: ldc.i4.s 0x2a
  L_0002: box int32
  L_0007: ret
}
```

　　装箱是非常 "昂贵" 的操作，它需要内存分配和内存复制，并且由于需要回收临时创建的装箱对象，因此会对垃圾回收器产生压力。在 CLR 2.0 引入了泛型之后，除了反射和其他一些极少出现的情况外，已经几乎不需要装箱了。但是，装箱仍然会对很多应用程序带来严重的性能问题。后面我们会看到，"正确使用值类型" 能避免全部装箱操作，但如果不能对值类型的方法分发有深入的理解，也并不是一件容易的事。

　　先抛开性能不谈，装箱至少为我们之前遇到的一些问题提供了解决方案。例如，GetInt 方法返回的引用指向堆上的一个 "箱子"（译注：即值类型装箱后的引用类型），包含的值为 42。只要还有引用指向它，这个箱子就会一直存在，并且不会受到方法调用栈上局部变量生命周期的影响。同样，Monitor.Enter 方法也期望得到一个对象引用，它在运行时接收一个指向堆上某个箱子的引用，并用该箱子进行同步。但不幸的是，在不同的地方根据同样的值类型实例所创建的箱子是不同的，因此，传递给 Monitor.Exit 的箱子和传递给 Monitor.Enter 的箱子是不同的，在某个线程上传递给 Monitor.Enter 的箱子和另外一个线程上传递给 Monitor.Enter 的箱子也是不同的。这意味着用值类型进行基于 monitor 的同步在根本上就是错误的，尽管装箱操作让它在语法上是正确的。

　　还剩下的一个关键问题是继承自 System.Object 的那些虚方法。实际上，值类型并不是直接继承自 System.Object，而是继承自一个中间类型 System.ValueType。

　　注意　System.ValueType 是引用类型，这可能会让人有些疑惑。CLR 区分值类型和引用类型的标准为：继承自 System.ValueType 的是值类型。据此，System.ValueType 为引用类型。

　　System.ValueType 重写了 Equals 和 GetHashCode 这两个继承自 System.Object 的虚方法，原因是值类型默认的相等性语义和引用类型是不同的，而这种默认语义必须在某个地方实现。例如，在 System.ValueType 中重写 Equals 方法可以确保在比较值类型时比较的是其内容，而 System.Object 中原始的 Equals 方法比较的只是对象引用（标识）。

　　我们先不考虑 System.ValueType 如何重写这两个虚方法。假设这样一个场景，List<Point2D>

中包含了 1000 万个 Point2D 对象,并且要通过 Contains 方法查找单个 Point2D 对象。而 Contains 也只能对这 1000 万个对象进行线性查找,并逐个和给定的点比较。

```
List<Point2D> polygon = new List<Point2D>();
// insert ten million points into the list
Point2D point = new Point2D { X = 5, Y = 7 };
bool contains = polygon.Contains(point);
```

遍历 1000 万个点并进行比较会消耗一定的时间,但相对来说还是很快的。所访问的字节数大约为 8000 万(每个 Point2D 对象为 8 字节),并且比较操作也是非常快的。但遗憾的是,比较两个 Point2D 对象需要调用 Equals 虚方法:

```
Point2D a = ..., b = ...;
a.Equals(b);
```

这里有两个问题。首先,Equals 接收的参数为 System.Object 引用(即使在 System.ValueType 重写的方法中也是如此)。我们已经知道,将 Point2D 对象视为对象引用需要进行装箱,因此 b 会被装箱。此外,分发 Equals 方法调用也需要对 a 进行装箱,以获取方法表指针。

注意 JIT 编译器的"短路"特性会直接调用 Equals 方法,因为值类型是密封的,而虚分发目标取决于编译时 Point2D 是否重写了 Equals(通过 constrained IL 前缀)。不过,由于 System.ValueType 是引用类型,Equals 方法完全可以将 this 隐式参数视为引用类型,而我们在调用 Equals 时使用的是值类型实例(Point2D a),因此会被装箱。

总之,每次调用 Point2D 实例的 Equals 都会进行两次装箱。调用 1000 万次 Equals 会执行 2000 万次装箱,每次都会分配 16 字节(32 位系统)。总共将分配 320 000 000 字节,并有 160 000 000 字节的内存复制到了堆上。这些分配所消耗的时间要远远多于比较两个点所消耗的时间。

3.7.1 避免在调用值类型的 Equals 方法时产生装箱

如何能完全避免这种装箱操作呢?一种方法是重写 Equals 方法,为我们的值类型提供恰当的实现。

```
public struct Point2D
{
  public int X;
  public int Y;
  public override bool Equals(object obj)
  {
    if (!(obj is Point2D)) return false;
    Point2D other = (Point2D)obj;
    return X == other.X && Y == other.Y;
  }
}
```

我们使用前面讨论过的 JIT 编译器的短路特性,a.Equals(b)仍然会对 b 装箱,因为方法接收的是对象引用,但已经不需要对 a 装箱了。要避免装箱,我们需要"跳出思维的箱子"(双关语),给 Equals 添加一个重载方法:

```
public struct Point2D
{
  public int X;
```

67

```
  public int Y;
  public override bool Equals(object obj) ... // as before
  public bool Equals(Point2D other)
  {
    return X == other.X && Y == other.Y;
  }
}
```

当编译器处理 a.Equals(b) 时，会选择第二个重载，因为它的实参类型和形参类型更加匹配。此外，还有一些方法可以重载，例如，通常我们会使用==和!=操作符来比较对象：

```
public struct Point2D
{
  public int X;
  public int Y;
  public override bool Equals(object obj) ... // as before
  public bool Equals(Point2D other) ... // as before
  public static bool operator==(Point2D a, Point2D b)
  {
    return a.Equals(b);
  }
  public static bool operator!= (Point2D a, Point2D b)
  {
    return !(a == b);
  }
}
```

这样就差不多了。但还有一种极端情况，与 CLR 实现泛型的机制有关，即当 List<Point2D> 调用 Equals 比较两个 Point2D 时（Point2D 是泛型类型参数 T 的实际类型），会产生装箱。我们将在第 5 章详细讨论这种场景。目前只需要知道 Point2D 必须实现 IEquatable<Point2D>，这样 List<T> 和 EqualityComparer<T> 就能够通过这个接口，将方法调用分发到重载的 Equals 方法上（代价是要对 EqualityComparer<T>.Equals 抽象方法进行一次虚方法调用）。结果就是，从 1000 万个 Point2D 实例中查找某一个的时候，执行时间可以缩短到十分之一，并且完全避免由装箱产生的内存分配！

```
public struct Point2D : IEquatable<Point2D>
{
  public int X;
  public int Y;
  public bool Equals(Point2D other) ... // as before
}
```

现在，我们来看看值类型的接口实现。我们已经知道，一个典型的接口方法分发需要对象的方法表指针，如果对象是值类型的话，就会产生装箱。实际上，将值类型实例转换为接口类型的变量就会产生装箱，因为接口引用会被视为对象引用。

```
Point2D point = ...;
IEquatable<Point2D> equatable = point; //boxing occurs here
```

但是，通过一个静态类型的值类型变量调用接口方法，就不会产生装箱（如前面介绍的，通过 constrained IL 前缀，可以进行相同的短路优化）：

```
Point2D point = ..., anotherPoint = ...;
point.Equals(anotherPoint); // no boxing occurs here, Point2D.Equals(Point2D) is invoked
```

如果值类型为可变的（mutable，如贯穿本章的 Point2D），通过接口使用该值类型会带来潜在的问题。修改装箱后的对象不会改变原来的对象，这会导致意想不到的行为：

```
Point2D point = new Point2D { X = 5, Y = 7 };
Point2D anotherPoint = new Point2D { X = 6, Y = 7 };
IEquatable<Point2D> equatable = point; // boxing occurs here
equatable.Equals(anotherPoint); // returns false
point.X = 6;
point.Equals(anotherPoint); // returns true
equatable.Equals(anotherPoint); // returns false, the box was not modified!
```

因此，我们强烈建议将值类型设计为不可变的，如果要改变，就要创建副本。（例如，System.DateTime API 就是一个设计良好的不可变值类型。）

关于 ValueType.Equals 的最后一个话题是其具体实现。通过值类型的内容来比较任意两个值类型实例并不简单。反编译该方法可以看到下面的代码（简便起见，进行了少量修改）：

```
public override bool Equals(object obj)
{
  if (obj == null) return false;
  RuntimeType type = (RuntimeType) base.GetType();
  RuntimeType type2 = (RuntimeType) obj.GetType();
  if (type2 != type) return false;
  object a = this;
  if (CanCompareBits(this))
  {
    return FastEqualsCheck(a, obj);
  }
  FieldInfo[] fields = type.GetFields(BindingFlags.NonPublic | BindingFlags.Public |
BindingFlags.Instance);
  for (int i = 0; i < fields.Length; i++)
  {
    object obj3 = ((RtFieldInfo) fields[i]).InternalGetValue(a, false);
    object obj4 = ((RtFieldInfo) fields[i]).InternalGetValue(obj, false);
    if (obj3 == null && obj4 != null)
      return false;
    else if (!obj3.Equals(obj4))
      return false;
  }
  return true;
}
```

简单来说，如果 CanCompareBits 返回 true，就用 FastEqualsCheck 来进行相等性比较；否则，就通过反射获取所有的字段（使用 FiledInfo 类），通过调用它们的 Equals 方法来递归地比较这些字段。毋庸置疑，基于反射的循环操作是性能瓶颈。反射是一种极其"昂贵"的机制，其他任何操作在它面前都会"黯然失色"。CanCompareBits 和 FastEqualsCheck 的定义在 CLR 内部（它们是"内部调用"，不是在 IL 中实现的），因此很难反编译。不过经过试验我们发现，当以下条件之一成立的时候，CanCompareBits 返回 true。

（1）当前值类型只包含基本类型，并且没有重写 Equals。
（2）当前值类型只包含满足（1）的值类型，并且没有重写 Equals。
（3）当前值类型只包含满足（2）的值类型，并且没有重写 Equals。

FastEqualsCheck 方法同样非常神秘，但实际上它会执行一个 memcmp 操作，逐字节比较两个值类型实例的内存。但是，这两个方法都包含内部实现细节，依赖于此来进行高性能的值类型比较是非常不可取的。

3.7.2 GetHashCode 方法

最后一个需要重写的重要方法是 GetHashCode。在展示适当的实现之前，我们先回顾一下这个方法的用途。散列码通常和散列表一起使用。散列表是一种数据结构，（在某些条件下）能够通过固定时间（$O(1)$）对任意数据执行插入、查找和删除操作。.NET Framework 中常见的散列表类包括 Dictionary<Tkey,TValue>、Hashtable 和 HashSet<T>。典型的散列表实现包含一个动态长度的桶（bucket）数组，每个桶包含一个链表。向散列表存放元素的时候，会先计算一个数值（通过 GetHashCode 方法），然后通过散列函数决定该元素应该映射到哪一个桶，再把该元素插入到桶链表中（如图 3-10 所示）。

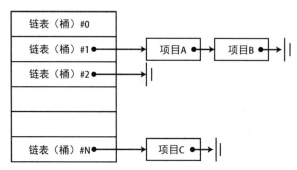

图 3-10 由链表（桶）数组组成的散列表。有些桶可能是空的，有些桶则可能包含大量元素

散列表的性能高度依赖所使用的散列函数，但也要求 GetHashCode 方法满足以下条件。

（1）如果两个对象相等，它们的散列值也相等。

（2）如果两个对象不相等，它们的散列值应该不太可能相等。

（3）GetHashCode 方法必须很快（尽管通常与对象大小呈线性关系）。

（4）一个对象的散列值应该不会发生改变。

> **注意** 条件 2 不能为"如果两个对象不相等，它们的散列值也不相等"，这是由于鸽巢原理：这个世界上各种类型的对象不计其数，要比整型对象的数量多得多，因此无法避免很多对象拥有相同的散列值。以长整型为例，长整型对象共有 2^{64} 个，而整型对象只有 2^{32} 个，因此，至少有一个整型值的散列值为 2^{32} 个长整型之一。

为了获得散列值的均匀分布，条件 2 可以正式表述如下。

对于对象 A，存在 $S(A)$（对象 B 的集合）满足：

（1）B 不等于 A；

（2）B 的散列值等于 A 的散列值。

条件 2 要求对于所有对象 A，$S(A)$ 中元素的数量都近似相等。（这意味着所有对象的可见性是相同的，对于实际类型来说，这很难成立。）

条件 1 和条件 2 强调了对象相等性和散列值相等性之间的关系。如果我们在重写或重载虚 Equals 方法的时候出现了问题，就要看看 GetHashCode 的实现是否满足了上述条件。一个典型的 GetHashCode 实现可以某种程度上依赖于其对象字段。例如，int 对象返回其整数值就是不错的 GetHashCode 实现。对于 Point2D 对象，可以考虑两个坐标的某种线性组合，或第一个坐标的某些字节与第二个坐标的某些字节的组合。一般来说，设计一个良好的散列值是一项非常复杂的工作，已经超出了本书的范围。

最后来看看条件4。该条件背后的原因是：假设点(5, 5)位于某个散列表内，其散列值为10。如果将该点改为(6, 6)，那么其散列值也会变为12。这样就不能在散列表中找到插入的这个点了。但这对于值类型来说，这不是问题，因为我们无法修改插入到散列表中的对象。散列表中存储的是该对象的副本，我们无法通过代码访问。

那么对于引用类型呢？对于引用类型来说，基于内容的相等性判断就成问题了。假设 Employee.GetHashCode 的实现如下：

```
public class Employee
{
  public string Name { get; set; }
  public override int GetHashCode()
  {
    return Name.GetHashCode();
  }
}
```

这似乎是个好主意。对象的散列值基于对象的内容，而且利用 String.GetHashCode 还不必为字符串实现散列值函数。但是，如果将一个 Employee 对象插入散列表，然后再修改其名字，会发生什么呢？

```
HashSet<Employee> employees = new HashSet<Employee>();
Employee kate = new Employee { Name = "Kate Jones" };
employees.Add(kate);
kate.Name = "Kate Jones-Smith";
employees.Contains(kate); // returns false!
```

由于内容发生了改变，对象的散列值也发生了改变，我们无法在散列表中找到原来的对象。也许有时候我们就希望这样，但问题是尽管我们可以访问原来的对象，却无法在散列表中移除该对象了。

CLR 为引用类型提供了默认的 GetHashCode 实现。该实现依赖于作为对象相等性标准的对象标识。如果仅当两个对象引用指向相同的对象时，它们才相等，那么就可以将散列值存储在对象内部，让它们无法被更改，并且容易访问。实际上，在创建引用类型的时候，CLR 可以将其散列值内嵌在对象头字节中（作为优化，这一过程只在第一次访问对象的散列值时才会发生；毕竟很多对象不会用于散列表的键）。要计算散列值，也没有必要依赖于生成随机数或考虑对象的内容，一个简单的计数器就可以实现。

注意 散列值如何与同步块索引共存于对象头字节中呢？我们知道，大多数对象不会使用对象头字节来存储同步块索引，因为它们不会用于同步。在少数情况下，对象可以通过让对象头字节存储同步块索引来链接到某个同步块，这样散列值就会复制到同步块中并存储起来，直到同步块与该对象解除关联。对象头字节中的某一位会作为标识，来判断存储在对象头字节中的是散列值还是同步块索引。

默认的 Equals 和 GetHashCode 实现满足了前面提到的 4 个条件，因此，使用默认实现的引用类型不必再担心这一点。但如果引用类型需要重写默认的相等性行为（就像 System.String 那样），那么若要将它用作散列表的键，就应该考虑将该引用类型实现为不可变的。

3.8　使用值类型的最佳实践

在考虑使用值类型时，应该遵循以下的最佳实践。

- 如果对象很小，并且打算创建很多这样的对象，可以使用值类型。
- 如果需要高密度的内存集合，可以使用值类型。
- 在值类型中重写 Equals、重载 Equals、实现 IEquatable<T>，以及重载操作符==和!=。
- 在值类型中重写 GetHashCode。
- 考虑将值类型实现为不可变的。

3.9　小结

本章介绍了引用类型和值类型的实现细节，以及这些细节如何影响应用程序性能。值类型展示出了良好的内存密度，可以用于大型集合，但却不具备对象所必需的一些特性，如多态、同步支持和引用语义。CLR 引入了这两种类型支持面向对象，以提供高性能的选择，但仍然要求开发者付出大量努力来正确实现值类型。

第 4 章

垃圾回收

本章将介绍.NET 的垃圾回收器（garbage collection，GC）。垃圾回收是影响.NET 应用程序性能的主要机制之一。垃圾回收器使开发人员不再担心内存释放问题，但同时，如何开发确定的运行良好应用成为了新的挑战。究其原因，无外乎性能是此类程序关注的首要因素。本章首先介绍 CLR 中垃圾回收的种类。我们将从整体垃圾回收性能和停顿次数两个方面展示垃圾回收为应用程序带来的益处。其次，我们将介绍"代"（generations）是如何影响垃圾回收性能的，如何有针对性地进行性能调优。最后将介绍控制垃圾回收的 API。此外，我们还会详细介绍如何正确地进行非确定性终结化（finalization）。

本章的例子大多基于作者在实际项目中的经验。为了了解性能问题的主要痛点，我们将尽可能地为读者提供案例资料，甚至会提供范例程序以方便读者练习。这些案例和范例大部分位于本章结尾部分 4.9 节。需要提醒是，有些性能痛点难以用短小的代码片段乃至范例应用程序说明，因为这些性能问题往往产生于大型项目中。此类项目通常包含上千的类型，其内存中也存储了数以百万计的对象。

4.1　为什么需要垃圾回收

垃圾回收是一个高层次的抽象，它将开发人员从管理内存释放的工作中解放出来。在一个有垃圾回收的环境里，内存的分配是和对象的创建联系在一起的。当这些对象不再被应用程序引用时，内存就可以被释放。垃圾回收器还为非托管对象（这些对象并不存储于托管堆）提供了"终结化"（finalization）接口。当这些资源不再需要时，用户可以执行自定义的资源释放代码。.NET 垃圾回收器的两个主要的设计目标是：

- 消除内存管理的缺陷和陷阱；
- 提供可与手动的原生内存分配器比肩，甚至更胜一筹的内存管理性能。

现存程序设计语言和框架的内存管理策略各不相同。我们将简要介绍其中的两种：空闲列表管理（free list management）（C 标准分配器使用这种方式）和引用计数垃圾回收。当我们介绍.NET 垃圾回收器内幕时，可以将其作为参照。

4.1.1　空闲列表管理

空闲列表管理是 C 运行时库提供的内存管理机制。它也是 C++的内存管理 API 如 new 和 delete 默认使用的机制。它是一个确定性的内存管理器，需要开发者在认为合适时，进行内存的分配和释放。空闲的内存块存储在一个链表中，以进行内存分配（如图 4-1 所示），而释放的内存则回到这个链表中。

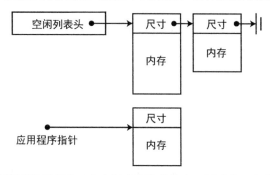

图 4-1　空闲列表管理器管理着一个空闲内存块的链表，用以管理内存的分配和释放。
应用程序得到的内存块往往包含了其大小信息

　　空闲列表管理并非那么自由，它也需要从策略和方法上注意内存分配对应用程序性能的影响。需要考虑的因素包括但不限于以下这些。

- 一个使用空闲列表的应用程序启动时，会在空闲列表中组织一个小的、包含若干内存块的缓冲区。这个列表可以以内存块的大小、使用时间的长短、应用程序要求的分配区域或者其他因素进行结构组织。
- 当应用程序提出分配内存的请求时，程序将从空闲列表中找到一个符合条件的内存块。我们可以使用最早匹配、最佳匹配或者其他复杂的策略来找到这个符合条件的内存块。
- 当空闲列表用尽时，内存管理器将向操作系统申请另外一组空闲的内存块，并将其添加到空闲列表中。当应用程序释放内存的时候，释放的内存会回到空闲列表中。此阶段可以用合并毗邻的空闲内存块、整理内存碎片并修剪空闲列表等方式进行优化。

自由内存管理器的主要问题在于以下几点。

- 分配开销：即使使用最早匹配原则，在分配内存时，找到一个合适的内存块也是比较耗时的。此外，内存块往往被拆分为不同的部分以满足不同的分配需要。除非使用多个空闲列表，否则在多处理器环境下，无法避免不同分配请求导致的空闲列表竞争和同步问题。而使用多个空闲列表更加剧了内存的碎片化。
- 回收开销：将空闲内存放回到空闲列表的操作也是很耗时的。当出现多个释放内存请求时，也会受到多处理器同步问题的影响。
- 管理开销：清理内存碎片和裁剪空闲列表可以防止内存用尽，但是这些工作需要启动额外的线程并锁定空闲列表。此举措令内存分配和释放的性能进一步恶化。内存的碎片化可以通过固定分配块的长度并维护多个空闲列表来降低。但这种方法不仅需要更多的管理动作，而且每一次内存的分配和释放都需要承受额外的开销。

4.1.2　引用计数垃圾回收

　　引用计数垃圾回收器将每个对象和一个整数（称为引用计数）关联起来。当对象创建的时候，则它的引用计数初始化为 1。每当应用程序创建一个该对象的引用时，则这个引用计数就增加 1（如图 4-2 所示）。当引用被应用程序移除时，其引用计数就递减 1。当引用计数为 0 时，则这个对象将立即被删除，其内存也将被回收。

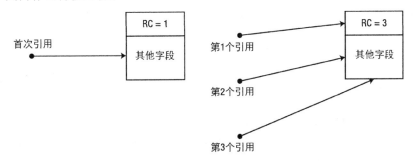

图 4-2 每一个对象都有一个引用计数

组件对象模型（Component Object Model，COM）：是 Windows 生态圈下使用引用计数垃圾回收的例子。每个 COM 对象都有与其关联的引用计数，而该计数控制着这些对象的生命周期。一个 COM 对象有责任在引用计数为 0 时释放占用的内存。COM 通过显式调用 AddRef 和 Release 增减引用计数。虽然很多语言都提供了自动化包装器，在引用增减时自动调用上述函数，但大部分引用计数管理的枯燥工作仍然是由开发者完成的。

引用计数垃圾回收的主要问题有以下几个。

● **管理开销**：每当引用创建或销毁时，对象的引用计数必须被更新。这意味着一些经常性的操作，如引用赋值和函数按值参数传递，都会因更新引用计数造成额外的开销。在多处理器系统中，引用计数可能导致竞争和同步问题。多个处理器更新同一个对象的引用计数可能导致 CPU 缓存激烈刷新。（单/多处理器缓存性能信息参见第 5 章和第 6 章。）

● **内存开销**：引用计数需要存储在内存中，并与每个对象关联。依据期望的引用数目的大小，会导致每个对象若干字节的额外内存开销。而这种开销使得引用计数在轻量级对象上没有任何吸引力。（这对于 CLR 来说无关紧要。就像我们在第 3 章中提到的，CLR 每一个对象都有 8～16 字节的开销。）

● **正确性**：引用计数垃圾回收无法回收孤立的引用环。若两个对象互相引用而应用程序却没有它们的其他引用，则应用程序将会出现内存泄漏（如图 4-3 所示）。COM 文档中说明了这种行为，并需要人工打断引用环。而对于其他平台，如 Python，引入了其他机制去发现并消除这种环。而这种机制则引入了额外的非确定性的回收开销。

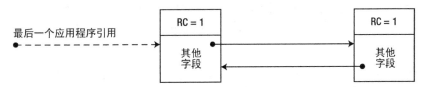

图 4-3 当一个引用环不再被应用程序引用时，它们的内部引用计数均为 1 而不能被回收，造成内存泄漏（图中虚线所示的引用是不存在的）

4.2 追踪垃圾回收

追踪垃圾回收（tracing garbage collection）是.NET CLR、Java 虚拟机和其他托管环境使用的垃圾回收机制。这些环境不使用任何形式的引用计数。开发者不需要进行任何显式的内存回收请求，而均由垃圾回收器代劳。追踪垃圾回收不需要将对象和引用计数关联，并且在内存占用没有超过一个阈值之前，一般不会有任何的回收开销。

当垃圾回收触发时，则垃圾回收器进入"标记"阶段（mark phase）。在这个阶段中，垃圾回收器将找到所有仍然被应用程序引用的对象（活动对象）。在活动对象集合创建之后，回收器将进入"清理"阶段（sweep phase）。在此阶段，垃圾回收器将回收未引用对象占用的空间。而最终垃圾回收器进入"压缩"阶段（compact phase），这个阶段将移动活动对象以保证空闲内存的连续性。

本章将介绍有关追踪垃圾回收的各种细节。首先我们概要地介绍一下内容。

- 分配开销：由于不需要维护自由对象的列表，因此，分配开销近似于栈式内存分配。每一次内存分配仅需进行指针移动即可。
- 回收开销：回收开销仅存在于垃圾回收周期，而非均匀地分布于应用程序的执行期。这种方式有优势和劣势（尤其是在低延迟情形中）。我们稍后讨论这个问题。
- 标记阶段：确认被引用的对象需要托管环境进行大量的严格计算。对象的引用可以存储在静态变量中，存储在线程栈的本地变量中，或者作为指针传递给非托管代码等。追踪每一个可访问对象可能的引用路径是这个阶段的全部内容。显然这非常琐碎，并且会在回收周期之外产生运行时开销。
- 清理阶段：将对象在内存中移动是比较耗时的，通常我们不会移动大的对象。而另一方面，移除对象之间的空闲内存有助于进行引用的定位，因为同时分配的对象在内存中也会位于一处。另外，这种方式不需进行碎片清理工作，因为对象永远是连续存储的。这意味着在内存分配时我们不需要在对象之间寻找空闲空间，只需要使用简单的指针内存分配策略就可以了。

在接下来的部分，我们将介绍.NET 垃圾回收内存管理范式。首先需要理解垃圾回收的标记和清理阶段，然后将介绍诸如"代"（generation）之类的更加重要的优化措施。

4.2.1　标记阶段

在这个阶段中，垃圾回收器将遍历对象图中所有被应用程序引用的对象。为了正确地遍历图中对象，避免出现假阳性和假阴性（将稍后进行讨论）。垃圾回收器需要选定一系列起点以保证引用对象的遍历。我们称这些起点为根（root），即垃圾回收器创建的有向引用图的根。

在确定根集合后，垃圾回收器的标记阶段所做的工作就不难理解了。它将访问每一个根下的每一个内部引用，遍历整个图直至所有引用的对象都访问完毕。由于.NET 允许引用环，因此，垃圾回收器将标记每一个访问过的对象，以保证每一个对象访问且仅访问一次——这也是标记阶段得名的原因。

1. 局部根

局部变量是一种最显而易见的根。一个局部变量可以构建一个完整的应用程序引用对象图。例如，下列代码在应用程序的 Main 方法中创建了一个 System.Xml.XmlDocument 对象，并调用其 Load 方法：

```
static void Main(string[] args) {
    XmlDocument doc = new XmlDocument();
    doc.Load("Data.xml");
    Console.WriteLine(doc.OuterXml);
}
```

我们无法控制垃圾回收器的执行时序，因此，我们只能假设垃圾回收可能会在 Load 方法调用时发生。若果真如此，那么我们希望 XmlDocument 对象是不会被回收的——因为 Main 方法中的局部引用是整个 Xml 文档对象图的根，所以需要被垃圾回收器保留。可以推断，每一个能够引用某个对象的局部变量，当其所在方法位于栈上时，都能成为一个活动的根。

但是，当所在方法执行结束时，我们就不需这些作为活动根的引用了。例如，在整个文档加载并展示之后，我们可能会在当前方法中执行其他的代码。而这些代码并不需要使用内存中的文档，并可能需要很长的时间才能执行完成。如果垃圾回收在此时发生，则我们希望回收该文档占用的内存。

.NET 的垃圾回收器提供这种积极的回收策略了吗？让我们来考虑以下的代码片段，这段代码创建了一个 System.Threading.Timer 对象并在其回调方法中调用 GC.Collect 来触发垃圾回收（我们稍后将详细讲解这个 API）。

```
using System;
using System.Threading;

class Program {
    static void Main(string[] args) {
        Timer timer = new Timer(OnTimer, null, 0, 1000);
        Console.ReadLine();
    }

    static void OnTimer(object state) {
        Console.WriteLine(DateTime.Now.TimeOfDay);
        GC.Collect();
    }
}
```

如果我们在 Debug 模式下执行这个代码（在命令行中编译则去掉/optimize+编译开关），就会看到这段代码将按照预期每隔一秒调用一次回调方法，这也意味着计时器对象并没有被回收。但是，如果我们在 Release 模式下（添加/optimize+编译开关）执行以上代码，就会发现计时器对象的回调方法仅调用了一次！换句话说，计时器对象已经被回收，因而回调函数也不会继续被调用了。这种情形完全正常（甚至我们更希望看到这种行为），因为当程序执行到 Console.ReadLine 方法时，已经和计时器对象无关了，计时器对象已经不必作为根而继续存在，因而被回收。如果我们没有对于局部根进行讨论，就会发现程序产生了"不符合期望"的行为。

积极的根回收

.NET 即时编译器（Just-In-Time Compiler，JIT）支持局部根的积极回收策略。垃圾回收器无法获知局部变量是否仍然被当前方法使用，该信息是由 JIT 在编译当前方法时生成并存储在一个特殊的表中的。JIT 编译器会将使用每一个局部变量的第一个和最后一个指令的地址存储在一个表中。在这个地址范围内，这些变量将作为根。垃圾回收则使用这个表进行栈的扫描。（需要指出的是，局部变量可能存储在栈上或 CPU 寄存器上，JIT 表必须能够识别这种情况。）

```
// Original C# code:
static void Main() {
    Widget a = new Widget();
    a.Use();
    // ...additional code
    Widget b = new Widget();
    b.Use();
    // ...additional code
    Foo(); // static method call
}
```

```
// Compiled x86 assembly code:
        ; prologue omitted for brevity
        call 0x0a890a30                    ; Widget..ctor
+0x14   mov esi, eax                       ; esi now contains the object's reference
        mov ecx, esi
        mov eax, dword ptr [ecx]
        ; the rest of the function call sequence
+0x24   mov dword ptr [ebp-12], eax        ; ebp-12 now contains the object's reference
        mov ecx, dword ptr [ebp-12]
        mov eax, dword ptr [ecx]
        ; the rest of the function call sequence
+0x34   call 0x0a880480                    ; Foo method call
        ; method epilogue omitted for brevity

// JIT-generated tables that the GC consults:
Register or stack      Begin offset      End offset
    ESI                0x14              0x24
    EBP - 12           0x24              0x34
```

　　上述讨论表明：将代码划分为更小的方法，使用更少的局部变量不但是一个好的设计方式，而且在.NET 垃圾回收器中还可以获得更好的性能——因为这会减少局部根的数量和缩短 JIT 编译代码的时间，减少存储根范围表的空间消耗，并减少垃圾回收进行栈扫描的工作量。

　　我们怎么做才能将上述程序中计时器对象的生命周期延长到方法结束呢？方法是多种多样的。我们可以使用一个静态变量（这是另一种类型的根，我们稍后讨论），或者在方法结束语句前继续使用计时器对象（如调用 timer.Dispose()）。而最清晰的方式则是使用 GC.KeepAlive 方法，该方法确保了该对象的引用仍然作为根而存在。

　　GC.KeepAlive 是如何工作的呢？看上去这个方法拥有从内部控制 CLR 的"魔法"。而事实上这个方法非常平庸——我们甚至可以自己实现它。如果我们将对象的引用作为参数传递给任何无法内联的方法（关于内联的讨论参见第 3 章），那么 JIT 必须认定该对象仍然在被使用。因此，只要我们愿意，则可以使用下面的方法替代 GC.KeepAlive 方法：

```
[MethodImpl(MethodImplOptions.NoInlining)]
static void MyKeepAlive(object obj) {
    // Intentionally left blank: the method doesn't have to do anything
}
```

2. 静态根

　　另一种类型的根是静态变量。静态成员类型在类型加载时就会被创建（我们在第 3 章展示过这个过程），并且可以在整个应用程序域（application domain）的生命周期内作为潜在的根。例如，下面的程序持续地创建对象并将它们注册在一个静态事件上。

```
class Button {
    public void OnClick(object sender, EventArgs e) {
        // Implementation omitted
    }
}
class Program {
    static event EventHandler ButtonClick;

    static void Main(string[] args) {
        while (true) {
            Button button = new Button();
            ButtonClick += button.OnClick;
        }
    }
```

```
}
```

上述代码会造成内存泄漏。因为静态事件包含一个委托列表，而这个委托列表引用了我们创建的对象。事实上，.NET 内存泄漏的最普遍原因是静态变量引用了对象。

3. 其他根

除上述两种最常见的根之外，仍然存在其他类型的根。例如，垃圾回收句柄（GC handle）（表示为 System.Runtime.InteropServices.GCHandle 类型）也被垃圾回收器视为根。终结可达队列（f-reachable queue）则是另外一种不易察觉的根——等待终结的对象仍然视为可被垃圾回收器访问的根。我们会在本章稍后部分考查这两种根。理解其他形式的根对调试.NET 应用程序内存泄漏是非常重要的，因为大多数情况下并没有普通的（静态的或者局部的）变量引用对象，但出于其他原因，该对象却仍然存活。

使用 SOS.DLL 查看根

我们在第 3 章介绍的调试器扩展 SOS.DLL 可用于查看根的引用链。这些引用链使得某一个对象得以存活。该扩展的!gcroot 命令提供了根的类型和引用链的简明信息。下面是该命令的范例输出：

```
0:004> !gcroot 02512370
HandleTable:
    001513ec (pinned handle)
    -> 03513310 System.Object[]
    -> 0251237c System.EventHandler
    -> 02512370 Employee

0:004> !gcroot 0251239c
Thread 3068:
    003df31c 002900dc Program.Main(System.String[]) [d:\...\Ch04\Program.cs @ 38]
        esi:
            -> 0251239c Employee

0:004> !gcroot 0227239c
Finalizer Queue:
    0227239c
    -> 0227239c Employee
```

上述输出的第一类根很可能是一个静态的成员变量——不过我们尚需一些额外的工作以得到定论。无论怎样，该根是一个固定的垃圾回收句柄（我们将在本章后续讨论垃圾回收句柄）。第二类根存储在线程 3068 的 ESI 寄存器上。该寄存器存储了 Main 方法中的一个局部变量。而最后一类则是一个终结可达队列。

4. 对性能的影响

垃圾回收的标记阶段是一个"几乎仅有只读操作"的阶段。在这个阶段中没有任何对象被移动也没有任何内存被回收。但即便这样，该阶段对性能也有显著的影响。

- 当进行一次完整的标记时，垃圾回收器几乎遍历了每一个被引用的对象。若这部分的数据并不存在于程序工作区（working set）中就会造成页面错误，从而导致重新加载对象时缓存丢失（cache miss）与缓存抖动（cache thrashing）。
- 在一个多处理器系统中，当垃圾回收器在对象的头部进行位标记操作时，若相应的对象已被加载至其他处理器的缓存中，则会造成缓存失效。
- 该阶段的性能不太受到未引用对象的影响，因此，该阶段的性能与回收效率因数——回收空间内引用对象和未引用对象的比例——呈线性关系。

- 标记阶段的性能也取决于引用图中对象的数目，但和这些对象占用的内存大小并无关系。内存占用大却不包含多少引用的对象更容易遍历，且开支更小。这意味着该阶段的性能和引用图中活跃对象的数目是线性关系。

当所有被引用的对象标记完毕之后，垃圾回收器就拥有了一张包含所有活动对象及其引用的图（如图 4-4 所示）。从而可以进入下一个阶段——清理阶段。

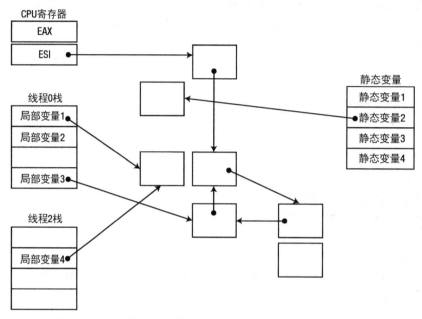

图 4-4　一个有若干种根的引用对象图。图中可以包含循环引用

4.2.2　清理与压缩阶段

在清理与压缩阶段，垃圾回收器进行内存回收，并通常会挪动某些对象的位置以维持堆中的对象存储的连续性。有分配才有回收，为了理解这种对象挪动的机制，我们先来看看内存分配的原理。

我们现在介绍的简单的垃圾回收模型，是通过指针移动来满足应用程序内存分配请求的。指针永远指向下一块可用的内存（如图 4-5 所示）。这个指针随着应用程序启动，垃圾回收堆创建而初始化，称之为次对象指针（或者新对象指针）。

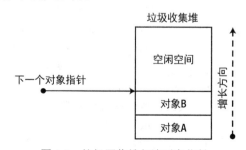

图 4-5　垃圾回收堆与次对象指针

在此模型下完成一个内存分配请求相当简单：仅包含一个原子的单指针移动操作。多处理器系统下指针的操作可能出现竞争的情况（本章稍后会对该问题进行说明）。

如果内存是无穷大的，那么内存分配可以通过增加次对象指针而无限进行下去。但是，我们总会在某一个时间点到达一个分配的阈值而触发垃圾回收操作。这个阈值是动态并可配置的，我们将在稍后学习如何查看并控制它。

在压缩阶段，垃圾回收器将活动对象移动以保证空间的连续性（如图 4-6 所示）。由于集中分配对象的使用大多具有集中性，因而此举更保证了引用的局部性。而相反的，这种行为也具有两个性能痛点。

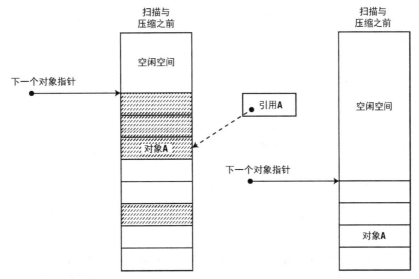

图 4-6　左图阴影区域的对象未被回收，因此会被移动。这意味着任何对对象 A 的引用
（虚线标记）都需要被更新（更新以后的引用未在图中绘出）

- 移动对象意味着内存复制，这对于内存占用多的对象来说是昂贵的开销。即便是进行优化，在每个垃圾回收周期都进行若干兆的内存复制也会带来显著的性能开销。（这也是为什么大对象会被单独处理的原因，我们稍后再解释。）
- 对象被移动之后，所有引用的值必须更新其地址。对于被频繁引用的对象来说，这种分散的内存操作势必造成性能问题。

一般来说，清理阶段的性能和对象图中的对象数目是线性关系，并且对回收效率因数相当敏感。如果大多数对象都是未引用的，则垃圾回收仅需要移动小部分的内存；相似的，当大部分对象是被引用对象时，则需要填补的漏洞也会相对较少。反之，如果堆中其他所有的对象都是未引用对象，那么垃圾回收需要移动几乎所有的活动对象来填补这些空档。

> **注意**　和大多数猜测相反，即使对象并没有被固定（参见后续内容），且对象之间存在未使用的空间，垃圾回收器也并非每次都移动对象（例如，有些阶段仅进行清理操作，但并不会进行内存压缩）。垃圾回收器实现中的启发式规则可以确定是否值得进行对象移动以填补未使用的空间。例如，在我的 32 位操作系统上，垃圾回收器仅在对象间空间为 16 KB 以上，由多个对象构成，且在上次垃圾回收结束后内存分配超过 16 KB 时才进行对象移动。我们无法期望这个结果可以次次重现，但它还是清楚地说明了这种优化是存在的。

上述基本垃圾回收模型中的标记和清理模式有一个很大的缺点，即每次回收都需要遍历堆中所有的对象，而不是按照回收效率分区并仅遍历其中的一部分。如果可以事先估计出某些对象相对于其他对象更有可能被回收，我们就可以调整算法来降低回收的开销。这部分内容将在本章的后续部分介绍。

4.2.3　固定

以上介绍的垃圾回收模型中忽略了一种常见的托管对象使用场景。该场景通常涉及将托管对象传递给非托管代码。有两种截然不同的方式可以解决该问题。

- 将每个传递给非托管代码的对象按值进行列集（marshal）（复制），而后从非托管代码返回时进行反列集。
- 不进行对象的复制而仅将指针传递给非托管代码。

与非托管代码进行交互时进行内存复制是不现实的。例如，在实时影像处理软件中，每秒都要从托管代码向非托管代码传递 30 帧高分辨率的图像。若每一次微小的变化都需要复制数兆的内存，则性能将降至不可接受的程度。

.NET 内存管理模型允许我们得到托管对象的地址。但是，由于垃圾回收器的存在，将这个地址传递给非托管代码会造成问题：如果垃圾回收器移动了这个对象，而这个对象的指针还在被正在执行的非托管代码使用，会产生什么后果？

这种场景会造成灾难性的后果——内存会被轻易破坏。一个可行的方案：在非托管代码拥有托管代码的指针时停止垃圾回收器的执行。但如果对象被频繁地从托管代码传递到非托管代码，这种方案就显得粒度太粗。同时，如果出现线程长时间在非托管代码中等待的情况，则这种方案就可能造成死锁或使内存耗尽。

因此，我们不会关闭垃圾回收器，而是在获得托管对象地址时，将该对象固定（pinning）在内存中。固定对象可以防止垃圾回收器在清理阶段对其进行移动，直至该对象解除固定（unpinned）。

固定操作本身的消耗并不会很大——有许多种机制可以迅速实现该操作。最显式的固定对象的方法就是使用 `GCHandleType.Pinned` 标志创建一个垃圾回收句柄。创建一个垃圾回收句柄会在进程的垃圾回收句柄表（GC handle table）中创建一个新的根，从而告知垃圾回收该对象应该被维持并且固定在内存中。其他实现固定的方法包括使用神奇的平台调用列集器，或者通过 C#提供的 `fixed` 关键字（或者 C++/CLI 提供的 `pin_ptr<T>`）使用固定指针机制，对局部变量进行固定标记以便垃圾回收正确处理（详细内容参见第 8 章）。

但是，若将固定对象对垃圾回收的影响纳入考虑时，其性能开销是不能忽略的。当垃圾回收器在压缩阶段发现一个固定对象时，它必须对其额外"照顾"，以保证不会对其进行移动操作。这使得回收算法变得复杂。但最直接的影响是在托管堆中引入了内存碎片（fragmentation）。碎片化严重的堆直接推翻了垃圾回收器可行的前提：它将导致连续的内存分配碎片化（从而丧失局部性），在内存分配时引入额外的复杂度，并由于碎片无法被填充导致内存浪费。

注意　我们可以使用多种工具检测固定操作的副作用，包括 Microsoft CLR Profiler。CLR Profiler 可以显示引用图中对象的地址，并使用空白区域来展示空闲（碎片）区。除此之外，SOS.dll（托管调试扩展）也可以用于显示类型为"Free"的对象，这些对象代表了碎片空洞。最后我们还可以使用（.NET CLR Memory 类别中的）# of Pinned Objects 性能计数器来确定最后一次被垃圾回收扫描的区域中固定对象的数目。

即便拥有诸多的缺点，但固定对很多应用程序还是必要的。通常，抽象层（如平台调用）替我们完成了大多数细致操作，而我们不需要直接进行固定控制。在本章后面我们也会向大家提出一系列建议，以将固定带来的负面影响降到最低。

4.3　垃圾回收器的特征

虽然从外面看来，.NET 垃圾回收器就像是一团单一的代码，几乎没有定制的可能性，但它的确拥有多种特征。这些特征随场景不同——客户端应用程序、高性能服务器应用程序等——而不同。在了解特征之间的差异之前，我们先来介绍垃圾回收器是如何和其他应用程序线程（通常称为赋值线程，mutator thread）进行交互的。

4.3.1　垃圾回收时暂停线程

应用程序线程在垃圾回收开始时通常在正常执行。这是理所当然的，因为垃圾回收请求正是应用程序代码进行内存分配的结果。由于垃圾回收的工作不但会影响对象在内存中的位置，还会影响所有相关的引用，因此，若在应用程序代码使用这些对象时，移动它们的位置或更新它们的引用，就容易出现问题。

但在某些场景下，在应用程序线程执行时并发地执行垃圾回收过程是至关重要的。例如，考虑一个典型的图形界面（GUI）应用程序。若垃圾回收过程被后台线程触发，我们希望即使延长垃圾回收的完成时间（因为用户界面在和垃圾回收争夺 CPU 时间），也要让用户界面在该过程中保持响应，因为用户更喜欢时刻保持响应的程序。

垃圾回收器和其他的应用程序线程并发执行可能产生两类问题。

- 假阴性（false negative）：一个对象满足垃圾回收的条件，但被标记为活动的。虽然这不是我们希望的结果，但是若该对象能够在下一个回收周期被回收，我们仍然可以接受。
- 假阳性（false positive）：一个对象被认为是可回收对象，但它依然被应用程序所引用。这种情况称得上是调试噩梦，因此，垃圾回收器应当尽一切努力避免该情况发生。

让我们考虑一下垃圾回收的两个阶段，看看我们是否能够允许垃圾回收过程和应用程序线程并发执行。需要指明的是，无论我们最后得出什么结论，仍然存在一些场景使得我们必须在垃圾回收的过程中暂停应用程序线程的执行。例如，如果进程已经几乎无内存可用，则挂起线程等待内存回收结束是必要的。不过，我们接下来主要关注那些常见的非特殊情况。

4.3.2　在垃圾回收时挂起线程

垃圾回收时会在安全点（safe point）处挂起线程，因为并非任意两个指令之间都可以进行垃圾回收。JIT 编译器通过生成额外的信息确保只有在安全的时候才挂起线程进行垃圾回收。而 CLR 也会尝试安全的挂起线程——而非在没有经过验证确保安全的情况下就直接调用 SuspendThread Win32 接口。

在 CLR 2.0 时，如果一个托管线程有大量 CPU 相关的迭代操作，就可能出现长时间的安全点被略过的情况，导致多至 1500 ms 的垃圾回收启动延时（同时也将影响任何已经阻塞并等待垃圾回收结束的线程）。这个问题已经在 CLR 4.0 中被修正。如果读者希望了解其中细节，可阅读 Sasha

Goldshtein 的博客文章 "Garbage Collection Thread Suspension Delay"。

需要说明的是，非托管线程并不会由于托管线程的挂起而受到影响，除非它已经切换回了托管线程，这一过程是由平台调用转换器负责的。

1．在标记阶段挂起线程

在标记阶段，垃圾回收器几乎仅进行只读操作。尽管如此，仍然会有假阴性和假阳性出现。

如果垃圾回收器在对象创建之前，已经完成了相关部分引用图更新，那么一个刚刚才被创建的对象，即使已经被应用程序引用，也可能判断为未引用（如图 4-7 所示）。这可以通过中断新引用（新对象）的创建来确保新对象总被标记。虽然这种同步操作增加了分配开销，但是在这种情况下，其他线程就可以和垃圾回收过程并发执行了。

对于一个已经被标记的对象，如果它的最后一个引用在标记阶段被移除，那么这个本应被回收的对象就会继续存活（如图 4-8 所示）。无论如何，只要这个对象真的不可达，就不可能重新变成可达状态。它将在下一轮垃圾回收周期中被回收，因此这并不是一个严重问题。

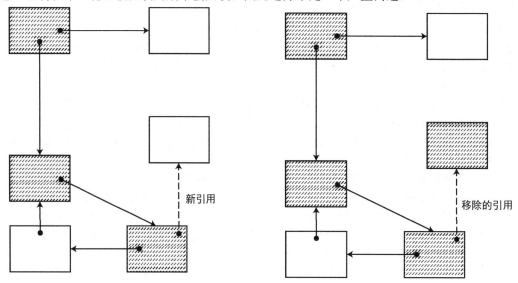

图 4-7　在图的一部分已经被标记之后（有阴影部分），将对象引入到该图中。这导致对象会被错误地判定为不可达状态

图 4-8　若一个对象在从图中移除之前已经被标记（阴影所示的对象已经被标记），则这个对象会被错误地判定为可达状态

2．在清理阶段挂起线程

清理阶段不仅会更新引用，还会在内存中移动对象。如果垃圾回收过程与应用程序线程并发执行，那么将会产生新的问题，例如：

- 对象的复制不是一个原子操作，这意味着应用程序可能在对象复制过程中修改原始对象的值；
- 引用的更新也不是原子操作，这意味着部分应用程序使用旧对象引用，而另一部分则在使用新的对象引用。

我们可以解决这类问题，但是 CLR 的垃圾回收并未这样做，因为在清理阶段禁止应用程序线程和垃圾回收过程并发执行看起来更加简单。

提示 为了评估并发垃圾回收是否对应用程序有所裨益，你应当首先统计垃圾回收通常会消耗多长时间。如果内存回收占用了应用程序执行时间的 50%，那么应该有很大的优化空间。而如果你的应用程序几分钟才执行一次回收，则你应该考虑在其他方面寻找可行的措施进行优化。你可以通过.NET CLR Memory 下的% Time in GC 性能计数器以确定自己的应用程序在垃圾回收上消耗的时间。

上面我们介绍了应用程序线程在垃圾回收过程中的表现，现在我们可以开始详细介绍垃圾回收的各个特征了。

4.3.3 工作站垃圾回收

我们将要介绍的第一种垃圾回收特征称为工作站垃圾回收（workstation GC）。这种特征又分为两种：并发工作站垃圾回收（concurrent workstation GC）与非并发工作站垃圾回收（non-concurrent workstation GC）。

在工作站垃圾回收特性下，垃圾回收操作由单一线程执行——即不会并行执行垃圾回收过程。需要注意的是，在多处理器上并行执行多个垃圾回收过程，与在执行垃圾回收过程中并发执行其他应用程序线程是不同的。

1. 并发工作站垃圾回收

并发工作站垃圾回收是默认的特征。在并发工作站垃圾回收下，有一个独立的专门的垃圾回收线程。该线程在执行垃圾回收过程时，从始至终具有 THRAD_PRIORITY_HIGHEST 优先级。CLR 可以决定是否允许某些垃圾回收阶段与应用程序线程并发执行（我们之前已经提到，绝大多数标记阶段可以进行并发执行）。需要说明的是，CLR 拥有决定权——我们稍后可以看到，像第 0 代这样的垃圾回收执行的速度非常快，因此完全可以进行线程挂起。而清理阶段，所有应用程序线程都会被挂起。

若垃圾回收是由 UI 线程触发的，不但无法体现并发工作站垃圾回收带来的响应性提升，反而降低了界面的响应度，因为 UI 线程被垃圾回收阻塞的同时，其他应用程序线程却在和垃圾回收过程争抢资源（如图 4-9 所示）。

因此，在并发工作站垃圾回收特征下，图形界面应用程序应尽可能地避免从 UI 线程触发垃圾回收，即在后台线程进行资源分配，且不要显式地从 UI 线程调用 GC.Collect 方法。

所有.NET 应用程序（除 ASP.NET 应用程序之外）——无论这些程序运行在用户工作站还是强大的多处理器服务器上——的默认垃圾回收特征是并发工作站垃圾回收。我们稍后可以发现，这个默认值并不适合服务器应用程序。而我们刚刚也提到了，如果从 UI 线程触发垃圾回收，那么这种特征也不适合图形界面应用程序。

2. 非并发工作站垃圾回收

顾名思义，非并发工作站垃圾回收特征在标记和清理阶段均会挂起应用程序线程。这种特征适用于方才提到的从 UI 线程触发垃圾回收的情形。由于在 UI 线程等待垃圾回收结束时，其他的后台线程不会和垃圾回收器争夺资源，因此 UI 线程可以尽快恢复响应。故而在这种情形下，非并发工作站垃圾回收可以提供更好的响应性（如图 4-10 所示）。

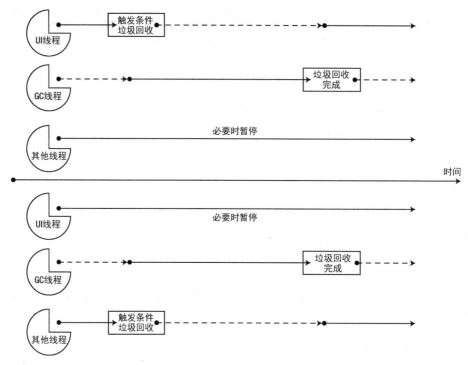

图 4-9　上半部分展示了 UI 线程触发垃圾回收的过程；下半部分展示了某一个后台线程触发
垃圾回收的过程（虚线代表线程被阻塞）

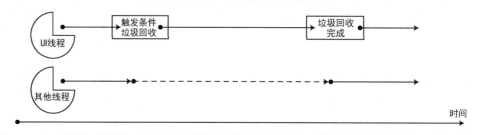

图 4-10　UI 线程在非并发工作站垃圾回收下触发了垃圾回收。其他线程不会和垃圾回收争夺资源

4.3.4　服务器垃圾回收

顾名思义，服务器垃圾回收（server GC）专门为另外一种应用程序——服务器应用程序——进行了优化。服务器应用程序工作在高吞吐环境下（通常每一个独立的操作具有较高的延时）。应当能够方便地横向扩展至多处理器，同时内存管理也应当适应处理器的扩展。

使用服务器垃圾回收的应用程序应当具备如下特性。

- .NET 进程的关联掩码（affinity mask）对应的每一个处理器都应当具有独立的托管堆。一个处理器线程上的内存分配请求会在该处理器的托管堆上执行。其目的是降低分配过程中的竞争：在大多数情况下，次对象指针不会引发竞争，这样多个线程就可以真正并行地进行内存分配操作。这种结构需要动态地调节托管堆的大小和垃圾回收阈值，以保证在应用程序显式创建线程，并指定 CPU 关联掩码时回收的公平性。在典型的服务器应用程序中，服务从线程池中请求线程，此时各个托管堆的大小几乎都是一致的。

- 垃圾回收过程不会在触发垃圾回收的线程上执行，而是在应用程序启动时创建好的一系列垃圾回收线程上执行。这些线程均拥有 THRAED_PRIORITY_HIGHTEST 优先级。.NET 进程关联掩码对应的每一个处理器都拥有一个垃圾回收线程。这样，每一个线程都可以在其对应处理器的托管堆上并行地执行垃圾回收操作。在保证了引用局部性的情况下，几乎每一个垃圾回收线程都可以在它自己的托管堆上独立地进行标记阶段的执行，并且其中的一部分数据可以从 CPU 的缓存中直接得到。

- 所有的应用程序线程都会在垃圾回收的两个阶段挂起，这保证了垃圾回收可以及时结束并尽可能快地恢复应用程序的线程执行。在这种情况下，虽然某些请求可能因为垃圾回收的介入需要执行更长的时间，但整体上，由于在垃圾回收中减少了上下文切换，使得应用程序可以处理更多的请求，因此，这种方式可以在高延迟的情况下将吞吐量最大化。

在使用服务器垃圾回收时，CLR 会尝试平衡各个处理器托管堆的对象分配，使得各个托管堆之间的对象分配率、填充率以及垃圾回收频率大致相同。CLR 4.0（含）之前，只针对小对象托管堆进行了平衡，而在 CLR 4.5 中，对大对象托管堆（稍后讨论）也进行了平衡。

使用服务器垃圾回收特征的唯一限制是物理处理器的数目。如果仅有一个处理器，则只能够选择工作站垃圾回收特征。这个限制是非常合理的，因为在仅有一个处理器的情况下，只会存在一个托管堆和一个垃圾回收线程，无法体现服务器垃圾回收带来的效率提升。

注意 从 NT 6.1（Windows 7 及 Windows Server 2008 R2）开始，Windows 通过引入处理器组（processor group）开始支持大于 64 个逻辑处理核心。从 CLR 4.5 开始，垃圾回收也可以使用 64 个以上的逻辑核心了，但必须在应用程序配置文件中添加<GCCpuGroup enabled="true"/>配置节。

大多数服务器应用程序可以从服务器垃圾回收中获益。但我们之前提到过，并发工作站垃圾回收才是默认的垃圾回收特征。运行于默认的 CLR 宿主下的命令行应用程序，Windows 应用程序和 Windows 服务都使用默认垃圾回收特征；但是不在默认 CLR 宿主运行的应用程序可以选择其他的垃圾回收特征。由于 IIS 大多安装在服务器上，在 IIS ASP.NET 宿主下运行的应用程序使用的就是服务器垃圾回收（即便这样，我们仍可以通过 Web.config 修改这个定义）。

4.3.5 切换垃圾回收特征

本章后面会提到，我们可以通过修改 CLR 宿主的接口控制垃圾回收特征。但在默认宿主下，还可以通过更改应用程序配置文件（App.config）达到这一目的。以下的 XML 可用于切换不同的垃圾回收及其子特征。

```xml
<?xml version="1.0" encoding="utf-8" ?>
<configuration>
    <runtime>
        <gcServer enabled="true" />
        <gcConcurrent enabled="false" />
    </runtime>
</configuration>
```

gcServer 一节用于选择服务器垃圾回收与工作站垃圾回收,而 gcConcurrent 一节控制工作站垃圾回收的子特征。

.NET 3.5(包含.NET 2.0 SP1 和.NET 3.0 SP1)为运行时垃圾回收特征的控制添加了额外的 API,参见 System.Runtime.GCSettings 类中的 IsServerGC 与 LatencyMode 属性。

GCSettings.IsServerGC 是一个只读属性,表明了当前应用程序是否在服务器垃圾回收下运行。这个属性无法在运行时切换垃圾回收特性,而仅反映了当前应用程序或者 CLR 宿主配置的垃圾回收特征。

而 LatencyMode 属性可以接受 GCLatencyMode 枚举值。这些值包括 Batch、Interactive、LowLatency 和 SustainedLowLatency。Batch 和非并发垃圾回收对应,Interactive 和并发垃圾回收对应。我们可以使用 LatencyMode 属性在运行时切换并发/非并发垃圾回收的使用。

最后,我们来看一看另外两个非常有意思的 GCLatencyMode 枚举值:LowLatency 和 SustainedLowLatency。这两个值告诉垃圾回收你的代码现在正在执行时间敏感的操作,而这时如果运行垃圾回收器,对应用程序非常有害。LowLatency 是在.NET 3.5 时引入的,这个值仅在并发工作站垃圾回收下使用,用于执行短时的时间敏感操作。而 SustainedLowLatency 是在 CLR 4.5 中引入的,它不仅能够在工作站垃圾回收下使用,而且可以在服务器垃圾回收上使用,可以在长时间操作时避免应用程序被完全垃圾回收阻塞。低延迟模式并不适合运行诸如短时导弹制导程序这样的代码,接下来我们会揭示其原因。而如果你的 UI 在播放一段动画,那么垃圾回收器的运行则会降低用户体验,此时低延迟就变得非常有用了。

低延迟垃圾回收模式使垃圾回收器在非必要的情况下(例如,操作系统可用物理内存过低,此时,进行页面文件交换比进行完整垃圾回收更糟)避免进行完整的回收。低延迟并不意味着垃圾回收器被关闭了,它仍然可以进行局部垃圾回收(我们会在介绍"代"的概念时考虑这种情况),但垃圾回收占用应用程序的执行时间会显著降低。

安全地使用低延迟垃圾回收

安全使用低延迟垃圾回收的唯一途径是将其放在受限执行区域(constrained execution region,CER)内。一个 CER 划定了一段代码,这段代码内不得抛出越界的异常(如线程终止异常),以避免该部分的代码部分执行。因此,CER 内必须调用高可靠性的代码。使用 CER 是唯一能够确保延迟模式在执行完毕后重置为先前值的方法。以下程序示范了它的使用方法(需要引入 System.Runtime.CompilerServices 和 System.Runtime 名字空间以正确编译以下代码):

```
GCLatencyMode oldMode = GCSettings.LatencyMode;
RuntimeHelpers.PrepareConstrainedRegions();
try
{
    GCSettings.LatencyMode = GCLatencyMode.LowLatency;
    // Perform time-sensitive work here
}
finally
{
    GCSettings.LatencyMode = oldMode;
}
```

GC 在低延迟模式下工作的时间应当尽量缩短——若长时间在此模式下,则在退出低延迟模式后的长期效应,以及垃圾回收开始大量回收未使用内存可能会影响应用程序的性能。如果你并不能控制进程中所有的内存分配(例如,如果你的应用程序支持插件或者具有多个后台进程执行不同的工作），那么切换低延迟垃圾回收模式可能会影响整个进程的执行，并使其他的内存分配产生预期之外的行为。

选择正确的垃圾回收特征并不是一件容易的事。大多数情况下，我们只能通过实验确定正确的模式。但是，对于大量使用内存的应用程序，这种实验是必须进行的——我们无法忍受一个进程使用 50%的 CPU 时间来进行垃圾回收而另外 15%都在无所事事地等待垃圾回收结束。

即使我们小心地选择上述模型，还是会遇到一些严重的性能问题。下面就是一些最显著的问题。

- 大对象：复制大对象是一个非常"昂贵"的操作，在清理阶段，大对象可能被频繁复制。在特定的情形下，内存复制可能成为垃圾回收中最主要的性能开销。因此，我们有必要在清除阶段区别对待大小不同的对象。
- 回收效率因数：如果每一次回收都是一次完整的回收，那么意味着对象引用比较稳定的应用程序将在标记和清理整个堆时付出巨大的代价，因为几乎所有的对象一直被引用。因此，为了避免过低的回收效率，我们必须按照对象的回收可能性（即对象是否可能在下一轮垃圾回收时被回收）进行优化。

大多数问题都能通过恰当使用"代"的概念解决。我们将在下一节进行介绍。此外，我们还将触及其他与垃圾回收器相关的性能问题。

4.4 代

.NET 垃圾回收器的"代"模型（generational model）使用局部垃圾回收进行性能的优化。局部垃圾回收具备更高的回收效率因数，并且垃圾回收器遍历的对象也是较可能被回收的。划分对象是否可能被回收的首要标准就是它们的年龄（age）——该模型认为对象的年龄和平均生存期有着内在的联系。

4.4.1 "代"模型的假设

和真实世界的人与动物不同，.NET 认为"年轻"的对象更容易"死亡"，而"年老"的对象更倾向于"存活"。这两个假设在对象的生存期望图中形成了两个拐角，如图 4-11 所示。

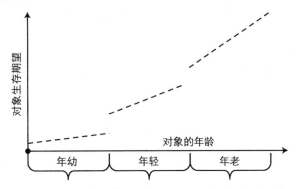

图 4-11　对象生存期望相对于对象年龄的函数被划分为 3 个区域

   注意　"年轻"与"年老"的定义取决于应用程序垃圾回收的频率。如果垃圾回收每一分钟发生一次，那么一个 5 秒前被创建的对象是"年轻"的。而另一个系统中，若其大量使用内存导致垃

垃圾回收每秒发生若干次，则相同的对象是"年老"的。不管怎样，在大多数应用程序中，临时对象（在一个方法中局部分配的对象）大多是年轻的，而随应用程序初始化的对象大多是年老的。

在"代"模型中，我们认为大多数新创建的对象都具有临时性的行为，即具有特定的、短期的目的，而后变为垃圾。相对的，长期存活对象（如单例对象或者一些应用程序初始化时分配的使用广泛的对象）更容易继续存活下去。

并非所有的应用程序都遵循"代"模型的假设。我们不难想象一个系统，其中临时对象会在几次垃圾回收中存活，此后不被任何对象引用；而后更多的临时对象被创建出来。这种对象的生存期期望不满足"代"模型假设的现象被形象地称为中年危机。具备这种现象的对象无法从"代"模型的优化中得到好处。我们将在之后讨论这种情况。

4.4.2 .NET 中"代"的实现

在代模型中，托管堆被划分为 3 个区域：第 0 代、第 1 代和第 2 代。这些区域对应了其中对象的期望生存期：第 0 代中为年轻对象，而第 2 代中为已经生存了一段时间的年老对象。

1. 第 0 代

第 0 代是新创建对象的乐园（在本章的最后你会发现对象还会按大小进行划分，因此这个结论是部分正确的）。第 0 代非常小，即便是最小的应用程序，也无法将所有的内存装到它里面。第 0 代通常以 256 KB~4 MB 起步，根据使用情况缓慢增长。

注意 由于第 0 代主要关注短期内访问频繁且批量访问的对象，因此除操作系统的位数之外，CPU 的 L2 和 L3 级缓存也会影响第 0 代尺寸的大小。在运行时，其尺寸也被垃圾回收器动态控制。CLR 宿主还可以通过更改垃圾回收启动参数控制其大小。第 0 代和第 1 代的大小总共不能超过一个段（稍后讨论）。

当第 0 代已满而不能完成一个新的内存分配请求时，第 0 代就会发起一次垃圾回收。在标记和清理过程中，垃圾回收器只会访问第 0 代中的对象。这个任务并不容易，因为根和代之间并没有必然的联系，一个非第 0 代对象引用一个第 0 代的对象是非常自然的事情。我们稍后考虑这种复杂情况。

第 0 代垃圾回收是非常廉价而高效的，原因如下。

- 第 0 代非常小，因此不会包含太多的对象，遍历少量内存只需较短的时间就能完成。在我的一台测试机器上，第 0 代回收 2%的对象仅耗时 70μs。
- 由于第 0 代的大小受高速缓存大小的影响，因此很可能在高速缓存中就可以找到第 0 代的所有对象。由第 5 章可见，遍历已经加载进高速缓存的数据远远快于遍历主内存或磁盘分页中的数据。
- 由于临时对象的局部性，第 0 代对象引用的对象也很可能是第 0 代对象，而且这些对象很可能在空间上是相邻的。这可以有效避免高速缓存缺失，从而使图遍历变得更为高效。
- 由于新创建的对象更倾向于快速死亡，因此其中每一个对象都更有可能被回收。这说明了大多数第 0 代对象并不需要处理——它们都是未使用的内存，可以直接为其他对象所用。这也说明了这种垃圾回收并不浪费时间；大多数对象已经被解除了引用，因此其内存可以重复利用。

- 当垃圾回收结束时，回收的内存将用于新的分配请求。由于这些内存刚刚被遍历，它很可能就在 CPU 的高速缓存中，因而内存分配和对象访问都会进行得更快。

就像我们观察到的那样，第 0 代的所有对象几乎都在一次垃圾回收结束之后清理殆尽。但是，仍然有一些对象会出于各种原因得以存活。

- 应用程序具有糟糕的行为，它分配的临时对象在一次的垃圾回收之后仍然存活。
- 应用程序处于初始化阶段，这个阶段分配的对象多是长生命周期对象。
- 应用程序创建的是短期临时对象，但是在垃圾回收触发时这些对象恰巧正在被使用。

这些撑过一次垃圾回收的对象不会被排列在第 0 代的起始位置。相反，它们会被提升到第 1 代。这反映了它们的生命周期比预期要长的事实。在提升过程中，它们会从第 0 代的内存复制到第 1 代的内存区域（如图 4-12 所示）。这种复制可能比较"昂贵"，但不管怎么说，它还是属于清理阶段的一部分。此外，由于第 0 代的回收效率因数较高，因此这种分次复制的损耗，比起部分回收相对完整回收带来的性能提升，几乎可以忽略不计。

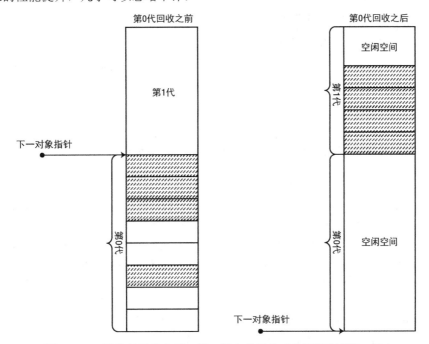

图 4-12　一次垃圾回收之后，第 0 代中存活的对象将移动到第 1 代中

跨代移动固定对象

垃圾回收器无法移动固定的对象。这使得我们无法在"代"模型中将这个对象提升至下一代。这对年轻的"代"（如非常小的第 0 代）有显著的影响。固定对象造成的内存碎片对于第 0 代的影响要比引入"代"模型之前更加严重。幸运的是，CLR 用一种非常巧妙的方法完成了固定对象的代升级：如果第 0 代由于固定对象的原因严重碎片化了，则 CLR 可以将整个第 0 代声明为更高代，并将一块新的内存声明为第 0 代，在这块内存中处理新的分配请求。这种操作是通过更改临时段（ephemeral segment）实现的，我们将在本章后面进行讨论。

下面的代码使用 GC.GetGeneration 方法展示了固定对象的代升级。

```
static void Main(string[] args) {
    byte[] bytes = new byte[128];
    GCHandle gch = GCHandle.Alloc(bytes, GCHandleType.Pinned);

    GC.Collect();
    Console.WriteLine("Generation: " + GC.GetGeneration(bytes));

    gch.Free();
    GC.KeepAlive(bytes);
}
```

若我们在垃圾回收之前查看托管堆，则各代的起始地址应当和如下输出类似：

```
Generation 0 starts at 0x02791030
Generation 1 starts at 0x02791018
Generation 2 starts at 0x02791000
```

当垃圾回收结束后，托管堆的各代会在本段内调整为类似如下的情况：

```
Generation 0 starts at 0x02795df8
Generation 1 starts at 0x02791018
Generation 2 starts at 0x02791000
```

固定对象的地址（本例中为 0x02791be0）并不会改变，但是通过移动代的边界，CLR 制造了对象跨代移动的假象。

2. 第 1 代

第 1 代是第 0 代和第 2 代之间的缓冲区域。它包含了一次垃圾回收后存活的对象。它比第 0 代要大得多，但是和整个可用的内存空间比起来仍然小了几个数量级。第 1 代典型的初始长度为 512 KB~4 MB。

当第 1 代被填满时，会在第 1 代触发垃圾回收。这种回收仍然是部分回收。只有第 1 代中的对象会被垃圾回收器标记和清除。需要注意的是，自然触发第 1 代垃圾回收的唯一时机是在第 0 代垃圾回收后，存活的对象被提升至第 1 级时（另一个触发的方式是手动触发垃圾回收）。

第 1 代的垃圾回收仍然是比较廉价的。一次垃圾回收至多操作几兆的内存。到达第 1 代的对象依然是在第 0 代没有被回收的临时短生存期对象，但是这些对象不会在下一次垃圾回收中存活，因而其回收效率因数依旧较高。例如，一个含有终接器的短生存期对象一定会到达第 1 代。（我们会在本章后面讨论对象的终结。）

在垃圾回收后仍然存活的对象将提升至第 2 代。这种提升意味着它已经变成了"老年"对象。"代"模型的一个风险是临时对象被提升至第 2 代，却随后"死亡"，即所谓的"中年危机"。确保临时对象不被升级到第 2 代是非常重要的。我们将稍后介绍"中年危机"现象带来的严重后果，检视其诊断数据并研究规避手段。

3. 第 2 代

第 2 代是在至少两次垃圾回收过程后存活对象的终极区域（还有大对象，稍后会进行介绍）。在"代"模型中，这些对象属于"老年"对象。根据我们的假设，这些对象也不太可能在短期内回收。

第 2 代区域不会人为地进行大小限制，它可以扩展到整个系统进程的专用内存空间，在 32 位系统中为 2GB，而在 64 位系统中最多可达 8TB。

> **注意** 虽然第 2 代空间巨大，但是其中设定了动态阈值（水印）以触发垃圾回收操作。因为等待整个内存空间被填满再开始进行垃圾回收是不现实的。如果每一个应用程序都等到内存耗尽才开始回收内存，那么页面交换将使整个系统停滞。

若垃圾回收发生在第 2 代，则这是一个完全垃圾回收。这是所有垃圾回收中最"昂贵"的，需要消耗最多的时间。在笔者的一台测试机上，一次涉及 100 MB 引用对象的第 2 代的垃圾回收共花了 30 ms——这比年轻代的垃圾回收多出几个数量级。

此外，如果应用程序的行为和我们的预测一致，那么第 2 代垃圾回收很可能具有较低的回收效率因数，这是因为第 2 代中的对象会经历多次的垃圾回收而继续存活。它不但比前两代垃圾回收要慢很多，而且由于多数的对象仍然被引用，导致能回收的内存很少，因此，第 2 代垃圾回收出现的次数越少越好。

如果应用程序分配的所有临时对象能够快速"死亡"，它们就没有机会挺过多次的垃圾回收而最终到达第 2 代。在这种乐观的情形下，第 2 代垃圾回收永远不会执行，垃圾回收对应用程序的性能的影响也会低几个数量级。

通过慎重使用"代"，我们找到了消除之前"简陋"的垃圾回收器的所有顾虑的方法：按对象被回收的可能性进行分区。如果我们基于对象当前的生存时间成功地预测其生存期，我们就可以以非常小的代价进行局部垃圾回收，并尽可能规避完全垃圾回收。但是，另一个疑虑仍然存在，甚至在逐渐变大：在清理阶段的大对象复制可能造成大量的 CPU 和内存操作。此外，在"代"模型下，第 0 代如何容纳拥有 10 000 000 个整数的数组呢？这个对象本身的大小已经超过了第 0 代的最大长度。

4.4.3 大对象堆

大对象堆（large object heap，LOH）是一个专门容纳大对象的特殊区域。所谓大对象指内存占用大于 85KB 的对象。这个大小指对象本身的大小而非以该对象为根的整个对象树的大小。因此，包含 1000 个字符串（每一个字符串含有 100 个字符）的数组并不是一个大对象，因为这个数组内仅包含了 1000 个 4 字节或者 8 字节的引用，但是一个长度为 50000 的整数数组是一个大对象。

大对象从 LOH 中直接进行分配而不会放在第 0 代、第 1 代或者第 2 代中，这样就避免了大对象之间跨代提升（意味着大对象的复制）的开销。但是，当垃圾回收在 LOH 上发生时，清理阶段还是会对其进行复制，导致相同的性能问题。为了避免开销，大对象堆不会使用标准的清理阶段的算法。

垃圾回收器在 LOH 上进行回收时，并不会清理大对象并进行数据复制，而是引进了不同的策略。LOH 维护了一个未使用内存的链表，而新的内存分配请求可以从该链表中进行。这种策略与本章开始时讨论的空闲列表内存管理非常相似，因此，它也无法避免相同的性能问题，如分配开销（寻找合适的空闲块，并把空闲块分隔成不同的部分）、回收开销（将内存放回空闲列表）以及管理开销（合并相邻的空闲块）。但是，比起在内存中复制大对象，维护空闲列表的开销要更小一些。这是一个由实现的一致性向更好的性能妥协的典型场景。

> **警告** 由于 LOH 中的对象不会被移动，看起来获得大对象地址的固定操作是不必要的。这种观点依赖于实现细节，是不可取的。我们无法断定大对象在生存期内一定会维持内存中的位置，而且大对象的阈值可能在不进行任何通知的情况下进行调整。然而，从实用性的角度出发，有理由认为固定一个大的对象比起固定小的"年轻"对象有性能上的优势。事实上，在固定数组时，通

常建议分配一个大的数组，在内存中固定它后分割使用，而不是为每一个操作分配并固定一个小的数组。

当第 2 代对象占用的内存达到阈值时，则 LOH 就会进行垃圾回收。类似的，若 LOH 占用的内存达到了阈值，也会触发第 2 代的垃圾回收。因此，创建太多大型的临时对象也会造成类似"中年危机"的现象——必须进行完全回收以释放这些对象。LOH 中的碎片是另外一个潜在问题，因为 LOH 中对象之间的空洞无法在清理阶段被移除并达到对堆进行碎片整理的效果。

LOH 模型需要开发者严重关切大批量的内存分配，这通常近乎于手动内存管理。一个有效的策略是缓存并重用大对象，而不是把大对象丢给垃圾回收。维持缓冲池的开销要比执行一次完全垃圾回收要小。另外一种方法是（如果数组中对象的类型是一致的）分配一个大对象，然后在需要时手动将其分成小块（如图 4-13 所示）。

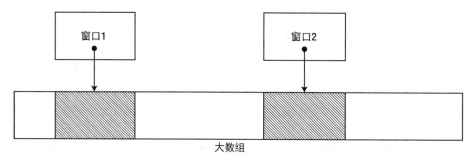

图 4-13　分配一个大对象而后手动将其划分为小块。并将其以享元窗口（flyweight window）对象暴露给客户端

4.4.4　跨代引用

在讨论"代"模型时，我们忽略了一个足以影响该模型正确性与性能的重要细节。先前提到，部分回收年轻"代"的代价是很小的，因为在回收过程中仅需遍历年轻代的对象。但是，垃圾回收如何保证我们只操作这些年轻的对象呢？

以第 0 代的标记阶段为例。在标记阶段，垃圾回收需要确定当前活动的根，并从这些根构建所有引用对象的图。在处理过程中，我们希望略过不属于第 0 代的对象。但是，如果我们在构建完整个图之后再忽略这些对象，我们还是需要操作所有的引用对象。这种标记过程就变得和完全回收的代价一样高昂了。但如果我们一遇到非第 0 代对象就停止遍历，那么当第 0 代对象被高代对象引用时，我们就面临着无法标记这个第 0 代对象的风险，如图 4-14 所示。

图 4-14　如果在标记阶段，我们遇到高代对象时便停止引用遍历，则容易遗漏跨代的引用

为了解决这个问题，我们需要在正确性和性能之间做出妥协。我们可以通过获得特定的从高代引用低代对象的先验知识来解决这个问题。如果垃圾回收在进入标记阶段之前具备这些先验知识，

它就可以在构建引用图时将这些"老年"对象加入根集合。这样，垃圾回收就可以在遇到非第 0 代对象时直接停止遍历了。

这些先验知识可以在 JIT 编译器的辅助下获得。一个高代对象引用一个低代对象的情形只会在一种类型的语句中出现：将一个非空引用类型对象赋值给一个引用类型的实例的成员变量（或者复制给一个数组的元素）。

```
class Customer {
    public Order LastOrder { get; set; }
}

class Order { }

class Program {
    static void Main(string[] args) {
        Customer customer = new Customer();
        GC.Collect();
        GC.Collect();
        // customer is now in generation 2
        customer.LastOrder = new Order();
    }
}
```

当 JIT 编译器编译此种类型的语句时，就会生成一个写屏障（write barrier）。它会在运行时拦截写引用操作并将辅助信息记录在一个名为卡片表（card table）的数据结构中。写屏障是一个轻量的 CLR 函数，它会检查被赋值的对象是否晚于第 0 代。如果情况属实，则更新卡片表中的一个字节，这个字节对应了被赋值对象所在的 1024 字节范围的地址（如图 4-15 所示）。

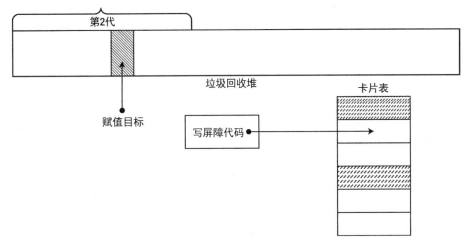

图 4-15　当一个成员变量赋值语句通过写屏障的时候，卡片表中对应被赋值对象的位就会被更新

使用调试器追踪写屏障代码并不困难。首先，Main 函数中真正的赋值语句被 JIT 编译器编译为如下代码：

```
; ESI contains a pointer to 'customer', ESI+4 is 'LastOrder', EAX is 'new Order()'
lea edx, [esi+4]
call clr!JIT_WriteBarrierEAX
```

写屏障函数首先会检查被赋值对象是否小于第 1 代起始地址（即在第 1 代或第 2 代中）。如果属实，则卡片表将该对象对应地址右移 10 位获得偏移量，并向卡片表中该偏移量对应的字节写入 0xFF（如果该字节已经设置为 0xFF，则不会重复赋值以避免其他的 CPU 核心高速缓存失效。相关细节参见第 6 章）。

```
mov dword ptr [edx], eax           ; the actual write
cmp eax, 0x272237C                 ; start address of generation 1
jb NoNeedToUpdate
shr edx, 0xA                       ; shift 10 bits to the right
cmp byte ptr [edx+0x48639C], 0xFF  ; 0x48639C is the start of the card table
jne NeedUpdate
NoNeedToUpdate:
ret
NeedUpdate:
mov byte ptr [edx+0x48639C], 0xFF  ; update the card table
ret
```

垃圾回收器在执行标记操作时会利用这个辅助信息。它会检查在标记"年轻代"时，哪些地址范围应视为根。回收器将遍历该地址范围内的对象并定位其"年轻代"中的引用。这就使得前面提到的优化方法变得可行了：当回收器一旦在遍历对象图时遇到不是第 0 代的兑现，即可立即停止继续遍历。

卡片表可以通过增长一个字节来代表堆中的每千字节，虽然看起来会浪费 0.1% 的空间，但是却可以大大加速年轻代的回收速度。若在卡片表中为每一个对象引用建立一个入口，那么显然会更快（垃圾回收可以直接考虑特定的对象而非 1024 字节的地址范围）。但是在运行时为每一个对象引用存储一份额外数据是无法承受的。现有的卡片表的实现完美地体现了内存空间使用与程序执行时间的权衡。

> **注意** 虽然这种微小的优化在多数情况下并不值得，但是我们仍然可以积极地降低卡片表更新和遍历的开销。一个可行的方案是重复利用缓存的对象而非创建它们。这可以最大程度地降低垃圾回收。另一个方法是在合适的情况下尽可能使用值对象以降低图中引用的数目。值对象的赋值并不需要写屏障，因为堆中的值对象永远是某些引用类型的组成部分（或者以装箱的形式成为自己的一部分）。

4.4.5 后台垃圾回收

CLR 1.0 中引入的并发工作站垃圾回收特征有一个很大的缺点。虽然在第 2 代并发垃圾回收过程中，应用程序线程仍然可以继续分配内存，但分配的内存必须能够放入第 0 代和第 1 代中。当达到这个限制时，应用程序线程必须阻塞并等待垃圾回收结束。

CLR 4.0 中引入了后台垃圾回收。它允许 CLR 在一个完整垃圾回收过程正在执行时对第 0 代和第 1 代进行垃圾回收。为了实现这个特性，CLR 创建了两个垃圾回收线程：一个前台垃圾回收线程（foreground GC thread）和一个后台垃圾回收线程（background GC thread）。后台垃圾回收线程用于在后台执行第 2 代垃圾回收，并周期性地检查是否存在快速的执行第 0 代或第 1 代的垃圾回收的请求。当请求到来时（由于应用程序已经用尽了"年轻代"的内存），后台垃圾回收线程挂起并将执行转换至前台垃圾回收线程，前台垃圾回收线程执行快速回收并恢复应用程序线程。

在 CLR 4.0 中，任何使用并发工作站垃圾回收的应用程序都会自动启动后台垃圾回收功能，而且无法终止。而其他的垃圾回收特性则无法使用后台垃圾回收功能。

CLR 4.5 将后台垃圾回收扩展至服务器垃圾回收特征中，并且服务器垃圾回收本身也经过改进，开始支持并发回收。当在一个含有 N 个处理器的进程中使用并发服务器垃圾回收时，CLR 会创建 N 个前台垃圾回收线程和 N 个后台垃圾回收线程。后台垃圾回收线程负责进行第 2 代的垃圾回收，并允许应用程序代码在前台继续执行。前台垃圾回收线程在需要进行阻塞回收的时候开始执行，并根据 CLR 的需要执行内存压缩（后台垃圾回收线程不会进行内存压缩），或在后台线程正在执行完全回收时执行"年轻代"的垃圾回收。总之，CLR 4.5 中共有 4 种不同的垃圾回收特征可以通过应用程序的配置文件进行选择。

（1）并发工作站垃圾回收——默认特征；有后台垃圾回收。
（2）非并发工作站垃圾回收——没有后台垃圾回收。
（3）非并发服务器垃圾回收——没有后台垃圾回收。
（4）并发服务器垃圾回收——有后台垃圾回收。

4.5　垃圾回收段和虚拟内存

我们在讨论基本垃圾回收模型和"代"模型时，总是假设.NET 进程会使用整个宿主进程的可用内存空间存储垃圾回收堆。这种解释是完全错误的。事实上，托管程序无法脱离非托管代码而独立存活。CLR 本身就是由非托管代码实现的，.NET 基础类库（BCL）通常会封装 Win32 和 COM 接口，自定义非托管组件也可以加载到"托管"进程中。

> **注意**　即使托管代码被完全隔离也能够存活，也不意味着垃圾回收器可以立即提交整个可用的内存空间。虽然提交，但不使用内存，不会真正地进行后端存储（RAM 或磁盘空间），除非这些内存是需要立即使用的。但是，这种操作也是有相应代价的。通常建议分配比真正需要多一点点的空间。稍后可见，CLR 预先保留了相当多的内存空间，但是仅在需要的时候才提交它，并且在某种时机将未使用的内存交还给 Windows。

通过上面的讨论，我们必须完善垃圾回收器与虚拟内存管理器的交互。当 CLR 随进程启动时，它在虚拟内存（更精确的说法是 CLR 宿主提供了这块内存）中分配了两块称为垃圾回收段（GC segment）的空间，如图 4-16 所示。第一段用于第 0 代、第 1 代和第 2 代的存储（称为临时段）。第二段用于大对象堆的存储。段的长度取决于选定的垃圾回收特征，如果应用程序是在宿主下运行的，那么还取决于 CLR 宿主的垃圾回收器起始设定。32 位系统下工作站垃圾回收的典型段长度为 16 MB，对于服务器垃圾回收，这个数值为 16 MB~64 MB；64 位系统下的 CLR 在服务器垃圾回收下使用 128 MB~2 GB 大小的段，而在工作站垃圾回收中，使用 128 MB~256 MB 的段。（CLR 不会一次性将整个段提交；它仅预先保留这个地址范围，如果需要再提交相应的段的某一部分。）

当段被占满而更多的内存分配请求到来时，CLR 就会再分配一个段。同一时间仅有一个段可以包含第 0 代和第 1 代。但是，这种段并不一定总是同一个段！我们之前提到过，由于小区域中内存碎片的影响，第 0 代和第 1 代长时间包含固定对象是非常危险的。CLR 会将另一个内存段声明为临时段，以便将这些年轻代的对象直接升级到第 2 代（只能够一个段作为临时段）。

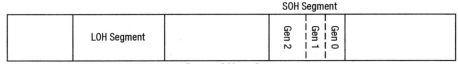

图 4-16　垃圾回收段位于进程的虚拟内存地址空间中。其中包含年轻代的段称为临时段

当一个段被垃圾回收清空时，CLR 通常会释放这个段的内存并将其归还操作系统。这是大多数应用程序期望的行为，对于那些偶尔大量使用内存的应用程序来说尤其如此。但是，可以对 CLR 进行配置，令其将空的段放入等待列表中，而不是将其归还操作系统。这种行为称作段储备（segment hoarding）或者虚拟内存储备（VM hoarding）。可以通过调用 CorBindToRuntimeEx 函数设置 CLR 宿主的启动标志以激活该功能。段储备可以改善频繁分配和释放段（大量使用内存且频繁出现内存使用尖峰的程序）的应用程序的性能，并可以降低内存耗尽异常出现的次数——这和虚拟内存碎片相关，我们稍后进行讨论。ASP.NET 应用程序默认使用这种行为。自定义的 CLR 宿主还可以使用 IHostMemoryManager 接口从内存池或其他资源中满足段分配的请求。

托管内存的段模型可能会因为外部（虚拟内存）的碎片导致非常严重的问题。因为当段被清空并返还给操作系统时，就可能有非托管的应用程序在该段的中部进行内存分配。这种分配会导致内存碎片，因为一个段必须是连续的内存。

最常见的引发虚拟内存碎片化的原因是延迟加载的动态程序集（如 XML 序列化程序集或者 ASP.NET 调试模式下编译的页面[1]）、动态加载的 COM 对象以及进行细碎内存分配的非托管代码。虚拟内存碎片可以使进程在估计内存用量远低于 2 GB 的情况下出现内存不足的情况。长期执行的进程，如大量进行内存操作并频繁出现内存使用尖峰的 Web 服务器进程，一般在几个小时、几天或者几个星期之后就会出现这种行为。在非紧急情况下，当失效出现时（如一个有着负载均衡器的服务器农场[2]），则通常通过回收进程的方式加以解决。

注意 理论上，如果段的大小是 64 MB，虚拟内存分配粒度为 4 KB，且 32 位进程地址空间为 2 GB（仅可以满足 32 个段的需要），那么只分配 4 KB × 32 = 128 KB 的非托管内存，并且仍然碎片化地址空间，这样就无法分配单个连续的段了。

Sysinternals 的 VMMap 工具可以非常方便地进行内存碎片的诊断。它不仅可以精确地汇报具体内存的用途，还具有一个碎片视图选项，可以将地址空间渲染为一幅图片，方便地将内存碎片问题可视化。图 4-17 所示就是一个大约有 500 MB 空闲内存的地址空间截图，但是其中没有一块内存碎片可以容纳 16 MB 的垃圾回收段。图 4-17 中白色的区域代表空闲内存空间。

VMMap 实验

你可以尝试在范例应用程序上使用 VMMap，并验证它能否快速为你指明问题的方向。特别是，使用 VMMap 可以容易地断定当前内存问题是源于托管堆还是其他的什么地方，从而推动内存碎片问题的诊断。

从 Microsoft TechNet 网站下载 VMMap 并保存在你的计算机上。

从本章的示例代码文件夹找到 OOM2.exe 并启动它。该应用程序将快速耗尽所有的可用内存，抛出异常并崩溃。当 Windows 错误报告对话框出现时，不要关闭它——保持应用程序的运行状态。

启动 VMMap 并选择监视 OOM2.exe 进程。注意可用内存的数据（在汇总表的"Free"那一行

---

[1] 在特定参数下，XML 序列化将动态生成程序集并加载到托管应用程序域。——译者注

[2] server farm，指单个应用程序被部署到多个 Web 服务器，而这些服务器连接到负载均衡器，负载均衡器再连接到外部网络。——译者注

里）。从"View"菜单中打开碎片视图以可视化的方式查看内存空间。你可以查阅空闲内存详细区块列表，找到该应用程序地址空间内最大的空闲块。

你会发现，应用程序并没有耗尽所有虚拟内存空间，但是已经没有足够的空间分配一个新的垃圾回收段——因为最大的空闲内存块也小于 16 MB。

在本章示例代码文件夹中找到 OOM3.exe 并重复第 2 步和第 3 步。此时内存耗尽的过程相对缓慢一些，但是其原因却与方才的例子不同。

当你的 Windows 应用程序遇到了内存相关的问题时，你都应当将 VMMap 常备身旁。因为它可以帮助你诊断托管内存泄漏、堆碎片化、过量的程序集加载及其他问题。它甚至可以帮你诊断非托管资源的分配并诊断内存泄漏：参见 Sasha Goldshtein 的博客文章"VMMap allocation profiling"。

图 4-17　严重碎片化的地址空间截图。图中共有约 500 MB 可用内存，
然而没有一块空闲内存足以容纳一个垃圾回收段

有两种方法可以解决虚拟内存的碎片化问题。

● 减少动态程序集的数目；减少非托管的分配或使用非托管内存池进行分配；使用托管内存池进行分配或者保留分配的垃圾回收段。这些方法均推迟了应用程序最终因为碎片化而崩溃的时间，但不能完全避免这个问题。

● 切换到 64 位操作系统，并使用 64 位进程运行你的代码。一个 64 位进程拥有 8 TB 的地址空间，这从实用性上完全规避了这个问题。因为这个问题不再和可用的物理内存相关，而是和虚拟内存空间的大小相关。无论有多少物理内存，我们都有充足的理由切换到 64 位系统。

到此，我们完成了垃圾回收段模型的介绍。这个模型定义了托管内存和虚拟内存的交互关系。大多数应用程序永远都不需要更改这种交互。如果你遇到了上面描述的问题而必须要更改其交互关系，CLR 宿主机制提供了最为完善的可定制方案。

4.6 终结化

本章到目前为止，介绍了足够多的管理托管内存的细节。但是，在真实世界中，还存在着其他类型的资源，我们可以将其统称为非托管资源（unmanaged resource）。顾名思义，这些资源并不受 CLR 或垃圾回收器的管理（如内核对象句柄、数据库连接和非托管内存等）。它们的分配和释放并不受垃圾回收规则的约束，并且前面描述的标准的内存回收技术并不足以解决非托管资源的问题。

释放非托管资源需要额外的特性，这种特性称为终结化（finalization），即一个对象与一段特定代码关联起来。这段代码必须在该对象（代表一个非托管资源）不再需要时执行。通常，这些代码应当在对象可以被回收时以一种确定性的方式执行；而在另一些情况下，则可以延期至一个非确定性的时间再执行。

4.6.1 手动确定性终结化

假定有一个包装了 Win32 文件句柄的文件类。该类有一个类型为 System.IntPtr 类型的成员存储该句柄。当一个文件实例不再被使用时，我们需要调用 Win32 的 CloseHandle API 关闭这个句柄并释放相应的资源。

确定性的终结化也需要为 File 类添加一个关闭句柄的方法。客户端有责任，即使在发生异常的情况下，也要调用这个方法以确定性地关闭这个句柄并释放非托管资源。

```
class File {
    private IntPtr handle;

    public File(string fileName) {
        handle = CreateFile(...); // P/Invoke call to Win32 CreateFile API
    }
    public void Close() {
        CloseHandle(handle);      // P/Invoke call to Win32 CloseHandle API
    }
}
```

这种方式非常简单而且已在非托管环境下（如 C++）证明是切实可行的。在这些环境下，客户端有责任释放资源。但是，这种模型对于已经习惯自动化的资源回收的.NET 开发人员来说就不那么方便了。因此，CLR 需要提供一种机制自动化地终结非托管资源。

4.6.2 自动的非确定性终结化

自动化的机制无法保证确定性，这是因为我们需要依赖垃圾回收器来确定一个对象是否仍被引用。由于垃圾回收天生就是非确定性的，因而终结化也将是非确定性的。有些时候，这些非确定性的行为是一种阻碍行为，因为在这些时候，即使是暂时的"资源泄漏"，或者稍微延长共享资源锁的保持时间都可能是无法接受的；而在另外一些时候，这些行为却可以接受。我们先将目光集中于后一种情形。

任何一种类型都可以通过重写 System.Object 定义的（protected）Finalize 方法表明该类型需要进行自动化终结。在 C#中，自动化终结 File 类的方法写作~File。这个方法称为终结器（finalizer）。在对象将被销毁时，该方法必须得到执行。

> **注意** 顺便指出，虽然 CLR 并没有做相关的限制，但是在 C# 中只有引用类型（classes）可以定义终结器。这是有道理的。一般来说，终接器仅对引用类型才有意义，因为值类型只有在装箱的情况下才有垃圾回收的必要（第 3 章详细介绍了装箱）。当一个值对象在栈上分配时，它永远也不会被添加到终结队列上。无论是由于从方法中返回还是发生异常，值类型的终接器不会在栈解退时被调用。

当一个拥有终接器的对象被创建时，它的一个引用将被添加到一个特殊的运行时队列上，称为终结队列（finalization queue）。这个队列被垃圾回收器界定为根。这意味着即使应用程序没有针对这个对象的引用，它仍然会在终结队列上保持活动状态。

当这个对象不再被应用程序引用，并开始垃圾回收时，若垃圾回收发现唯一一个针对该对象的引用来自于终结队列，则它会将这个对象的引用移动到另一个运行时管理的队列上，称为终结可达队列（f-reachable queue）。该队列仍然被界定为根，因而，此时该对象仍然在被引用并保持存活。

对象的终结器不会在垃圾回收的过程中执行。相应的，在 CLR 初始化的过程会创建一个特殊的线程，称为终结器线程（finalizer thread）（每一个进程只会有一个终结器线程，这和垃圾回收特征无关。该线程运行在 `THREAD_PRIORITY_HIGHEST` 优先级上）。这个线程会反复等待终结化事件（finalization event）的触发。在垃圾回收器完成垃圾回收并触发该事件后，如果终结可达队列中有对象放入，则终结器线程就会被激活。终结器线程将对象的引用从终结可达队列中移除，同时同步执行对象上的终结器方法。而当下一次垃圾回收开始时，由于该对象再无引用，因此垃圾回收可以将其内存回收。如图 4-18 所示，涵盖了所有移动过程。

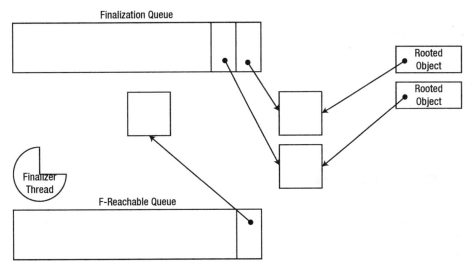

图 4-18 拥有终结器定义的对象，其引用存储在终结化队列中。当应用程序不再引用该对象时，垃圾回收器会将其移动到终结可达队列。终结器线程被激活并执行这些对象的终结器方法。最终这些对象被释放

为什么垃圾回收不执行对象的终结器而是将其推迟到了一个异步线程上呢？垃圾回收执行终结器可以在不引入终结可达队列和终结器线程的情况下完成所有事情，看上去开销较少。但是，垃圾回收执行终结器的首要风险是终结器（显然是用户定义的代码）可能需要很长的时间才能执行完毕，阻塞垃圾回收过程，从而阻塞所有应用程序线程。另外，在垃圾回收执行过程中处理异常并不容易，

101

并且在垃圾回收执行过程中满足终结器的内存分配请求也会困难重重。总而言之，由于可靠性的原因，垃圾回收器不会负责终结器的执行，而是将其放在一个特殊专门线程执行。

4.6.3　非确定性终结的缺点

上述终结化模型有一系列性能问题，其中一些微不足道，但是另外一些足以令我们重新考虑资源终结化是否可行。

- 有终结器的对象将至少位于第 1 代，这让它们更容易经历“中年危机”，从而更容易进行多次完整回收。
- 拥有终结器的对象的分配开销更大，因为它们的引用还需要被添加到终结化队列中。这容易引发多处理器的竞争。一般来说，这种开销相比其他的问题可忽略不计。
- 终结器线程的压力（有很多对象需要进行终结化）可能导致内存泄漏。如果应用程序线程分配对象的频率比终结器线程终结化对象的频率更高，那么应用程序将从等待终结化的对象中持续地泄漏内存。

在以下代码中，一个应用程序线程以高于终结化对象的频率持续分配对象。我们是通过在终结器中执行阻塞代码达到这个效果的。这可以导致持续的内存泄漏。

```
class File2 {
    public File2() {
        Thread.Sleep(10);
    }
    ~File2() {
        Thread.Sleep(20);
    }
    // Data to leak:
    private byte[] data = new byte[1024];
}

class Program {
    static void Main(string[] args) {
        while (true) {
            File2 f = new File2();
        }
    }
}
```

一个与终结化相关的内存泄漏实验

我们将在本实验中运行一个能够造成内存泄漏的范例程序。我们会在研究源代码之前对程序进行部分诊断。我不会透露范例的所有细节，但这种泄漏与不恰当的终结化有关，而且往往和上述 File2 类的代码非常相似。

（1）从本章的范例代码文件夹中执行 MemoryLeak.exe 应用程序。

（2）启动性能监视器并从.NET CLR Memory 类别下检视该应用程序的以下计数器（更多关于性能计数器的使用方法参见第 2 章）：# Bytes in All Heaps、 # Gen 0 Collections、# Gen 1 Collections、# Gen 2 Collections、% Time in GC、Allocated Bytes/sec、Finalization Survivors、Promoted Finalization-Memory from Gen 0。

（3）查看这些性能计数器并等待几分钟直到现象出现。例如，你可以看到# Bytes in All Heaps虽然偶尔下降一些，但其值总体上逐渐增加。总之，应用程序的内存使用在逐渐增加，表明该程序有可能出现了内存泄漏。

　　注意，该应用程序分配内存的平均速率约为 1 MB/s。这并不是一个很高的内存分配速率，且垃圾回收的时间占比也很低——这说明并非由于垃圾回收器跟不上应用程序的分配需要。

　　最后，注意 Finalization Survivors 计数器，每次更新时其数值都很大。这个性能计数器代表了最近一次垃圾回收后，注册了终结器但由于其终结器还没有被执行（换句话说，就是对象作为根存在于终结可达队列中）而存活对象的数目。Promoted Finalization-Memory from Gen 0 性能计数器显示有相当多的内存被这些对象占用。

　　综合这些信息，你可以断定这个应用程序正在泄漏内存。因为它给终结化线程施加了强大的压力。例如，它分配（和释放）资源的速度比终结线程清理这些对象的速度要快。你现在可以深入其代码（使用.NET Reflector、ILSpy 或者其他反编译工具）并验证这种泄漏是否和终结化有关，尤其是 Employee 和 Schedule 类型。

　　除去性能的因素，自动非确定性终结化还是很多难以发现或调试的错误的来源。这些错误之所以发生，是因为终结化是异步的，因此多个对象的终结顺序是难以保证的。

　　考虑一个具有终结器的对象 A 拥有另一个具有终结器的对象 B。由于终结化的顺序是不可预知的。A 不能肯定当其终结器被调用时，对象 B 仍然是可用的——相反，B 的终结器也许已经被调用了。例如，一个 System.IO.StreamWriter 类可以拥有一个 System.IO.FileStream 实例的引用。这两个实例都是可终结的资源：流书写器具有一个缓存，必须将缓存中的内容刷新至下层的流中，而文件流有一个文件句柄必须进行关闭。如果流书写器首先被终结化，它会将缓存中的内容刷新到有效的底层流中，当文件流被终结化时，它就关闭文件句柄；但是相反的事情也可能发生，若文件流先进行终结，它将关闭文件的句柄，而当流书写器终结化时缓存中的数据就会刷新至一个已经关闭了的文件流中。这是一个无法修正的错误，而.NET Framework 的解决方法是不为 StreamWriter 定义终结器。

> **提示** 不同的资源均有一定方式定义其终结化的先后顺序。资源可以继承 System.Runtime.ConstrainedExecution.CriticalFinalizerObject 抽象类，将自己的终结器声明为关键终结器（critical finalizer）。这个特殊的基类能够保证其终结器会在其他非关键性终结器之前进行调用。包装了 Microsoft.Win32.SafeHandles.SafeFileHandle 的 System.IO.FileStream 资源和包装了 Microsoft.Win32.SafeHandles.SafeWaitHandle 的 System.Threading.EventWaitHandle 均使用了这种优先终结的方式。

　　而下一个问题则与终结器的异步调用相关。终结器是在特定线程上异步调用的。一个终结器可能会在执行中尝试获得锁。而应用程序的其他部分则在调用 GC.WaitForPendingFinalizers() 方法等待终结器结束。解决这个问题的唯一方法是在获得锁的时候必须指定超时参数，并在超时发生时恰当地进行错误处理。

　　另外一个情形与垃圾回收器积极地进行内存回收有关。以下代码实现了一个"幼稚"的 File 类，这个类在终结器内将文件句柄关闭。

```
class File3 {
  Handle handle;
  public File3(string filename) {
      handle = new Handle(filename);
  }
  public byte[] Read(int bytes) {
```

```
      return Util.InternalRead(handle, bytes);
    }
    ~File3() {
      handle.Close();
    }
  }

  class Program {
    static void Main() {
      File3 file = new File3("File.txt");
      byte[] data = file.Read(100);
      Console.WriteLine(Encoding.ASCII.GetString(data));
    }
  }
```

这段"可怜"的代码可以造成非常严重的问题，其 Read 方法可能需要执行非常长的时间，并且其使用的仅是对象中的文件句柄而并非对象本身。而根据局部对象是否作为活动根的判定规则，该文件对象在发起 Read 的调用之后就与执行无关了，因而是应当进行垃圾回收的。这就导致了其终结器可能在 Read 方法完成之前就被调用！如果这种情况发生，就可能导致句柄在使用之前或者使用过程中被关闭。

终结器也许永远不会被调用

我们通常认为终结器是资源回收的坚强保证，但实际上 CLR 并不保证终结器一定会在任何情况下都被执行。

一个典型的情况是：终结器无法在进程被野蛮关闭时执行。如果用户通过任务管理器或者 TerminateProcess API 终止线程的执行，则终结器将无法进行资源回收。因此，我们无法仅仅依靠终结器来保证跨进程资源的回收（如删除磁盘上的某一个文件或者将数据写入数据库）。

另一个不太显著的情形是，应用程序在即将关闭时内存耗尽。我们通常认为终结器即使在这种情况下也可以执行。但是，如果某些类型的终结器从未被调用过，而必须先进行 JIT 编译，JIT 编译器也将分配内存编译终结器的代码。而此时，恰恰内存已经耗尽了。这种情形可以通过.NET 的代码预编译（NGEN）或从 CriticalFinalizerObject 派生来保证终结器会在该类型加载时就被编译。

最后，CLR 限定了终结器在进程或者应用程序域（AppDomain）关闭时的执行的时间。在这种情况下（我们可以通过 Environment.HasShutdownStarted 或者 AppDomain.IsFinalizing-ForUnload()判断），每一个终结器仅有 2s 的执行时间，而所有的终结器的总共执行时间不得超过 40s。如果超时，则某些终结器有可能来不及被执行。这种行为可以通过设置 BreakOnFinalizeTimeout 进行诊断。

4.6.4　Dispose 模式

我们已经介绍了非确定性终结化带来的诸多问题，那么是时候考虑另一种方式，即之前提到的确定性终结化了。

确定性终结化的首要问题是如何恰当地使用对象是客户端的责任。而这打破了面向对象的规则，即对象对自己的状态变化负责。这个问题没有十全十美的办法解决，因为自动终结化永远都是非确定性的。但是，我们可以引入契约机制来促使确定性终结化发生，并为客户端提供便利。但是，即使存在先前提到的所有问题，为了应对特殊情况，我们仍然需要提供自动终结化功能。

.NET 规定所有需要进行确定终结化的对象都必须实现 IDisposable 接口。而该接口仅有一个方法，即 Dispose 方法。这个方法会释放非托管资源，进行确定终结化。

若一个对象实现了 IDisposable 接口，那么客户有责任在使用完毕之后调用其 Dispose 方法。在 C#中，我们可以通过使用 using 块来保证。using 块会将对象的使用包裹在 try...finally 中，并在 finally 块中调用对象的 Dispose 方法。

如果我们对客户端的代码有充分的信心，那么这个契约模型已经足够合理了。但是，我们无法保证客户端一定会调用 Dispose，因此，我们必须提供一种后备机制防止资源泄漏。而确定终结化正好可以解决问题。但是，若客户端调用了 Dispose 方法，而之后终结器又被调用，我们就会重复执行资源释放代码。而确定性终结化就是为了解决自动性终结化的问题才引入的！

因此，我们需要一种机制通知垃圾回收器，如果非托管资源已经被回收了，那么就不需要对这个对象再进行自动终结化了。我们可以使用 GC.SuppressFinalize 方法设置对象头部数据来阻止终结化（关于对象头部信息的详细内容，可参见第 3 章）。此时，对象仍然会在终结队列中，但它会在第一次回收中被回收，因此它永远不会在终结器线程上执行，从而避免了大部分终结化相关的开销。

最后，我们可能需要一些机制在终结器被调用时警告客户端，因为这意味着它们并没有使用确定性终结化的机制（确定性终结化更有效率、可以预测并且更加可靠）。我们可以使用 System.Diagnostics.Debug.Assert 或者一些日志库实现这个功能。

以下代码是一个简单的包装了非托管资源的类。这个类遵守了之前提到的几种约定（如果一个类从一个包含了非托管资源的类派生，则需要考虑更多细节）：

```
class File3 : IDisposable {
    Handle handle;
    public File3(string filename) {
        handle = new Handle(filename);
    }
    public byte[] Read(int bytes) {
        Util.InternalRead(handle, bytes);
    }
    ~File3() {
        Debug.Assert(false, "Do not rely on finalization! Use Dispose!");
        handle.Close();
    }
    public void Dispose() {
        handle.Close();
        GC.SuppressFinalize(this);
    }
}
```

注意 本节中介绍的终结化模式称为 Dispose 模式，该模式涵盖了诸如需要终结化的基类和派生类的交互。关于该模式的更多信息，可参见 MSDN 文档。顺带一提，C++/CLI 在其语言中实现了 Dispose 模式：!File 函数是 C++/CLI 的终结器，而 ~File 函数则是 C++/CLI 的 IDisposable.Dispose 实现。调用基类及确保跳过终结器的逻辑已经交给编译器自动处理了。

正确地实现 Dispose 模式并不比让客户端使用确定终结化（而不是自动终结化）难。范例代码中使用断言保证终结器不被调用的方式虽然"粗暴"但是有效。除此以外，我们还可以使用静态代码分析工具来检查不恰当的资源使用方式。

对象的复活

终结化为对象提供了一个在其不被应用程序引用的情况下执行任意代码的机会。这种机会当然可以用于创建一个应用程序到该对象的引用，在对象即将失效时令其"起死回生"。这种能力称为复活（resurrection）。

复活适用于很多的情形，但是在使用时要加倍小心。最主要的风险是，该对象引用的其他对象有可能已经被终结化而处于无效状态。此时，除了重新初始化该对象所有引用的对象之外，别无他法。另一个问题是该对象的终结器不会再被执行，因此，你需要将该对象的引用作为参数传递给 GC.ReRegisterForFinalize 方法。

适合使用复活机制的场景之一就是对象池（object pooling）。对象池意味着对象将从池中进行分配，并在使用完毕后返回对象池，而非被垃圾回收或重新创建。将对象返回对象池可以用复活机制实现，并可以确定性地或者延迟非确定性地进行。

4.7　弱引用

弱引用（weak reference）是用于管理托管对象引用的附加机制。典型的对象引用（通常称为强引用（strong reference））是非常明确的：只要你还拥有该对象的一个引用，那么这个对象就会存活。这种行为的正确性是由垃圾回收器保证的。

但在某些情况下，我们希望有一种隐形的"绳索"，既能够绑在对象上，又不影响垃圾回收器回收它占用的内存。如果垃圾回收器回收了这个对象，那么我们可以探测到绳索的一端和对象断开了。如果垃圾回收还没有处理这个对象，我们可以牵动"绳索"来获得这个对象的一个强引用并再次使用这个对象。

这种能力在很多场景下都有其用途，以下就是一些最常见的场景。

- 在不保持对象存活的情况下提供外部服务。例如，定时器和事件服务可以为对象所用，但并不需要维持对象的引用。这可以避免很多典型的内存泄漏问题。
- 可以自动管理缓存或池策略。一个缓存可以保有最近适用对象的弱引用而不妨碍它们被回收。一个池可以划分为一个非常小的部分用以维持一小部分对象的强引用，以及另外一个可选部分保存对象的弱引用。
- 用以保存一个大对象的引用，并寄希望于它不会被回收。应用程序可以持有一个需要长时间才能初始化的大对象的弱引用。若这个对象被回收，则重新初始化该对象，否则可以在需要时直接复用该对象。

应用程序代码可以通过 System.WeakReference 类来使用弱引用。这个类是 System.Runtime.InteropServices.GCHandle 类型的一个特例。弱引用的 IsAlive 是一个布尔属性，该属性标明了当前对象是否被回收了。而属性是 Target，用于得到该对象的一个引用（如果该对象被回收了，则返回 null）。

警告　获得弱引用目标对象的强引用的唯一方式是使用 Target 属性。即使 IsAlive 属性为 true，该对象也还是有可能立刻就被回收。为了应对竞争，你必须使用 Target 属性并将返回值赋值给一个强引用（如局部变量、成员变量等），并检查这个值是否为 null。只有在你对对象被回收的状态感兴趣的情况下，才需要使用 IsAlive 属性。例如，检查是否能够将弱引用从缓存中

移除。

以下的代码展示了一个基于弱引用实现的事件（如图 4-19 所示）。事件本身不能直接使用.NET 委托，因为一个委托包含了对其目标的强引用，这是无法更改的，但是可以分别存储委托目标（的弱引用）及其方法。这可以规避.NET 内存泄漏的一个"元凶"——忘记反注册事件。

```
public class Button {
  private class WeakDelegate {
    public WeakReference Target;
    public MethodInfo Method;
  }
  private List<WeakDelegate> clickSubscribers = new List<WeakDelegate>();

  public event EventHandler Click {
    add {
      clickSubscribers.Add(new WeakDelegate {
        Target = new WeakReference(value.Target),
        Method = value.Method
      });
    }
    remove {
      // ...Implementation omitted for brevity
    }
  }
  public void FireClick() {
    List<WeakDelegate> toRemove = new List<WeakDelegate>();
    foreach (WeakDelegate subscriber in clickSubscribers) {
      object target = subscriber.Target.Target;
      if (target == null) {
        toRemove.Add(subscriber);
      } else {
        subscriber.Method.Invoke(target, new object[] { this, EventArgs.Empty });
      }
    }
    clickSubscribers.RemoveAll(toRemove);
  }
}
```

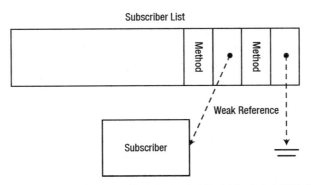

图 4-19　弱引用事件持有一个订阅者的弱引用。如果订阅者对于应用程序已不可达，则事件可以通过弱引用清零探测到这种变化

弱引用默认不会追踪对象的复活。若想允许复活追踪功能，就使用重载的构造函数并将第二个参数传递为 true，以表明我们希望追踪对象复活的状态。允许追踪对象复活状态的弱引用称为长弱

引用（long weak reference），而不追踪对象复活的弱引用称为短弱引用（short weak reference）。

垃圾回收句柄

弱引用是一类特殊的垃圾回收句柄（GC handle）。一个垃圾回收句柄是一个特殊的底层值类型，它为对象引用提供了如下的功能。

- 维持一个对象的标准的（强）引用，防止对象被回收。以 `GCHandleType.Normal` 枚举值表示。
- 维持一个对象的短弱引用。以 `GCHandleType.Weak` 枚举值表示。
- 维持一个对象的长弱引用。以 `GCHandleType.WeakTrackResurrection` 枚举值表示。
- 维持一个对象的引用，并进行固定，以防止它在内存中被移动。如果需要的话，还可以获得该对象的地址。以 `GCHandleType.Pinned` 枚举值表示。

在实际开发中，我们几乎没有直接使用垃圾回收句柄的需要。但是它们，作为另一种可以保持对象的根，经常出现在诊断结果中。

4.8　使用垃圾回收器

到目前为止，我们的应用程序在垃圾回收的故事中仅是一个被动的参与者。我们深入探究了垃圾回收器的实现，并介绍了许多优化的细节。一切都是自动执行的，我们仅需要很少的参与甚至不需要做任何事情。但在本节中，我们将会开始积极和垃圾回收器进行交互以改善应用程序的性能，并拿到其他方法无法得到的诊断信息。

4.8.1　System.GC 类

`System.GC` 类是托管代码和.NET 垃圾回收器交互的主要入口。它拥有一系列方法来控制垃圾回收器行为，并回收其当前工作状态下的诊断信息。

1. 诊断方法

`System.GC` 类定义了一系列诊断方法来获得垃圾回收器的工作信息。这些信息将用于诊断和调试场景；不要在正常运行时依赖这些信息而作出决定。一些诊断方法的返回信息也可以从性能计数器中得到。这些性能计数器位于.NET CLR Memory 类别下。

- `GC.CollectionCount` 方法返回从应用程序开始到现在总共的特定代垃圾回收次数。这个方法可以用于确定在给定的时间段内是否发生了针对某代的垃圾回收。
- `GC.GetTotalMemory` 方法返回垃圾回收堆占用总的内存数（字节）。如果其布尔参数为 true，那么该方法会先进行一次完全垃圾回收，然后再返回结果，以期得到不可以被回收的内存数目。
- `GC.GetGeneration` 方法可以返回特定对象所处的代。需要说明的是，当前的 CLR 实现并不保证对象在垃圾回收时进行代的升级。

2. 垃圾回收通知

从.NET 3.5 SP1 开始，垃圾回收器提供了 API，使应用程序有机会了解到完整垃圾回收即将发生。该 API 仅可以在非并发垃圾回收下使用。其目标是使具有长垃圾回收暂停时间的应用程序可以在暂停即将开始时重新安排工作，或者通知其执行环境。

为了获得垃圾回收通知，应用程序首先需调用 GC.RegisterForFullGCNotification 方法并提供两个阈值参数（1~99 的数字）。这两个参数分别代表了第 2 代中的阈值与大对象堆的阈值，应用程序将通过这两个阈值提前接到通知。简言之，阈值越大，接到通知越早，但是垃圾回收可能还需延迟；而阈值越小，垃圾回收和通知触发时间越近，则收不到任何通知的风险越大。

接下来，应用程序可以使用 GC.WaitForFullGCApproach 方法同步等待通知发生，随后进行垃圾回收之前的准备工作。当这些都完成后，可以调用 GC.WaitForFullGCComplete 方法同步地等待垃圾回收结束。需要注意的是，这些 API 都是同步的。因此，可考虑使用后台线程调用这些方法，并使用事件通知主流程。参见以下的范例：

```
public class GCWatcher {
  private Thread watcherThread;

  public event EventHandler GCApproaches;
  public event EventHandler GCComplete;

  public void Watch() {
    GC.RegisterForFullGCNotification(50, 50);
    watcherThread = new Thread(() => {
      while (true) {
        GCNotificationStatus status = GC.WaitForFullGCApproach();
        // Omitted error handling code here
        if (GCApproaches != null) {
          GCApproaches(this, EventArgs.Empty);
        }
        status = GC.WaitForFullGCComplete();
        // Omitted error handling code here
        if (GCComplete != null) {
          GCComplete(this, EventArgs.Empty);
        }
      }
    });
    watcherThread.IsBackground = true;
    watcherThread.Start();
  }

  public void Cancel() {
    GC.CancelFullGCNotification();
    watcherThread.Join();
  }
}
```

读者可以参考 MSDN 文档来获得使用垃圾回收通知 API 重新进行服务负载分配的更多信息及完整范例。

3. 控制垃圾回收的方法

GC.Collect 方法可以控制垃圾回收器进行特定代（包括所有的年轻代）的回收工作。从.NET 3.5（在.NET 2.0 SP1 和.NET 3.0 SP1 中也存在）开始，GC.Collect 方法提供了带有 GCCollectionMode 枚举参数的重载。这个枚举有如下几种取值：

- 当使用 GCCollectionMode.Forced 模式时，垃圾回收器会在当前线程下立即进行同步回收。垃圾回收会在 GC.Collect 返回时全部结束。
- 当使用 GCCollectionMode.Optimized 时，垃圾回收器会判断立即回收是否高效。而最终的决定权则交于运行时决定，且运行时有权拒绝执行（取决于具体的实现）。如果希望为垃圾回收器提供合适的回收时机的线索，则推荐采用这种模式；而在诊断运行中，或者希望执行一次彻底的垃圾回收以回收特定的对象，则应使用 GCCollectionMode.Forced 模式。

- 在 CLR 4.5 中，GCCollectionMode.Default 与 GCCollectionMode.Forced 是等价的。

强制进行垃圾回收并不常见。本章介绍的相关优化措施无不经历了大量动态的调整与探索，并在各种不同的应用场景下进行了测试。因此，非特殊情形，不推荐进行强制垃圾回收，甚至不需对垃圾回收器进行任何建议（使用 GCCollectionMode.Optimized 模式）。我们接下来将会列举一些情形，但即使在这些情形下，是否需要进行强制垃圾回收，仍然值得慎重考虑：

- 如果有一个方法需要大量长生存期的内存，且该方法调用并不频繁，那么在该方法执行结束后，这些内存就可以被回收。如果应用程序并没有频繁地进行完全垃圾回收，那么这些内存就可以在第 2 代（在 LOH 中）生存相当长的时间。此时，若我们确定这些内存不再被引用，就值得进行一次完全垃圾回收来释放工作集或页面文件的空间。
- 在低延迟垃圾回收模式下，长时间不执行垃圾回收容易出现内存耗尽的情况。若时间敏感的操作已然空闲并能够进行短暂停顿，建议进行一次强制垃圾回收。一般来说，如果应用程序对垃圾回收的时间消耗非常敏感，那么在空闲时期进行一次强制回收就非常合理。此举措可以将堆积起来的回收的开销填补到空闲时间片中。
- 在使用非确定性终结化释放非托管资源时，我们倾向于阻塞程序直至资源回收完毕。虽然确定性资源终结化更适用于上述场景，但是有时我们无法控制内部类的终结化操作。此时，我们可以组合使用 GC.Collect 和 GC.WaitForPendingFinalizers 来达到这个目的。

注意 在.NET 4.5 中，GC.Collect 有了新的重载 GC.Collect(int generation、GCCollection Mode mode、bool blocking)。新添加的布尔参数决定了是进行一次阻塞的垃圾回收（默认为阻塞），还是启动一个后台线程进行异步垃圾回收。

其他的控制方法还有以下几个。

- GC.AddMemoryPressure 和 GC.RemoveMemoryPressure 方法用于通知垃圾回收器当前进程内出现了非托管内存分配。AddMemoryPressure 告知垃圾回收器特定量的非托管内存已经被分配。垃圾回收器可以利用这个信息调整垃圾回收的强度和频率，也可能会直接忽略这个信息。而当非托管内存释放之后，通知垃圾回收器内存压力可以被撤销了。
- GC.WaitForPendingFinalizers 方法阻塞当前线程直至所有的终结器都执行完毕。使用这个方法应格外小心，因为它可能造成死锁。例如，如果主线程被 GC.WaitForPendingFinalizers 阻塞时持有锁，且正在执行终结器代码在不设定超时的情况下就试图获得该锁，则死锁就会发生。因此，终结器内的代码若进行锁操作，就必须使用超时功能，并恰当地进行错误处理。
- GC.SuppressFinalize 和 GC.ReRegisterForFinalize 方法分别在资源的终结化与资源的复活时使用，参见 4.9.3 节。.NET 3.5 添加了新的垃圾回收器操作接口——GCSettings 类（该类型在.NET 2.0 SP1 和.NET 3.0 SP1 也存在）。我们之前介绍过了，这个类可以控制垃圾回收的特征，并切换到低延迟垃圾回收模式。

本部分不能完全介绍 System.GC 类的方法和属性，更多介绍可参见 MSDN 文档。

4.8.2 使用 CLR 宿主与垃圾回收器进行交互

前一节我们介绍了从托管代码对垃圾回收器进行诊断与控制的方法。但是，这些方法提供的控制程度离我们的期望还相当遥远。另外，没有任何的机能能够在垃圾回收开始时通知应用程序。

这些缺点无法在托管代码中克服，此时，我们需要通过 CLR 宿主与垃圾回收器进行深入的交互。CLR 宿主提供了多种控制.NET 内存管理的机制。

- **IHostMemoryManager** 接口和与其相关的 **IHostMalloc** 接口在 CLR 为垃圾回收段分配虚拟内存时、在接到可用内存过低的通知时、在进行非垃圾回收的内存分配时（如为 JIT 代码分配内存）以及在估计可用内存时提供了回调函数。例如，这个接口可以用于保证所有的 CLR 内存分配都必须在物理内存中而不能够将分页写入磁盘。这个功能对于开源的 Non-Paged CLR Host（非分页 CLR 宿主）项目是非常关键的。
- **ICLRGCManager** 接口提供了控制垃圾回收器和获得操作统计数据的方法。我们可以使用该接口从宿主代码中发起一次垃圾回收，可以获得统计数据（这些统计数据也可以从.NET CLR Memory 下的性能计数器中获得），还可以初始化垃圾回收的起始数据，包括垃圾回收段的长度和第 0 代的最大长度。
- **IHostGCManager** 接口提供了接收垃圾回收器通知的方法。这些通知包括垃圾回收开始或结束通知，以及线程挂起以便垃圾回收器可以开始工作的通知。

下面是摘自 Non-Paged CLR Host 项目的一小段代码，展示了 CLR 宿主如何定制 CLR 的段的分配请求并确保任何提交的页面均锁定在物理内存中。

```
HRESULT __stdcall HostControl::VirtualAlloc(
  void* pAddress, SIZE_T dwSize, DWORD flAllocationType,
  DWORD flProtect, EMemoryCriticalLevel dwCriticalLevel, void** ppMem) {

    *ppMem = VirtualAlloc(pAddress, dwSize, flAllocationType, flProtect);
    if (*ppMem == NULL) {
        return E_OUTOFMEMORY;
    }
    if (flAllocationType & MEM_COMMIT) {
        VirtualLock(*ppMem, dwSize);
        return S_OK;
    }
}

HRESULT __stdcall HostControl::VirtualFree(
    LPVOID lpAddress, SIZE_T dwSize, DWORD dwFreeType) {
    VirtualUnlock(lpAddress, dwSize);
    if (FALSE == VirtualFree(lpAddress, dwSize, dwFreeType)) {
        return E_FAIL;
    }
    return S_OK;
}
```

有关垃圾回收的 CLR 宿主接口（包括 **IGCHost**、**IGCHostControl** 和 **IGCThreadControl**）的更多信息，参见 MSDN 文档。

4.8.3 垃圾回收触发器

我们揭示了垃圾回收触发的诸多原因，但是并没有将它们汇总在一起。下面就是 CLR 用以判断是否需要垃圾回收触发器（GC trigger）的因素，按照触发的可能性排列如下。

（1）第 0 代对象填充。每当应用程序在小对象堆中分配一个新对象时就会被触发。

（2）大对象堆达到了阈值。当应用程序分配大对象的时候，有可能被触发。

（3）应用程序显式调用 GC.Collect。

（4）操作系统报告可用内存过低。CLR 使用 Win32 的内存资源通知 API 监视系统内存的使用状况，并在整个系统资源过低时仍有良好表现。

（5）一个应用程序域被卸载。

（6）一个进程（或者 CLR）被关闭。这是一种退化垃圾回收——没有任何对象是根，对象的代不会升级，堆也不会进行压缩。这种回收的主要原因是为了执行终结器。

4.9　垃圾回收性能最佳实践

我们在这一节总结.NET 垃圾回收器使用的最佳实践。我们将分场景验证这些最佳实践，并指出需要规避的缺陷。

4.9.1　"代"模型

前面介绍过了，我们在"简陋"的垃圾回收器中引入"代"模型，解决了两个重要的性能优化问题。以"代"划分的堆将对象按照其期望生存期进行管理，使得垃圾回收器可以频繁回收可能性最高的短生存期对象。此外，独立的大对象堆用空闲列表内存管理的策略回收内存，解决了大对象复制的性能问题。

我们现在可以总结一下"代"模型的最佳实践，并提供几个范例。

- 临时对象应该是短生存期对象。最大的风险来自于升级到第 2 代的临时对象，因为这会导致频繁的完全回收。
- 大对象应当有较长的生存期，或者应当被缓存到池中。一次 LOH 回收等同于一次完全回收。
- 跨代引用的数目越少越好。

为了说明了"中年危机"现象，我们给出以下示例。我们有一个客户，他们开发了一个具有图形界面的监控程序。在应用程序的主界面上，总是会显示最后 20 000 条日志。每一个记录包含一个安全级别、一条概要信息和一些附加上下文信息（这个信息有可能很长）。当系统生成新的日志时，这 20 000 条日志就会持续更新。

由于需要显示大量的日志，大多数的日志记录会在两次垃圾回收中存活并到达第 2 代。但是，日志记录对象并不是长生存期的对象，它们只会显示很短的时间，然后就被新的日志替代，而新的日志也会最终达到第 2 代。这正是"中年危机"现象。我们可以直接观察到应用程序每分钟会进行几百次完全回收，占用了近 50%的执行时间。

在初步进行现象分析后，我们得出结论：在应用程序界面上显示 20 000 条日志是没有必要的。我们将这一数字减至 1 000，并实现对象池来复用并重新进行对象的初始化，而非重复创建新对象。此举将内存的使用降至最小。而更显著的是，将垃圾回收的执行占比减少至 0.1%，数分钟才会进行一次完整回收。

另一个体现"中年危机"的例子是我们在其中一个 Web 服务器上发现的。我们的 Web 服务器系统有一组前端服务器（用于接受 Web 请求），前端服务器同步调用后端的一组后端 Web 服务来处理每一个请求。

在 QA（测试）环境下，前后端的 Web 服务调用通常会在几毫秒内结束，这使得 HTTP 请求可以在较短时间内使用完毕，因此，这些请求对象及其所有引用对象都是短生存期的。

但是，在产品环境下，由于网络因素、后台服务负载和其他因素的影响，Web 服务调用通常会执行更长的时间，尽管请求还是会在几秒内返回客户端。由于这种差异很难被察觉，因此这几乎不值得去进行优化。但是，当每秒有更多的请求涌入系统时，每一个请求对象及其附属对象的生存期就被延长了，直至这些对象可以在几次垃圾回收中存活，并最终到达第 2 代。

可以注意到，虽然请求对象存活的时间稍微延长了一些，但并没有影响服务处理请求的能力：内存消耗仍然可以接受，并且客户端也没有异样的感觉，毕竟每个请求都能在几秒内处理完毕。但是，服务本身的扩展的能力被严重制约了，原因就是前端应用 70% 的执行时间都花在了垃圾回收上。

为了解决这个问题，我们使用了异步 Web 服务调用，或者尽可能早地（在执行同步的 Web 服务调用之前）释放和 request 相关的对象。双管齐下后，垃圾回收的时间将至 3%，将网站自身的扩展性提高了 3 倍！

最后，让我们看一个简单的二维的像素级渲染系统。在这种系统中，绘图表面是一个长生存期的对象。它经常通过设置和替换短生存期的像素进行重绘。每一个像素均有不同的颜色和透明度。

如果这些像素是引用类型对象，那么不仅应用程序的内存消耗会提升 2~3 倍，还会常常进行跨代引用，导致巨大的像素对象图的创建。因此，可行的措施是使用值对象表示每一个像素，这不但可以节省超过 50% 的内存，而且花在垃圾回收上的时间也会降低几个数量级。

4.9.2 固定

根据之前的讨论，为了安全地将托管对象的地址传递给非托管代码，我们必须引入固定机制。将对象固定可以保证它在内存中的位置不会改变，但是这降低了垃圾回收器在清理阶段通过移动对象消除碎片的能力。

在理解上述结论的基础上，我们可以总结应用程序使用固定对象的最佳实践。

尽可能地缩短对象固定的时间。如果在固定过程中没有进行垃圾回收，则几乎没有额外开销。如果要将固定对象传递给非托管方法，而该方法执行时间不能确定（如一个异步调用），那么可考虑将对象复制至非托管内存而不使用固定托管对象。

固定较大的缓存而非固定多个小对象，即使这意味着你需要手动管理小块缓存，这是因为大的对象本身就不会在内存中被移动，因而可以最大程度地避免碎片化的开销。

在应用程序启动时固定并重用对象，不要随时分配并固定新的缓存，这是因为旧的对象很少移动，因而可以最大程度地避免碎片化的开销。

如果应用程序严重依赖固定，那么应当考虑直接分配非托管内存。非托管内存可以直接被非托管程序使用，无须进行固定，也不会影响垃圾回收。我们可以使用"不安全的代码"（C#指针）方便地在托管程序中操纵非托管内存，而无须将非托管内存转换为托管数据结构。我们通常使用 `System.Runtime.InteropServices.Marshal` 类在托管程序中分配非托管内存。（更多细节参见第 8 章。）

4.9.3 终结化

从终结化一节的介绍可见，.NET 提供的自动的非确定性终结化功能仍然有许多改进的空间。因此，最直接的建议就是尽量使用确定性终结化，只有在极其特殊的情况下再考虑使用非确定性终结化。

以下内容总结了应用程序中终结化的正确使用方法。

我们建议使用确定性终结化，并实现 IDisposable 以保证客户端知道如何使用我们的类。在实现 Dispose 方法时使用 GC.SuppressFinalize 方法，以保证终结器不会被重复调用。

在终结器中使用 Debug.Assert 或日志记录语句可保证在错误使用时客户端可以收到通知。

在实现复杂对象时，尽可能地将需要终结化的资源放在独立的类中（System.Runtime. InteropServices.SafeHandle 类型就是一个经典的例子）。此举保证了只有这个很小的仅包装了非托管资源的类才可以经历一次额外的垃圾回收，而其他对象若未被引用，则可被回收。

4.9.4 其他建议与最佳实践

本节我们将介绍一些和本章主要内容不甚相关的最佳实践与性能建议。

1. 值类型

我们建议尽可能地使用值类型而不是引用类型。我们在第 3 章已经介绍了值类型和引用类型的诸多特性，而值类型还具有一些能够影响垃圾回收开销的特点。

- 值类型用作本地栈变量时，其分配开销是最小的。这种分配与栈帧的扩展相关，当进入该方法时分配就已经完成了。
- 值类型用作本地栈变量时不需要回收开销——在方法结束栈解退时，它们就被自动销毁了。
- 嵌入引用类型的值类型对象在垃圾回收的任意环节开销都是最小的。如果该值类型对象较大，那么就不需要标记那么多的对象。在清理阶段只需进行一次移动就可以了，避免了移动大量小对象的开销。
- 值类型使用的内存更少，因而降低了应用程序的内存用量。另外，访问引用类型中的值类型不必获得额外的引用，减少了存储引用的开销。最后，引用类型中的值类型更具局部性——如果引用对象所在内存页已被换入，并且在高速缓存中经常命中，那么它内嵌的值类型成员极可能处于相同状态。
- 值类型降低了跨代引用：因为引入对象图中的引用数目减少了。

2. 对象图

对象图的体积直接影响到垃圾回收器工作量的大小。清理一个简单的对象图比清理一个拥有很多小对象的复杂对象图要快得多。我们先前已经提到过一个相关的场景。

另外，减少局部引用类型变量的数目也可以降低 JIT 编译器生成的本地根列表的规模，这样不但改善编译条件，还可以节约内存。

3. 对象池

对象池是一个使用手动方式，而非依赖于运行环境提供的相应功能，管理托管内存和资源的机制。当使用对象池时，分配一个新的对象意味着从池中取出一个未被使用的对象，而释放对象即把对象放回对象池内。

如果分配和释放开销（不包括初始化和卸载）甚于手动管理对象生存期，那么对象池可以极大提升性能。例如，将大对象放入对象池中，而不是每次都分配和释放，可能会改善性能，因为释放大对象需要进行完全垃圾回收。

注意　Windows Communication Foundation（WCF）将字节数组放入对象池中用于消息的存储和传送。System.ServiceModel.Channels.BufferManager 抽象类作为对象池的外观设计模式从池中返回字节数组，并在使用完毕后放回池中。该抽象类有两个内部实现：一个使用基于垃圾回收器的分配和释放机制；而另一个使用缓存池机制。基于缓存池的实现（到本章成文时）管理了多个内部池，用于满足不同大小的缓冲区需求；同时考虑了分配线程的因素。类似的技术在 Windows XP 引入的 Windows Low-Fragmentation Heap 中也得到了应用。

想要实现一个高效的池，需要考虑以下几个因素：

- 尽量避免同步的分配和回收操作。例如，可以使用无锁（lock-free 或者 wait-free）的数据结构实现池（无锁同步的内容参见第 6 章）。
- 池不能够无限扩展，这意味着在某些情况下，对象应当直接返回给垃圾回收器。
- 应当避免池被频繁耗尽的情况。应当更加注意分配请求的量和频率的关系，折中确定池的大小。

大多数池的实现就是使用了"最近使用"（least recent used，LRU）机制从池中获得对象，因为最近使用的对象非常有可能还在页换入的状态，并停留在 CPU 高速缓存内。

为了在.NET 中实现对象池，我们需要关联被缓存类型的实例创建和销毁请求。创建请求是无法直接进行关联的（无法重载 new 运算符），但是我们可以使用类似 Pool.GetInstance 的 API 作为替代方案。Dispose 模式非常适于将对象返回对象池，并将终结化作为后备。

以下代码展示了一个非常简单的.NET 对象池的基本架构：

```
public class Pool<T> {
  private ConcurrentBag<T> pool = new ConcurrentBag<T>();
  private Func<T> objectFactory;

  public Pool(Func<T> factory) {
    objectFactory = factory;
  }
  public T GetInstance() {
    T result;
    if (!pool.TryTake(out result)) {
      result = objectFactory();
    }
    return result;
  }
  public void ReturnToPool(T instance) {
    pool.Add(instance);
  }
}

public class PoolableObjectBase<T> : IDisposable {
  private static Pool<T> pool = new Pool<T>();

  public void Dispose() {
    pool.ReturnToPool(this);
  }
  ~PoolableObjectBase() {
```

```
        GC.ReRegisterForFinalize(this);
        pool.ReturnToPool(this);
    }
}

public class MyPoolableObjectExample : PoolableObjectBase<MyPoolableObjectExample> {
    ...
}
```

4．分页及非托管内存分配

.NET 垃圾回收器可以自动回收未被使用的内存，而这也意味着，它无法为每一个现实程序中出现的所有内存管理场景都提供完美的解决方案。

前面提到过，垃圾回收器在许多情形下表现不佳，必须通过调优才能达到合适的性能指标。此外，若垃圾回收器所在系统的物理内存不足以容纳全部对象，也能够将应用程序"拖垮"。

假设应用程序在一个拥有 8 GB 物理内存的计算机上运行，而这些内存很快就被耗尽了（只要应用程序有这个能力——毕竟 64 位系统可以拥有很多的内存——这个例子可以推广到拥有任意内存容量的系统上）。假设该应用程序分配了 12 GB 的内存，其中有 8 GB 在工作集上（物理内存），而至少有 4 GB 会写入到磁盘上。Windows 工作集管理器会确保将频繁访问对象的页保持在物理内存中，而不经常访问对象的页将会交换到磁盘上。

该应用程序在正常执行时，分页可能不会造成任何问题，这是因为应用程序并不经常访问页交换出去的对象。但是，当一次完整垃圾回收开始时，垃圾回收器需要遍历所有可达对象才能在标记阶段创建对象图。为了访问页交换出去的对象，需要将 4 GB 的内存从磁盘读入；由于没有可用的物理内存，还需要将另外 4 GB 的内存写入磁盘并释放它们，以便容纳先前页交换出去的对象。而垃圾回收结束之后，应用程序会试图访问哪些频繁使用的对象。若这些对象已被页交换出去，就会造成更多的页面错误。

典型的硬盘驱动器，在写入时，其顺序读写传输率约为 150 MB/s（就算是速度更快的固态硬盘驱动器，也至多是其 2 倍）。因此，在磁盘页面交换时进行 8 GB 的数据传输大概需要 55 s。而应用程序只能等待垃圾回收结束（除非使用并发垃圾回收器）。由于系统瓶颈在硬盘上，因此（在使用服务器垃圾回收时）添加更多的处理器并不能解决这个问题，同时，页面请求被磁盘操作占满，将导致系统其他应用程序出现显著的性能下降。

解决问题的唯一出路就是：将这些可能被交换到磁盘的对象存储在非托管内存中。非托管内存不受垃圾回收约束，因此只会在应用程序需要时才进行访问。

将内存页面锁定在物理内存中，这是另一个控制分页和工作集管理的例子。应用程序可以用 Windows 文档记载的接口防止某块内存页交换到磁盘上（特殊情形除外）。这个机制不能为.NET 垃圾回收器直接所用，因为托管应用程序无法直接控制 CLR 进行的虚拟内存分配。但是，一个自定义的 CLR 宿主可以将部分 CLR 的内存分配请求涉及的页面锁定在物理内存中。

5．静态代码分析（FxCop）规则

Visual Studio 针对垃圾回收的常见性能和使用问题，提供了一系列典型的静态代码分析（FxCop）规则。我们建议使用这些规则将缺陷消灭在编码阶段。此措施不仅成本较低，而且易于修正。有关使用/不使用 Visual Studio 进行托管代码分析的更多信息，参见 MSDN 在线文档。

在 Visual Studio 11 中，与垃圾回收相关的代码分析规则如下。

- 设计规则 CA1001：若某个类型的成员变量类型实现了 IDisposable，则该类型也应当实现

IDisposable。这个规则保证了子成员可以通过其父类型进行确定终结化。

- 设计规则 CA1049：拥有原生资源（native resource）的类型应当实现 IDisposale。该规则保证了访问原生资源（如 System.Runtime.InteropServices.HandleRef）的类型正确实现 Dispose 模式。

- 设计规则 CA1063：应当正确实现 IDisposable 接口。该规则保证了类型正确地实现 Dispose 模式。

- 设计规则 CA1821：删除空的终结器。该规则保证了类型中不应当含有空的终结器。空的终结器有可能造成性能下降及"中年危机"。

- 设计规则 CA2000：应当在退出作用域时清理 IDisposable 对象。该规则保证了所有实现了 IDisposable 的局部变量都会在作用域行将结束时销毁。

- 设计规则 CA2006：使用 SafeHandle 类型包装原生资源。该规则保证了尽可能地使用 SafeHandle 或者其派生类对原生资源进行包装，而不是使用直接的句柄类型（如 System.IntPtr）操作非托管资源。

- 设计规则 CA1816：正确调用 GC.SuppressFinalize 方法。这个规则保证了实现了 Dispose 模式的对象在终结器内正确地为其（而不是其他对象）跳过终结化。

- 使用规则 CA2213：实现了 Dispose 模式的成员应当被销毁。该规则保证了实现 IDisposable 接口的类型应当依次为实现了 IDisposable 的成员调用 Dispose 方法。

- 使用规则 CA2215：Dispose 方法必须调用基类的 Dispose 方法。该规则在基类实现了 IDisposable 的情况下调用其 Dispose 方法以确保 Dispose 模式的正确性。

- 使用规则 CA2216：可以被处理的对象应当提供终结器。该规则保证了实现了 Dispose 模式的对象拥有终结器以便在非确定终结化时被回收。

4.10 小结

通过本章的介绍，我们了解了.NET 垃圾回收器——负责自动进行未使用内存回收的实体——引入的动机及实现。除追踪内存回收之外，我们还介绍了其他回收机制，包括引用计数内存回收以及手动的空闲列表管理机制。

我们详细介绍了.NET 垃圾回收器的相关概念，列举如下。

- 根是创建所有可达对象的图的起点。

- 标记是垃圾回收器创建所有可达对象图，并将其标记为"使用中"的阶段。标记阶段可以与应用程序线程并发执行。

- 清理是垃圾回收器移动可达对象，并更新其引用的阶段。在清理阶段执行之前，需要挂起所有应用程序线程。

- 固定是一种将对象锁定在当前位置的机制。垃圾回收器无法移动固定对象。该机制通常在非托管代码需要指向托管对象的指针时使用，并可以使内存碎片化。

- 垃圾回收特征可以静态地为特定应用程序调整垃圾回收器的行为，令其更好地匹配应用程序分配和释放内存的模式。

- "代"模型使用"年龄"描述对象的生存期期望。对象越"年轻"，则"死亡"越迅速，而对象越"年长"，则可能存活更久的时间。

- "代"是一个概念上的内存区域，该区域内的对象按照其预计生存期进行分区。"代"促使垃圾回收器对回收可能性高的对象频繁进行快速的部分垃圾回收，从而避免进行"昂贵"与低效的完全回收。
- 大对象堆是一个为大对象保留的内存区域。LOH 即使碎片化也不会移动大对象，因而减少了清理阶段的开销。
- 段是 CLR 分配的虚拟内存区域。由于段的长度是固定的，因此，可能造成虚拟内存碎片化。
- 终结化是非确定性非托管资源回收的备用机制。相比而言，我们更倾向于尽可能地使用确定性终结化，但两种机制均可为客户端所用。

垃圾回收的常见缺点通常和它仰仗的强大优化手段息息相关：

- "代"模型可提升行为良好的应用的性能，但也有可能造成"中年危机"现象，从而极大地影响性能。
- 对象在将引用传递给非托管程序时必须进行固定，但是这会引发垃圾回收堆（包括年轻的代）的碎片化。
- 虽然"段"确保了以大块的方式进行虚拟内存分配，但是也造成了虚拟内存空间的碎片化。
- 虽然自动终结化可以方便地销毁非托管资源，但是它带来了很大的性能开销，并常常引发"中年危机"、严重的内存泄漏及并发竞争。

为了最大程度地利用垃圾回收器，我们列出了以下最佳实践：

- 为短生存期的对象分配内存，将长生存期的对象保留在整个应用程序的生存期中。
- 在应用程序启动时，固定大的数组，并且在使用时将其分隔为小的缓冲区。
- 当垃圾回收机制失效时，使用池或者非托管分配进行内存管理。
- 实现确定终结化，仅将非确定终结化作为备用手段。
- 使用不同的垃圾回收特征进行应用程序调优，以确定特定的软硬件配置下的最佳选择。

当需要进行内存相关问题的诊断，或希望从内存角度检视应用程序行为时，可以使用如下工具：

- CLR Profiler 可用于诊断内部碎片化、确定应用程序中内存分配较"重"的路线、检视何种对象在第几代被回收，以及获得存活对象的大小和"年龄"的一般统计信息。
- SOS.DLL 可用于诊断内存泄漏、分析内部和外部的内存碎片、获得垃圾回收的计时、罗列托管堆上的对象、查看终结化队列，以及查看垃圾回收线程和终结器线程的状态。
- CLR 性能计数器可用于获得垃圾回收的基本统计信息，包括每一代的大小、分配率、终结化信息及固定对象的数目等。
- CLR 宿主可以作为诊断工具分析段分配、垃圾回收的频率、触发垃圾回收的线程及由 CLR 发起的非垃圾回收内存分配请求。

本章介绍了垃圾回收理论、所有相关机制的实现细节、常见错误及最佳性能实践、诊断工具和常见现象。有了这些知识作为后盾，就从现在开始，为自己的程序优化内存管理，设计并选择合适的内存管理策略吧。

第 5 章

集合和泛型

很少有代码（即使是示例代码）能做到不使用集合，如 List<T>或 Dictionary<K, V>。大型应用可能会同时使用成百上千个集合。对大多数应用来说，根据需要选择或自己编写适当的集合类型，能够带来极大的性能提升。从.NET 2.0 开始，集合就与 CLR 泛型类型的实现紧密联系在了一起，因此本章先从泛型开始讨论。

5.1　泛型

我们常常需要创建能够用于任何数据类型的类或方法，多态和继承并不总能"药到病除"。在.NET 2.0 之前，如果方法的参数需要适配任意类型，就只能使用 System.Object。这将带来两个严重的泛型编程问题。

- 类型安全：如何在编译时验证对于泛型数据类型的操作，明确禁止那些可能在运行时出错的行为？
- 避免装箱：如何在方法参数为 System.Object 引用时，避免对值类型进行装箱？

这两个都不是小问题，为什么呢？我们来看看.NET 1.1 中最简单的集合之一 ArrayList 是如何实现的。下面的代码是一个简化后的版本，但展示了上面提到的两个问题：

```
public class ArrayList : IEnumerable, ICollection, IList, ... {
  private object[] items;
  private int size;
  public ArrayList(int initialCapacity) {
    items = new object[initialCapacity];
  }
  public void Add(object item) {
    if (size < items.Length - 1) {
      items[size] = item;
      ++size;
    } else {
      // Allocate a larger array, copy the elements, then place 'item' in it
    }
  }
  public object this[int index] {
    get {
      if (index < 0 || index >= size) throw IndexOutOfBoundsException(index);
        return items[index];
    }
    set {
      if (index < 0 || index >= size) throw IndexOutOfBoundsException(index);
```

119

```
      items[index] = value;
    }
  }
  // Many more methods omitted for brevity
}
```

代码中所有 System.Object（即该集合的泛型类型）出现的地方都加粗了。虽然这看上去似乎是一个完美的解决方案，但调用代码时却并不尽如人意。

```
ArrayList employees = new ArrayList(7);
employees.Add(new Employee("Kate"));
employees.Add(new Employee("Mike"));
Employee first = (Employee)employees[0];
```

这种丑陋的转型是无法避免的，因为 ArrayList 不包含元素类型的任何信息。此外，它还无法保证所插入的对象拥有相同的特征。例如：

```
employees.Add(42);                        // Compiles and works at runtime!
Employee third = (Employee)employees[2]; // Compiles and throws an exception at runtime...
```

数字 42 当然不属于 "employees" 集合，但我们不能对 ArrayList 中的元素类型进行任何约束。尽管可以针对某一特殊类型创建 ArrayList 的实现，但这将是非常 "昂贵" 的运行时操作，并且像 employees.Add(42) 这样的语句仍然能够编译通过。

这是关于类型安全的问题。基于 System.Object 的 "泛型" 集合不能保证编译时的类型安全，只能将所有检查延迟到运行时。尽管如此，从性能角度来看，我们完全不必为此担忧，真正值得担忧的是涉及值类型时。下面的代码使用了第 3 章引入的 Point2D 结构，一个包含 X、Y 数字坐标的值类型。

```
ArrayList line = new ArrayList(1000000);
for (int i = 0; i < 1000000; ++i) {
  line.Add(new Point2D(i, i));
}
```

所有插入到 ArrayList 中的 Point2D 实例都将被装箱，因为 Add 方法的参数为引用类型（System.Object）。装箱的 Point2D 对象将导致 100 万次堆分配。根据第 3 章的介绍，在 32 位堆上，100 万个装箱的 Point2D 对象会占用 1 600 万字节（而普通值类型是 800 万字节）。此外，ArrayList 中的 items 数组将至少使用 100 万个引用，这又增加了 400 万字节。本来 800 万字节能满足的情况，现在总共使用了 2 000 万字节（如图 5-1 所示）。本来由于同样的原因我们才没有把 Point2D 设计为引用类型，但 ArrayList 却是一个只对引用类型友好的集合！

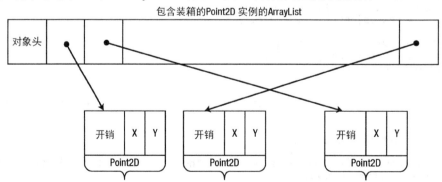

图 5-1　存储了装箱的 Point2D 对象的引用的 ArrayList，在增加了内存占用的同时，
还迫使 Point2D 对象装箱，导致了进一步损耗

如何改进呢？其实，我们可以为二维点阵编写一个专门的集合，如下所示（我们还得为点阵创建专门的 IEnumerable、ICollection 和 IList 接口）。它几乎和一般化的 ArrayList 一样，只是用 Point2D 替换 object：

```
public class Point2DArrayList : IPoint2DEnumerable, IPoint2DCollection, IPoint2DList, ... {
  private Point2D[] items;
  private int size;
  public ArrayList(int initialCapacity) {
    items = new Point2D[initialCapacity];
  }
  public void Add(Point2D item) {
    if (size < items.Length - 1) {
      items[size] = item;
      ++size;
    } else {
      // Allocate a larger array, copy the elements, then place 'item' in it
    }
  }
  public Point2D this[int index] {
    get {
      if (index < 0 || index >= size) throw IndexOutOfBoundsException(index);
      return items[index];
    }
    set {
      if (index < 0 || index >= size) throw IndexOutOfBoundsException(index);
      items[index] = value;
    }
  }
  // Many more methods omitted for brevity
}
```

同样，专门的 Employee 集合也能解决之前提到的类型安全问题。但是，为所有数据类型创建专门的集合是不现实的。因此，.NET 2.0 的编译器应运而生，它允许在类和方法中使用泛型数据类型，实现类型安全和避免装箱操作。

5.1.1 .NET 泛型

泛型类和方法允许我们编写真正的泛型代码，一方面不会回退成 System.Object，另一方面也不需要为各个数据类型编写特定的代码。下面是泛型类型 List<T> 的简要代码，它取代了 ArrayList 的糟糕体验，解决了类型安全和装箱问题：

```
public class List<T> : IEnumerable<T>, ICollection<T>, IList<T>, ... {
  private T[] items;
  private int size;
  public List(int initialCapacity) {
    items = new T[initialCapacity];
  }
  public void Add(T item) {
    if (size < items.Length - 1) {
      items[size] = item;
      ++size;
    } else {
      // Allocate a larger array, copy the elements, then place 'item' in it
    }
  }
  public T this[int index] {
    get {
```

```
      if (index < 0 || index >= size) throw IndexOutOfBoundsException(index);
      return items[index];
    }
    set {
      if (index < 0 || index >= size) throw IndexOutOfBoundsException(index);
      items[index] = value;
    }
  }
  // Many more methods omitted for brevity
}
```

> **注意**　如果不熟悉 C#的泛型语法，推荐阅读 Jon Skeet 撰写的 *C# in Depth*[1]。本章假设读者编写过或至少使用过泛型类，如.NET Framework 中的集合。

如果你编写过泛型类或方法，一定知道将基于 `System.Object` 的伪泛型代码转换成真正的泛型代码（包含一个或多个泛型类型参数）有多容易。在使用泛型类和方法时，在必要的时候隐藏泛型类型实参也相当容易：

```
List<Employee> employees = new List<Employee>(7);
employees.Add(new Employee("Kate"));
Employee first = employees[0];        // No downcast required, completely type-safe
employees.Add(42);                    // Does not compile!

List<Point2D> line = new List<Point2D>(1000000);
for (int i = 0; i < 1000000; ++i) {
  line.Add(new Point2D(i, i));        // No boxing, no references stored
}
```

神奇的是，泛型集合是类型安全的（即不允许存储不匹配的元素），并且不会对值类型进行装箱。即使是作为内部存储的元素数组，也会根据泛型类型实参进行适配。当 T 是 Point2D 时，`items` 数组为 `Point2D[]`，存储的是值而非引用。我们稍后再来揭秘这些"魔法"。而现在，我们已经对于泛型编程的基本问题有了语言级别的解决方案。

如果对泛型参数有额外的要求，那么该方案本身还略显单薄。例如，要对有序数组进行二分查找。一个完全泛型的版本无法进行这样的查找，因为 `System.Object` 不具备比较的功能：

```
public static int BinarySearch<T>(T[] array, T element) {
  // At some point in the algorithm, we need to compare:
  if (array[x] < array[y]) {
    ...
  }
}
```

因为 `System.Object` 不具备静态的 `operator<`，所以该方法会编译失败。实际上，我们需要向编译器证明，能够对提供给方法的泛型类型实参执行全部的方法调用（包括操作符），这就需要泛型约束登场亮相了。

5.1.2　泛型约束

泛型约束告诉编译器，在使用某个泛型时，只有某些类型能够作为泛型类型实参。下面是 5 种

---

[1] 本书的中文版《深入理解 C#》已由人民邮电出版社出版。——译者注

类型的约束：

```
// T must implement an interface:
public int Format(T instance) where T : IFormattable {
  return instance.ToString("N", CultureInfo.CurrentUICulture);
  // OK, T must have IFormattable.ToString(string, IFormatProvider)
}

// T must derive from a base class:
public void Display<T>(T widget) where T : Widget {
  widget.Display(0, 0);
  // OK, T derives from Widget which has the Display(int, int) method
}

// T must have a parameterless constructor:
public T Create<T>() where T : new() {
  return new T();
  // OK, T has a parameterless constructor
  // The C# compiler compiles 'new T()' to a call to Activator.CreateInstance<T>(),
  // which is sub-optimal, but there is no IL equivalent for this constraint
}

// T must be a reference type:
public void ReferencesOnly<T>(T reference) where T : class

// T must be a value type:
public void ValuesOnly<T>(T value) where T : struct
```

对于二分查找的例子来说，也许利用接口约束可以解决（实际上这也是最常使用的约束类型）。例如，可以要求 T 实现 IComparable，并通过 IComparable.CompareTo 方法来比较数组元素。但是，IComparable 并不是泛型接口，其 CompareTo 方法接受的是 System.Object 参数，会对值类型进行装箱。IComparable 的泛型版本 IComparable<T> 可以很好地解决这个问题：

```
// From the .NET Framework:
public interface IComparable<T> {
  int CompareTo(T other);
}

public static int BinarySearch<T>(T[] array, T element) where T : IComparable<T> {
  // At some point in the algorithm, we need to compare:
  if (array[x].CompareTo(array[y]) < 0) {
    ...
  }
}
```

这里的二分查找代码在比较值类型实例时不会产生装箱，可用于任何实现了 IComparable<T> 的类型（包括全部内置的基础类型和字符串等），而且是完全类型安全的，因为它不会在运行时再去判断是否具备比较的能力。

接口约束和 IEquatable<T>

第 3 章介绍了一个关于值类型的重要的性能优化，即重写 Equals 方法并实现 IEquatable<T> 接口。这个接口为什么如此重要？来看下面的代码：

```
public static void CallEquals<T>(T instance) {
  instance.Equals(instance);
}
```

该方法内部的 Equals 调用会调用虚方法 Object.Equals，它接受 Object 参数，会对值类型装箱。这是 C#编译器唯一能选择的 T 所拥有的方法。如果想让编译器知道 T 包含一个接受 T 的 Equals 方法，就需要使用显式约束。

```
// From the .NET Framework:
public interface IEquatable<T> {
  bool Equals(T other);
}

public static void CallEquals<T>(T instance) where T : IEquatable<T> {
  instance.Equals(instance);
}
```

最终，你可能希望调用者使用任何类型的 T，如果 T 实现了 IEquatable<T>，就调用相应的 Equals 方法，因为它不需要装箱，而且更加高效。List<T>的实现就非常有意思。如果 List<T>的泛型类型参数具有 IEquatable<T> 约束，就无法用于没有实现该接口的类型。因此，List<T>没有添加 IEquatable<T>约束。在实现 Contains 方法（以及其他需要比较对象相等性的方法）时，List<T>依赖于相等性比较器，即 EqualityComparer<T>抽象类的某个具体实现（顺便提一句，该抽象类实现了 IEqualityComparer<T>接口，一些集合类如 HashSet<T>、Dictionary<K, V>等都直接使用了它）。

当 List<T>.Contains 需要对集合中的两个元素调用 Equals 方法时，会使用 EqualityComparer<T>.Default 静态属性来获取适合于比较 T 实例的相等性比较器的某个实现，并调用其 Equals(T, T) 虚方法。在第一次获取适当的相等性比较器时，会通过 EqualityComparer<T>.CreateComparer 进行创建，然后在静态字段中缓存。如果 CreateComparer 方法发现 T 实现了 IEquatable<T>，就返回 GenericEqualityComparer<T>实例。该类的 T 拥有 IEquatable<T> 约束，会调用该接口的 Equals 方法。否则，CreateComparer 会返回 ObjectEqualityComparer<T>实例，它的 T 没有任何约束，会调用 Object 提供的 Equals 虚方法。

List<T>在检查相等性时的技巧也可用于其他方面。当具有某个约束时，泛型类或方法可以使用某个更加高效的实现，从而避免运行时类型检查。

技巧　如你所见，不存在针对加减乘除这类数学操作符的泛型约束。这意味着我们无法编写对泛型参数使用 a+b 这种表达式的泛型方法。要编写通用的数字算法，标准的解决方案是使用实现了 IMatch<T>接口的辅助结构，包含所需的算术操作，并在泛型方法中初始化这个结构。更多信息参考 Rüdiger Klaehn 在 CodeProject 上发表的文章 "Using generics for calculations"。

我们已经学习了 C#泛型的语义特性，现在来看一下其运行时实现。在弄懂其实现之前，你可能更关心为什么泛型会有运行时表现，因为后面要介绍的 C++模板跟泛型的机制类似，却没有任何运行时行为。如果你看到在运行时我们通过反射对泛型类型所做的奇妙操作，就不会再问这个问题了。

```
Type openList = typeof(List<>);
Type listOfInt = openList.MakeGenericType(typeof(int));
IEnumerable<int> ints = (IEnumerable<int>)Activator.CreateInstance(listOfInt);

Dictionary<string, int> frequencies = new Dictionary<string, int>();
Type openDictionary = frequencies.GetType().GetGenericTypeDefinition();
Type dictStringToDouble = openDictionary.MakeGenericType(typeof(string),
typeof(double));
```

我们可以通过已知的泛型类型动态创建泛型类型，也能参数化"开放的"泛型类型来创建"封闭的"泛型类型实例。这充分说明泛型是重中之重，并且存在运行时实现。我们下面就来探讨这一点。

5.1.3　CLR 泛型的实现

CLR 泛型的语义特性和 Java 泛型很像，甚至有点类似 C++模板，但其内部实现和使用时的限制却与 Java 和 C++大相径庭。要理解这些不同，我们需要简单介绍一下 Java 泛型和 C++模板。

1. Java 泛型

Java 泛型类可以包含泛型类型参数，且其约束机制也与.NET 十分类似（有限制的类型参数和通配符）。下面的代码试图将我们的 `List<T>` 转换成 Java 版本：

```
public class List<E> {
  private E[] items;
  private int size;
  public List(int initialCapacity) {
    items = new E[initialCapacity];
  }
  public void Add(E item) {
    if (size < items.Length - 1) {
      items[size] = item;
      ++size;
    } else {
      // Allocate a larger array, copy the elements, then place 'item' in it
    }
  }
  public E getAt(int index) {
    if (index < 0 || index >= size) throw IndexOutOfBoundsException(index);
    return items[index];
  }
  // Many more methods omitted for brevity
}
```

遗憾的是，这段代码无法编译。表达式 `E[initialCapacity]` 在 Java 中不合法，原因与 Java 编译泛型代码的方式有关。Java 编译器会移除任何与泛型类型参数有关的信息，取而代之的是 `java.lang.Object`，这一过程称为类型擦除。这样运行时就只有一个类型——原始类型 List，任何与泛型类型实参有关的信息都丢失了。（公平地说，由于 Java 使用了类型擦除，可以与在泛型之前创建的库和应用保持二进制兼容，而.NET 2.0 则无法兼容.NET 1.1 的代码。）

不过这也并非毫无用处，因为使用 Object，编译器可以保持一致性，同时仍然享有类型安全的泛型类：

```
public class List<E> {
  private Object[] items;
  private int size;
  public void List(int initialCapacity) {
    items = new Object[initialCapacity]; }
    // The rest of the code is unmodified
  }
List<Employee> employees = new List<Employee>(7);
employees.Add(new Employee("Kate"));
employees.Add(42);  // Does not compile!
```

但当 CLR 要采用这种方法的时候，有人提出了担忧：我们应该如何处理值类型？引入泛型的两个原因之一就是要彻底避免装箱，而向对象数组中插入值类型必然导致装箱，这是不可接受的。

2. C++模板

与 Java 泛型相比，C++模板要更具吸引力（而且还十分强大，模板机制本身就是图灵完备的）。C++模板不会执行类型擦除，也不需要什么约束，因为编译器能够编译任何类型。我们还是先来看看列表的例子，然后介绍与约束有关的知识：

```cpp
template <typename T>
class list {
private:
  T* items;
  int size;
  int capacity;
public:
  list(int initialCapacity) : size(0), capacity(initialCapacity) {
    items = new T[initialCapacity];
  }
  void add(const T& item) {
    if (size < capacity) {
      items[size] = item;
      ++size;
    } else {
      // Allocate a larger array, copy the elements, then place 'item' in it
    }
  }
  const T& operator[](int index) const {
    if (index < 0 || index >= size) throw exception("Index out of bounds");
    return items[index];
  }
  // Many more methods omitted for brevity
};
```

列表模板类是类型安全的：每次模板初始化的时候都会创建一个新的类，将该模板定义作为一个……模板。不过这一切都发生在后台，下面是模板初始化在编译后的样子：

```cpp
// Original C++ code:
list<int> listOfInts(14);

// Expanded by the compiler to:
class __list__int {
private:
  int* items;
  int size;
  int capacity;
public:
  __list__int(int initialCapacity) : size(0), capacity(initialCapacity) {
    items = new int[initialCapacity];
  }
};
__list__int listOfInts(14);
```

注意：add 和 operator[]方法并没有被扩展，因为调用代码并没有使用它们，编译器只会生成初始化代码使用到的那部分模板定义。同时还需要注意的是，编译器并没有从模板定义生成任何代码，它会在生成之前先等待某个特殊的初始化。

这也正是 C++模板不需要约束的原因。回到前面二分查找的示例，下面的代码是一种非常合理的实现。

```cpp
template <typename T>
int BinarySearch(T* array, int size, const T& element) {
  // At some point in the algorithm, we need to compare:
```

```
  if (array[x] < array[y]) {
    ...
  }
}
```

C++编译器不再需要任何额外的信息，毕竟模板定义并不重要，编译器还要等待初始化代码：

```
int numbers[10];
BinarySearch(numbers, 10, 42); // Compiles, int has an operator <
class empty {};
empty empties[10];
BinarySearch(empties, 10, empty()); // Does not compile, empty does not have an operator <
```

尽管这种设计十分“诱人”，但 C++模板也有一些恼人的成本开销和限制，这是 CLR 泛型所不能接受的。

- 由于模板扩展发生在编译时，导致不可能在不同的二进制文件之间共享模板初始化代码。例如，加载到同一个进程的两个 DLL 都可能包含编译的 list<int>。这会加大内存占用，延长编译时间（这也是 C++的“特点”）。
- 同样，两个二进制文件中的模板初始化代码可能不兼容。没有“干净”和有效的机制能够从 DLL 中导出模板初始化代码（如导出返回 list<int>的函数）。
- 无法生成包含模板定义的二进制库。模板定义只能以源文件的形式存在，如可被#include（嵌入）到 C++文件中的头文件。

3. 泛型揭秘

在充分考虑 Java 泛型和 C++模板的设计之后，我们可以更好地理解为什么这样实现 CLR 泛型了。CLR 泛型的实现可以描述为：泛型类型（即便是 List<>这样的开放类型）是运行时的重中之重。每个泛型类型都有一个方法表和 EEClass（参见第 3 章），同时也能生成 System.Type 实例。泛型类型可以从程序集中导出，并且编译时只存在一种泛型类型定义。泛型类型不会在编译时扩展，但编译器会判断对于泛型类型参数实例的任何操作，都与特定的泛型约束兼容。

当 CLR 创建封闭泛型类型（如 List<int>）实例的时候，会根据其开放类型创建方法表和 EEClass。与其他类型一样，方法表包含方法指针，这是由 JIT 编译器在运行时编译的。不过这里有一个非常重要的优化：如果封闭泛型类型的类型参数为引用类型，那么编译的代码体是可以共享的。要理解这一点，我们来看一下 List<T>.Add 方法（T 为引用类型），将它编译为 x86 指令：

```
// C# code:
public void Add(T item) {
  if (size < items.Length - 1) {
    items[size] = item;
    ++size;
  } else {
    AllocateAndAddSlow(item);
  }
}
; x86 assembly when T is a reference type
; Assuming that ECX contains 'this' and EDX contains 'item', prologue and epilogue omitted
mov eax, dword ptr [ecx+4]            ; items
mov eax, dword ptr [eax+4]            ; items.Length
dec eax
cmp dword ptr [ecx+8], eax            ; size < items.Length - 1
jge AllocateAndAddSlow
mov eax, dword ptr [ecx+4]
mov ebx, dword ptr [ecx+8]
mov dword ptr [eax+4*ebx+4], edx      ; items[size] = item
```

127

```
inc dword ptr [eax+8]                    ; ++size
```

　　显然，方法的代码并不依赖于 T，可以用于任何引用类型。这一发现使得 JIT 编译器可以节省资源（时间和空间），并且在 T 为引用类型的时候，在所有方法表中共享 List<T>.Add 的方法表指针。

　　注意　这一概念还需要进一步强化，不过这里不再深入介绍。例如，如果方法体内存在 new T[10] 这样的表达式，就需要为不同的 T 实现单独的代码，或至少提供一种方式可以在运行时得到 T（如通过隐藏参数传递给方法）。此外，我们还没有介绍约束如何影响代码生成，不过你至少知道，调用接口方法或通过基类调用虚方法时，会调用相同的代码，而不用理会具体类型是什么。

　　这一想法不适用于值类型。例如，当 T 为 long 时，赋值语句 items[size] = item 会使用不同的指令，因为需要复制 8 个字节而不再是 4 个。更大的值类型甚至需要不止一个指令。

　　为了简单地演示图 5-2，我们可以使用 SOS 命令来找到封闭泛型类型的方法表，这些封闭泛型类型都是响应的开放泛型类型的具体实现。例如，下面只包含 Push 和 Pop 方法的 BasicStack<T> 类：

```
class BasicStack<T> {
    private T[] items;
    private int topIndex;
    public BasicStack(int capacity = 42) {
        items = new T[capacity];
    }
    public void Push(T item) {
        items[topIndex++] = item;
    }
    public T Pop() {
      return items[--topIndex];
    }
}
```

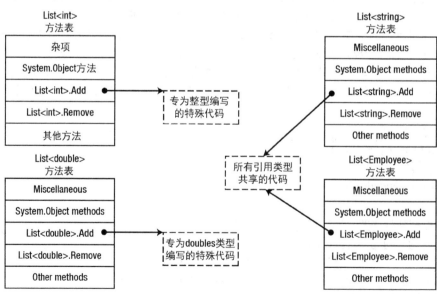

图 5-2　List<T>引用类型实现的 Add 方法表条目指针，指向相同的方法实现，
而值类型实现的条目则拥有不同的代码

BasicStack<string>、BasicStack<int[]>、BasicStack<int>和 BasicStack<double>的方法表如下所示。值得注意的是，对于泛型类型参数是引用类型的封闭类型，它们的方法表条目是共享的，而值类型则不然。

```
0:004> !dumpheap –stat
...
00173b40  1       16 BasicStack`1[[System.Double, mscorlib]]
00173a98  1       16 BasicStack`1[[System.Int32, mscorlib]]
00173a04  1       16 BasicStack`1[[System.Int32[], mscorlib]]
001739b0  1       16 BasicStack`1[[System.String, mscorlib]]
...

0:004> !dumpmt -md 001739b0
EEClass:        001714e0
Module:         00172e7c
Name:           BasicStack`1[[System.String, mscorlib]]
...
MethodDesc Table
   Entry MethodDe  JIT Name
...
00260360 00173924 JIT BasicStack`1[[System.__Canon, mscorlib]].Push(System.__Canon)
00260390 0017392c JIT BasicStack`1[[System.__Canon, mscorlib]].Pop()

0:004> !dumpmt -md 00173a04
EEClass:        001714e0
Module:         00172e7c
Name:           BasicStack`1[[System.Int32[], mscorlib]]
...
MethodDesc Table
   Entry MethodDe  JIT Name
...
00260360 00173924 JIT BasicStack`1[[System.__Canon, mscorlib]].Push(System.__Canon)
00260390 0017392c JIT BasicStack`1[[System.__Canon, mscorlib]].Pop()
0:004> !dumpmt -md 00173a98
EEClass:        0017158c
Module:         00172e7c
Name:           BasicStack`1[[System.Int32, mscorlib]]
...
MethodDesc Table
   Entry MethodDe  JIT Name
...
002603c0 00173a7c JIT BasicStack`1[[System.Int32, mscorlib]].Push(Int32)
002603f0 00173a84 JIT BasicStack`1[[System.Int32, mscorlib]].Pop()

0:004> !dumpmt -md 00173b40
EEClass:        001715ec
Module:         00172e7c
Name:           BasicStack`1[[System.Double, mscorlib]]
...
MethodDesc Table
   Entry MethodDe  JIT Name
...
00260420 00173b24 JIT BasicStack`1[[System.Double, mscorlib]].Push(Double)
00260458 00173b2c JIT BasicStack`1[[System.Double, mscorlib]].Pop()
```

最终，如果检查实际的方法体，就会发现引用类型的代码根本不依赖于实际类型，它们只是围绕着引用来做文章，而值类型的代码则依赖于实际类型。毕竟，复制一个整数与复制一个双浮点数是不同的。下面是反编译后的 Push 方法，与数据相关的行都加粗了。

```
0:004> !u 00260360
```

```
Normal JIT generated code
BasicStack`1[[System.__Canon, mscorlib]].Push(System.__Canon)
00260360 57              push    edi
00260361 56              push    esi
00260362 8b7104          mov     esi,dword ptr [ecx+4]
00260365 8b7908          mov     edi,dword ptr [ecx+8]
00260368 8d4701          lea     eax,[edi+1]
0026036b 894108          mov     dword ptr [ecx+8],eax
0026036e 52              push    edx
0026036f 8bce            mov     ecx,esi
00260371 8bd7            mov     edx,edi
00260373 e8f4cb3870      call    clr!JIT_Stelem_Ref (705ecf6c)
00260378 5e              pop     esi
00260379 5f              pop     edi
0026037a c3              ret

0:004> !u 002603c0
Normal JIT generated code
BasicStack`1[[System.Int32, mscorlib]].Push(Int32)
002603c0 57              push    edi
002603c1 56              push    esi
002603c2 8b7104          mov     esi,dword ptr [ecx+4]
002603c5 8b7908          mov     edi,dword ptr [ecx+8]
002603c8 8d4701          lea     eax,[edi+1]
002603cb 894108          mov     dword ptr [ecx+8],eax
002603ce 3b7e04          cmp     edi,dword ptr [esi+4]
002603d1 7307            jae     002603da
002603d3 8954be08        mov     dword ptr [esi+edi*4+8],edx
002603d7 5e              pop     esi
002603d8 5f              pop     edi
002603d9 c3              ret
002603da e877446170      call    clr!JIT_RngChkFail (70874856)
002603df cc              int     3

0:004> !u 00260420
Normal JIT generated code
BasicStack`1[[System.Double, mscorlib]].Push(Double)
00260420 56              push    esi
00260421 8b7104          mov     edx,dword ptr [ecx+4]
00260424 8b7908          mov     esi,dword ptr [ecx+8]
00260427 8d4701          lea     eax,[edi+1]
0026042a 894108          mov     dword ptr [ecx+8],eax
0026042d 3b7e04          cmp     esi,dword ptr [esi+4]
00260430 7307            jae     0026043e
00260432 dd442408        fld     qword ptr [esp+8]
00260436 dd5cf208        fstp    qword ptr [edx+esi*8+8]
0026043a 5e              pop     esi
0026043b c20800          ret     8
0026043e e813446170      call    clr!JIT_RngChkFail (70874856)
00260443 cc              int     3
```

　　我们已经看到了，.NET 泛型实现在编译时是完全类型安全的。另外，用户还需要确认的是使用值类型时会不会发生装箱。由于在泛型类型参数为值类型时，JIT 编译器为每个封闭泛型类型编译不同的方法体，因此不会产生装箱。

　　总而言之，.NET 泛型要明显优于 Java 泛型和 C++ 模板。.NET 泛型约束机制较之 C++ 的"狂野"略显保守，但跨程序集共享泛型类型所带来的灵活性和按需生成代码（并共享）所带来的性能提升是具有更大优势的。

5.2 集合

.NET Framework 中包含大量的集合类，但本章不会逐个介绍它们，这个任务最好交给 MSDN 文档。不过，在选择使用哪个集合时，有一些方面需要考虑，特别是对于性能有要求的代码。本节就来介绍这些相关知识。

注意 有些开发者除了内置数组外，不敢使用其他集合类。数组虽然比其他集合实现的损耗更小，但却非常不灵活、不可改变大小，并且很难有效地实现某些操作。只要拥有优秀的度量工具（如第 2 章所介绍的），就不应该惧怕使用内置集合。本节所要介绍的.NET 集合的实现细节，能帮助我们做出最好的选择。举个小例子，在 foreach 循环中迭代 List<T>要比在 for 循环中更耗时，因为 foreach 迭代需要验证在循环时实际的集合没有被改变。

首先，我们来回顾一下.NET 4.5 发布的集合类（不含并行集合，我们后面会单独介绍），以及它们运行时的性能特征。要想根据需要获得最好的选择，就要比较集合插入、删除和查询的性能。表 5-1 仅列出了泛型集合（非泛型集合在.NET 2.0 诞生时就退出历史舞台了）。

表 5-1   .NET Framework 中的集合

集合	细节	插入时间	公式核对	查询时间	已排序	可索引访问
List<T>	自增长的数组	平摊 $O(1)^*$	$O(n)$	$O(n)$	否	是
LinkedList<T>	双向链表	$O(1)$	$O(1)$	$O(n)$	否	否
Dictionary<K,V>	散列表	$O(1)$	$O(1)$	$O(1)$	否	否
HashSet<T>	散列表	$O(1)$	$O(1)$	$O(1)$	否	否
Queue<T>	自增长的循环数组	平摊 $O(1)$	$O(n)$	--	否	否
Stack<T>	自增长的数组	平摊 $O(1)$	$O(1)$	--	否	否
SortedDictionary<K,V>	红黑树	$O(\log n)$	$O(\log n)$	$O(\log n)$	是（按键排序）	否
SortedList<K,V>	已排序的自增长数组	$O(n)^{**}$	$O(n)$	$O(\log n)$	是（按键排序）	是
SortedSet<T>	红黑树	$O(\log n)$	$O(\log n)$	$O(\log n)$	是	否

*这里的"平摊"（amortized）是指某些操作为 $O(n)$，但大多数操作为 $O(1)$，因此 n 次操作的平均值为 $O(1)$。
**如果数据按顺序插入，则为 $O(1)$。

我们有很多知识需要学习，包括集合的设计、集合的选择及某些集合的实现细节。

- 不同集合的存储需求差别巨大。例如，内部集合布局会对 List<T>和 LinkedList<T>的缓存性能产生的影响（本章后面会介绍）。又如，SortedSet<T>和 List<T>类，前者实现为 n 个节点 n 个元素的二叉搜索树，而后者为 n 个元素的连续数组。在 32 位系统中，对 n 个大小为 s 的值类型进行排序，SortedSet<T>需要占用 $(20+s)n$ 个字节，而 List<T>只需要 sn 个字节。

- 有些集合为了满足性能需要，会对元素有额外的要求。如第 3 章所示，任何散列表的实现都要求其中的元素具有设计良好的散列值。

- 如果平摊 $O(1)$ 的集合使用得当，就会很难与真正的 $O(1)$ 集合区分开来。毕竟，很少有程序员（甚至程序）会担心 List<T>.Add 有时可能导致严重的内存分配成本，会根据列表中元素的数量等待相应的时间。平摊时间分析是个非常有用的方法，可以证明很多算法和集合的优化上限。

- 在设计和取舍（哪些应该包含在.NET Framework 中）集合的时候，到处都是时间空间对换的现象。SortedList<K,V>为元素提供了非常紧凑和连续的存储，代价是插入和删除的时间呈线性增长，而 SortedDictionary<K,V>占用了更多的空间并且也不是连续的，但所有操作都是对数级别。

> **注意**　我们还没有介绍字符串，它也是一种简单的集合类型——字符集合。在内部，System.String 类实现为不可变的和不能自增长的字符数组。所有对字符串的操作都会创建一个新的对象。因此，将多个短字符串连接起来构建长字符串是非常低效的。System.Text.StringBuilder 解决了这个问题，它的实现类似于 List<T>，在需要改变的时候会增加一倍的内部存储。在需要用很多（或未知数量）的短字符串构造长字符串时，应该使用 StringBuilder 来进行中间操作。

丰富的内置集合类看上去已经足够用了，但有时还是会显得捉襟见肘，我们后面会举一些这样的例子。在.NET 4.0 之前，人们常抱怨内置集合缺乏线程安全性，表 5-1 中的集合对于多线程并发访问都是不安全的。.NET 4.0 新增 System.Collections.Concurrent 命名空间，引入了一些专门为并发编程环境设计的新集合。

5.2.1　并发集合

随着.NET 4.0 任务并行库（task parallel library）的出现，对线程安全的集合的需求越来越迫切。第 6 章将会介绍几个在多线程下并发访问数据源或输出缓冲区的示例。而现在，我们将会和前面介绍标准（非线程安全）集合一样，来看一下已有的并发集合及它们的性能特征（见表 5-2）。

表 5-2　　　　　　　　　　　.NET Framework 中的并发集合

集　　合	相 似 集 合	细　　节	同 步 算 法
ConcurrentStack<T>	Stack<T>	单向链表	无锁（CAS），在自旋时使用指数退避算法
ConcurrentQueue<T>	Queue<T>	由数组段组成的链表（每 32 个元素一组）	无锁（CAS），在刚刚入队的元素要出队时，会短暂自旋
ConcurrentBag<T>	--	thread-local 列表，工作"窃取"	对于本地列表不需要同步，工作"窃取"时使用 Monitor
ConcurrentDictionary<K,V>	Dictionary<K,V>	散列表：桶和链表	对于更新：每组散列表桶内部使用 Monitor（与其他桶无关），对于读取：不需要同步

针对表 5-2 中"细节"列的 4 个具体解释如下。

（1）我们将在第 6 章介绍一个使用了 CAS 的无锁栈的简单实现，并讨论从它本身的价值来讨论 CAS 原子原语。

（2）ConcurrentQueue<T>类管理一个由数组段组成的链表，可以用有限的内存模拟无限的队列。元素的入队和出队只涉及数组段中指针的增长。有时也会需要同步，例如，要确保在入队线程执行完入队操作之后该元素才能出队。所有的同步操作都基于 CAS。

（3）ConcurrentBag<T>类管理一个无特定顺序的元素列表。元素存储在 thread-local 列表中。向 thread-local 列表添加和移除元素在列表的头部进行，通常不需要同步。如果需要从其他线程列表"窃取"元素，会从列表的尾部"窃取"，而且，只有在元素数量少于 3 个时，才会产生竞争。

（4）ConcurrentDictionary<K,V>使用了链（即在每个桶中使用链表）来实现的经典散列表（散列表结构的基本概念参见第 3 章）。锁出现在桶级别，在一个桶内的所有操作都需要锁，构造函数的 concurrencyLevel 参数决定了并发级别。最后，所有读操作都不需要锁，因为所有更改操作都是原子的（如向桶内的列表插入新元素）。

尽管大多数并发集合都与其非线程安全的等价集合类似，但受其并发特性的影响，它们会有一些不同的 API。例如，ConcurrentDictionary<K,V>类包含一些辅助方法，可以将锁的数量减小到最少，并且发现那些在误用字典时引发的很难捕获的竞争条件。

```
// This code is prone to a race condition between the ContainsKey and Add method calls:
Dictionary<string, int> expenses = ...;
if (!expenses.ContainsKey("ParisExpenses")) {
  expenses.Add("ParisExpenses", currentAmount);
} else {
  // This code is prone to a race condition if multiple threads execute it:
  expenses["ParisExpenses"] += currentAmount;
}

// The following code uses the AddOrUpdate method to ensure proper synchronization when
// adding an item or updating an existing item:
ConcurrentDictionary<string, int> expenses = ...;
expenses.AddOrUpdate("ParisExpenses", currentAmount, (key, amount) => amount +
currentAmount);
```

AddOrUpdate 方法可以确保在进行"添加或更新"这一操作组合时产生必要的同步。类似的，还有 GetOrAdd 辅助方法，可以获取已有的值，或者在该值不存在时将其添加到字典中并返回。

5.2.2 缓存

选择正确的集合所要考虑的不仅仅是性能。对 CPU 密集型应用来说，数据在内存中的布局方式远比其他条件重要，而集合会显著地影响布局。之所以要仔细地检查数据布局，其背后的主要因素是 CPU 缓存。

现代系统都有很大的主内存。8 GB 内存对于中档工作站或游戏笔记本来说只能是标配。高速 DDR3 SDRAM 内存的内存访问延迟可以在 15 ns 以内，并达到理论上 15 GB/s 的传输速率。另一方面，高速处理器每秒能发送几十亿个指令。从理论上说，等待 15 ns 的内存访问时间，会妨碍几十（甚至上百个）CPU 指令。这种由内存访问导致的延误现象，称为内存墙。

为了使应用程序远离内存墙，现代处理器都装备了若干级别的缓存，它们与主内存相比具有不同的内部特质，并且很小很昂贵。例如，我们的一块 Intel i7-860 处理器包括 3 级缓存（如图 5-3 所示）。

- 用于程序指令的 L1 缓存，32 KB，每个内核一个（共 4 个）。
- 用于数据的 L1 缓存，32 KB，每个内核一个（共 4 个）。
- 用于数据的 L2 缓存，256 KB，每个内核一个（共 4 个）。
- 用于数据的 L3 缓存，8 MB，共享（共 1 个）。

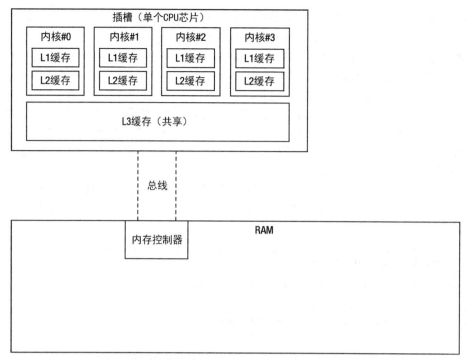

图 5-3 Intel i7-860 的缓存、内核和内存关系示意图

当处理器准备访问内存地址时，会先检查输入是否在 L1 缓存内。如果在，就会用缓存取代内存访问，这样所消耗的 CPU 周期小于 5 个（称为缓存命中）。如果不在，就检查 L2 缓存；如果 L2 缓存能满足访问，则消耗的 CPU 周期小于 10 个。同样，如果 L3 缓存满足访问，所消耗的 CPU 周期小于 40 个。最后，如果数据不在任何缓存内，处理器会访问系统主内存（称为缓存未命中）。当处理器访问主内存时，并不是单个字节地读取，而是通过缓存行（在现代系统中，一般由 32 或 64 个字节组成）。访问同一缓存行中的字节不会导致再次"未命中"，除非该行从缓存中移除。

以上描述并不是要说明 SRAM 缓存和 DRAM 内存的硬件复杂度，而是为思考和讨论缓存中的数据布局对高级软件算法的影响提供充足的理论支持。我们下面要介绍一个关于单核缓存的例子。在第 6 章，会介绍在多处理器程序中，如果误用多核缓存，也会对性能带来负面影响。

假设我们的任务是遍历一个较大的整数集合，对元素执行某些聚合操作，如求和或求平均值。下面是两种选择，用 LinkedList<T> 或用整型数组（int[]），它们都是 .NET 内置的集合。

```
LinkedList<int> numbers = new LinkedList<int>(Enumerable.Range(0, 20000000));
int sum = 0;
for (LinkedListNode<int> curr = numbers.First; curr != null; curr = curr.Next) {
  sum += curr.Value;
}
int[] numbers = Enumerable.Range(0, 20000000).ToArray();
int sum = 0;
for (int curr = 0; curr < numbers.Length; ++curr) {
  sum += numbers[curr];
}
```

在之前提到的 Intel i7-860 系统上，第二段代码要比第一段代码快 2 倍多。这是一个不容忽视的差别，如果只考虑生成的 CPU 指令数量的话，你可能都不相信会有差别。毕竟，遍历链表要从一个节点移动到另一个节点，而遍历数组要增加数组的索引。（实际上，如果没有 JIT 优化，访问数组元素还需要进行范围检查，以确保索引在数组的边界内。）

```
; x86 assembly for the first loop, assume 'sum' is in EAX and 'numbers' is in ECX
xor eax, eax
mov ecx, dword ptr [ecx+4]        ; curr = numbers.First
test ecx, ecx
jz LOOP_END
LOOP_BEGIN:
add eax, dword ptr [ecx+10]       ; sum += curr.Value
mov ecx, dword ptr [ecx+8]        ; curr = curr.Next
test ecx, ecx
jnz LOOP_BEGIN                    ; total of 4 instructions per iteration
LOOP_END:
...
; x86 assembly for the second loop, assume 'sum' is in EAX and 'numbers' is in ECX
mov edi, dword ptr [ecx+4]        ; numbers.Length
test edi, edi
jz LOOP_END
xor edx, edx                      ; loop index
LOOP_BEGIN:
add eax, dword ptr [ecx+edx*4+8]  ; sum += numbers[i], no bounds check inc edx
cmp esi, edx
jg LOOP_BEGIN                     ; total of 4 instructions per iteration
LOOP_END:
...
```

按照上面生成的代码（不包含用 SIMD 指令遍历数组的优化，这差不多是在内存里进行的），只分析执行的指令很难解释这么巨大的性能差别。确实，我们必须分析内存访问模式才能得出可接受的结论。

在这两个循环中，每个整数都只访问了一次，缓存就没有多大必要了，因为没有重用的数据，无法从缓存命中获益。在这里，数据在内存中的布局方式再次成为影响性能的主要因素，不是因为数据复用，而是因为从内存中读取数据的方式。在访问数组中的元素时，在缓存行开始会有一次缓存未命中，这会将连续 16 个整数放入缓存（缓存行=64 字节=16 个整数）。由于数组访问是按顺序的，接下来的 15 个整数已经在缓存中，不会产生缓存未命中。1:16 的缓存未命中率差不多是非常理想的情形。而另一方面，在访问链表中的元素时，缓存行开始的缓存未命中能够将最多 3 个连续的链表节点放入缓存，缓存未命中率为 1:4！（一个节点包含向前、向后指针和整数数据，在 32 位系统中会占用 12 字节；而引用类型头使得每个节点占用 20 字节。）

较高的缓存未命中率是上述代码产生性能差异的主要原因。此外，我们考虑的还是理想情况，即链表节点的位置在内存中是连续的，只有当节点同时分配且没有发生其他分配的情况才会如此，这显然是不可能的。如果链表节点在内存的分布不甚理想，缓存未命中率会更高，性能也会更差。

最后再举一个关于缓存效果的示例，即分块矩阵乘法。矩阵乘法（第 6 章介绍 C++ AMP 时还会再次讨论）是非常简单的算法，由于元素会重复使用多次，因此能大大受益于 CPU 缓存。下面是该算法的朴素实现：

```
public static int[,] MultiplyNaive(int[,] A, int[,] B) {
  int[,] C = new int[N, N];
  for (int i = 0; i < N; ++i)
    for (int j = 0; j < N; ++j)
      for (int k = 0; k < N; ++k)
        C[i, j] += A[i, k] * B[k, j];
  return C;
}
```

在最内侧循环中，取矩阵 A 的第 i 行和矩阵 B 的第 j 列的标量积（scalar product）；所有第 i 行第 j 列都将被计算。之所以能够通过缓存进行复用，是因为输出矩阵的所有第 i 行，都是通过重复访问矩阵 A 的第 i 行计算得出的。同样的元素重复使用了多次。矩阵 A 的遍历是缓存友好的：它每一行都完整地迭代了 N 次。然而这并没有用，因为当外层循环以迭代 i 结束时，方法本身已经不再是第 i 行。矩阵 B 的遍历是非常缓存不友好的：它的每一列都完整地迭代了 N 次。（因为矩阵 $int[,]$ 在内存中是以行优先的顺序存储的，如图 5-4 所示。）

图 5-4　二维数组（$int[,]$）的内存布局。行是连续的，列不是连续的

如果缓存足够大，可以放下整个矩阵 B，那么在外部循环迭代一次之后，整个矩阵 B 都将位于缓存之中，以列为优先顺序的后续访问都能从缓存中读取。但如果矩阵 B 不能放入缓存中，那么将会频繁发生缓存未命中：元素 (i, j) 的缓存未命中会产生一个缓存行，包含第 i 行的元素，但不包含第 j 列的元素，这意味着每次访问都会发生缓存未命中！

分块矩阵乘法引入了这样一个理念：两个矩阵相乘可以由上面的朴素算法实现，也可以将大矩阵拆分成小矩阵（块），先将块相乘，然后再对结果执行其他计算。

如果按图 5-5 所示的方式对矩阵 A 和矩阵 B 分块，那么矩阵 $C=AB$ 可以按块计算，即 $C_{ij} = A_{i1}B_{1j} + A_{i2}B_{2j} + \ldots + A_{ik}B_{kj}$。转换成代码即为：

```
public static int[,] MultiplyBlocked(int[,] A, int[,] B, int bs) {
  int[,] C = new int[N, N];
  for (int ii = 0; ii < N; ii += bs)
    for (int jj = 0; jj < N; jj += bs)
      for (int kk = 0; kk < N; kk += bs)
        for (int i = ii; i < ii + bs; ++i)
          for (int j = jj; j < jj + bs; ++j)
            for (int k = kk; k < kk + bs; ++k)
              C[i, j] += A[i, k] * B[k, j];
  return C;
}
```

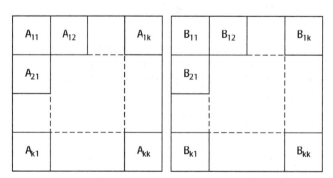

图 5-5　分块的矩阵 A 和矩阵 B，各含 $k \times k$ 个块

看似复杂的 6 层循环嵌套实际上非常简单，最里面的 3 层循环是两个块的朴素矩阵乘法，最外面的 3 层循环对块进行迭代。为了测试分块相乘算法，我们使用和前面例子相同的机器（8 MB L3

缓存)，对两个 2×2048 的整数矩阵相乘。每个矩阵的总大小为 $2048 \times 2048 \times 4 \times 2 = 32\ MB$，无法放入缓存中。按不同的大小分块所产生的结果见表 5-3。从表 5-3 中可以看到分块所带来的帮助，并且找到最佳的块大小可以对性能产生明显的辅助效果。

表 5-3　　　　不同块大小（block size，bs）的分块算法所消耗的时间

	朴素（不分块）	bs=4	bs=8	bs=16	bs=32	bs=64	bs=512	bs=1024
耗时	178	92	81	81	79	106	117	147

即使离开了算法设计和集合优化这个舞台，缓存还是有很多用武之地，并且还存在一些更加精妙的要考虑缓存和内存的场景，如各级缓存之间的关系、缓存关联的影响、内存访问依赖和排序等。要了解更多示例，可以阅读 Igor Ostrovsky 撰写的通俗易懂的文章"Gallery of Processor Cache Effects"。

5.3　自定义集合

在计算机科学的文献资料中，还存在大量众所周知的集合，但并没有入选 .NET Framework。它们有些十分常见，比内置集合能带来更多的好处。此外，它们大多提供了足够简单的算法，可以在较短的时间内实现。我们的目的并不是探索所有的集合，不过以下两个示例与现有的 .NET 集合大相径庭，可以透过它们了解自定义集合的用处。

5.3.1　分离集（并查集）

分离集（disjoint-set）数据结构（通常称为并查集，union-find）是一种集合，存储分离子集中的元素分区。它与所有 .NET 集合的区别在于不存储元素。相反，存在一个元素域，域中的每个元素形成一个单独的集。对数据结构的连续操作将使这些集合并为更大的集。该数据结构可以高效地实现以下两种操作。

- 合并（union）：将两个子集合并成一个子集。
- 查找（find）：判断某个特定元素属于哪个子集（最常见的情形是判断两个元素是否属于相同的子集）。

一般来说，在操作集时会从集中选择一个元素代表（representative element）。合并和查找操作所接收和返回的都是代表，而不是整个集。

并查集的朴素实现包括使用集合来表示各个集，以及在必要时合并集合。例如，如果使用链表来存储集，那么合并操作所消耗的时间是线性的，而如果每个元素都包含指向元素代表的指针，那么查找操作所消耗的时间则可以是固定的。

Galler-Fischer 的实现 1 有着更加复杂的运行时行为。所有的集都存储在森林（树的集）中。在树的内部，每个节点都包含指向父节点的指针，树的根节点为集的代表。为了确保在合并时所产生的树为平衡树，较小的树总是会附加到较大树的根节点上（这需要跟踪树的深度）。此外，在执行查找操作时，会将路径从所需元素压缩到其代表的路径。下面是该算法的简要实现：

```
public class Set<T> {
  public Set Parent;
  public int Rank;
  public T Data;
  public Set(T data) {
```

```
      Parent = this;
      Data = data;
    }

    public static Set Find(Set x) {
      if (x.Parent != x) {
        x.Parent = Find(x.Parent);
      }
      return x.Parent;
    }

    public static void Union(Set x, Set y) {
      Set xRep = Find(x);
      Set yRep = Find(y);
      if (xRep == yRep) return; // It's the same set

      if (xRep.Rank < yRep.Rank)      xRep.Parent = yRep;
      else if (xRep.Rank > yRep.Rank) yRep.Parent = xRep;
      else {
        yRep.Parent = xRep;
        ++xRep.Rank; // Merged two trees of equal rank, so rank increases
      }
    }
  }
```

要对这个数据结构进行精准的运行时分析是非常复杂的。一个简单的上限为：对于 n 个元素的森林，其每个操作的平摊时间为 $O(\log n)$，其中 $\log n$（n 的叠对数）为要获取一个小于 1 的结果，该算法函数必须执行的次数，即对于 $\log \log \log \cdots \log n \le 1$，$\log$ 必须出现的最小数量。对于一个实际的 n 值，如 $n \le 10^{50}$，$\log$ 出现的次数也不会超过 5，非常稳定（如图 5-6 所示）。

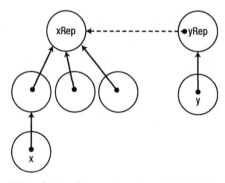

图 5-6　合并 x 集和 y 集（x 比 y 小）。虚线表示合并的结果

5.3.2　跳跃表

跳跃表（skip list）是一种数据结构，存储的是一个已排序的链表。它的查找时间为 $O(\log n)$，与数组的二分查找和平衡二叉树的查找相当。我们都知道，要对链表进行二分查找，其主要问题在于链表无法进行按索引的随机访问。跳跃表使用了多层逐渐稀疏的链表解决了这一问题：第一个链表连接所有的节点；第二个链表连接第 0、2、4……个节点；第三个链表连接第 0、4、8……个节点；第四个链表连接第 0、8、16 个节点，以此类推。

要查找跳跃表中的某个元素，首先会迭代元素最少的那个链表。如果发现链表中的某个元素大于或等于要查找的元素，就返回上一个元素，然后跳至层级中的下一个链表。重复该过程直到找到元素。在整个层级中，使用 $O(\log n)$ 个链表可以保证 $O(\log n)$ 的查找时间。

然而，维护跳跃表元素并不容易。如果整个链表层级因为添加或移除元素而重新分配，那么还不如简单的数据结构（如 `SortedList<T>`，只维护一个排序的数组）。常见的解决方案是随机化这个链表层级（如图 5-7 所示），使插入、删除和查找元素均为对数时间。关于维护跳跃表的详细内容，参见 William Pugh 的论文"Skip lists: a probabilistic alternative to balanced trees"（ACM，1990）。

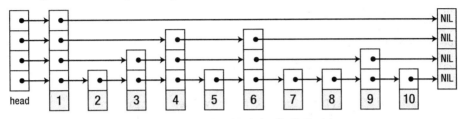

图 5-7　包含 4 个随机链表层级的跳跃表

5.3.3　一次性集合

有时候会有某种独特的场景，要求使用一个完全自定义的集合。我们称这种集合为一次性集合（one-shot collection），因为不可否认它是为我们的特定领域量身定制的。随着时间的推移，你可能会发现有些一次性集合是可以重用的，本小节就来介绍一个这样的例子。

例如，设计一个应用程序——糖果交易系统，糖果零售商可以通过它看到不同糖果种类的最新价格。核心的数据表存储在内存里，包含每种类型的糖果及其价格。表 5-4 所示为某一时刻的数据示例。

表 5-4　　　　　　　　　　　　糖果交易系统的数据表

糖 果 类 型	价格（美元）
特趣	0.93
玛氏条	0.88
士力架	1.02
好时	0.66

系统中包含两类用户。

- 糖果经销商通过 TCP 套接字连接系统，定期询问某种糖果的最新信息。例如，经销商会问"特趣的价格是多少"，系统返回"0.93 美元"。这样的请求每秒大概有几万条。
- 糖果供应商通过 UDP 套接字连接系统，定期更新糖果价格。请求的类型包括两种：
    - "玛氏条的价格更新为 0.91 美元"，不需要响应。这样的请求每秒大概有几千条。
    - "新增糖果、雪花栈，初始价格为 0.49 美元"，不需要响应。这样的请求每天不过几十条。

也就是说，99.9%的操作为读取或更新，只有 0.1%的操作为添加新的糖果类型。

有了这些信息，我们开始着手设计数据结构，一个在内存中存储上述数据表的集合。该数据结构必须为线程安全的，因为在某个时刻多个线程可能会竞争访问它。我们不用担心数据的持久化问题，只需考察在内存中的性能指标。

根据数据的结构和请求的类型，我们应该使用散列表来存储糖果价格。散列表的同步访问最好交给 `ConcurrentDictionary<K, V>`。从并发字典中读取数据可以不用同步，但更新和添加操作则要求在相当细粒度的级别保持同步。尽管这个方案可以满足需求，但我们有更高的要求：对于已存在的糖果类型所做的那些操作（占总操作的 99%），都不能产生同步。

要解决这一问题，可以使用"安全-不安全缓存"（safe-unsafe cache）。该集合包含两个散列表：安全表和不安全表。安全表存储那些已有的糖果类型，不安全表一开始为空。对于安全表的操作不需要用锁，因为它是不可变的。新的糖果类型将添加到不安全表里。下面是一个用 Dictionary<K, V>和 ConcurrentDictionary<K, V>实现的"安全-不安全缓存"。

```
// Assumes that writes of TValue can be satisfied atomically, i.e. it must be a reference
// type or a sufficiently small value type (4 bytes on 32-bit systems).
public class SafeUnsafeCache<TKey, TValue> {
  private Dictionary<TKey, TValue> safeTable;
  private ConcurrentDictionary<TKey, TValue> unsafeTable;

  public SafeUnsafeCache(IDictionary<TKey, TValue> initialData) {
    safeTable = new Dictionary<TKey, TValue>(initialData);
    unsafeTable = new ConcurrentDictionary<TKey, TValue>();
  }
  public bool Get(TKey key, out TValue value) {
    return safeTable.TryGetValue(key, out value) || unsafeTable.TryGetValue(key, out
value);
  }
  public void AddOrUpdate(TKey key, TValue value) {
    if (safeTable.ContainsKey(key)) {
      safeTable[key] = value;
    } else {
      unsafeTable.AddOrUpdate(key, value, (k, v) => value);
    }
  }
}
```

我们还可以进行一些优化，如定期暂停所有交易操作，将不安全表合并到安全表中，这会减少因操作糖果数据产生的同步。

实现 IEnumerable<T>和其他接口

几乎所有集合都最终实现了 IEnumerable<T>和其他集合相关的接口。遵守这些接口的好处很多，因为在.NET 3.5 之后，我们要尽可能地使用 LINQ。所有实现了 IEnumerable<T>的类都自动享有 System.Linq 所提供的大量扩展方法，以及和内置集合同等的 LINQ 表达式。

但是，如果在集合中简单地实现 IEnumerable<T>，则意味着让调用者在迭代时承担接口调用的代价。例如，下面这个迭代 List<int>的代码片段：

```
List<int> list = ...;
IEnumerator<int> enumerator = list.GetEnumerator();
long product = 1;
while (enumerator.MoveNext()) {
  product *= enumerator.Current;
}
```

每次迭代都会产生两次接口方法调用，这对遍历列表和查找元素来说是不合理的损耗。我们在第 3 章中介绍过，内联接口方法调用并不那么容易，如果 JIT 内联失败，代价将非常高。

我们有几种方法可以避免接口方法调用。在值类型变量上直接调用接口方法，可以直接分发。因此，如果上例中的 enumerator 变量为值类型（而不是 IEnumerator<T>），就可以避免接口分发的代价。该方案只有在集合实现的 GetEnumerator 方法直接返回值类型时才有效，调用者将使用这个值类型，而不是接口。

要实现这一点，List<T>应具有 IEnumerator<T>的显示接口实现.返回 IEnumerator<T>的 GetEnumerator 和另一个 GetEnumerator 公共方法，返回 List<T>.Enumerator，一个内部值类型。

```
public class List<T> : IEnumerable<T>, ... {
  public Enumerator GetEnumerator() {
    return new Enumerator(this);
  }
  IEnumerator<T> IEnumerable<T>.GetEnumerator() {
    return new Enumerator(this);
  }
  ...
  public struct Enumerator { ... }
}
```

客户端代码可以完全摆脱接口方法调用，如下所示：

```
List<int> list = ...;
List.Enumerator<int> enumerator = list.GetEnumerator();
long product = 1;
while (enumerator.MoveNext()) {
  product *= enumerator.Current;
}
```

还有一种方案是将迭代器设计为引用类型，但要对 MoveNext 方法和 Current 属性使用同样的显式接口实现。这样调用者将直接使用类，从而避免了接口调用。

5.4 小结

本章介绍了十多个集合实现，并从内存密度、运行时复杂度、空间占用和线程安全等方面对其进行了比较。现在，读者应该对选择最优集合有了更好的理解，并且不应该害怕摆脱使用.NET Framework 内置集合，自己去创建一次性集合或者借鉴计算机科学文献中的想法。

第6章

并发和并行

多年来，计算机系统的处理能力呈指数级提升。各种模型的处理器越来越快，以前那些专门为昂贵的工作站硬件设计的程序，已经可以运行在便携式计算机和手持设备上。几年前这一状况已宣告结束，当今的处理器呈指数级增长的已经不止是速度，还包括数量。然而，无论在多处理器系统稀少且昂贵的曾经，还是在智能手机都已经是双核和四核处理器的今天，编写利用多核处理的程序都并不简单。

本章将带你进入.NET 并行编程的世界。尽管本章无法涵盖全部 API、框架、工具、缺点、设计模式和并行编程的架构模型，但对于一本介绍性能优化的书来说，一定要介绍这个最显而易见的改善程序性能的方式——利用多核处理器。

6.1　挑战与所得

充分利用并行的另一个挑战是多处理器系统日益增长的不均匀性。对于 CPU 厂商来说，引以为豪的是发布那些价格便宜的、面向消费者的四核或八核系统，甚至几十个核的高级服务器。但如今中档工作站或高级便携式计算机通常都会配备强大的图形处理单元（GPU），支持几百个并发线程。这两种类型的并发似乎还不够，基础设施即服务（IaaS）的价格每周都在下降，使得我们眨眼之间就能访问上千核的云服务。

> **注意**　Herb Sutter 在其文章《Welcome to the Jungle》（2011）中完美地描述了这个期待并发框架诞生的"鱼龙混杂"的世界。而在另一篇 2005 年的文章 "The Free Lunch is Over" 中，他激发了大家对于日常编程中使用并发和并行框架的兴趣。如果你想了解本章之外的并行编程知识，我们推荐以下这两本关于并行编程和.NET 并行框架的书籍：Joe Duffy 的《Concurrent Programming on Windows》（Addison-Wesley，2008）和 Joseph Albahari 的《Threading in C#》（online，2011）。要理解操作系统内部关于线程调度和同步机制的知识，Mark Russinovich、David Solomon 和 Alex Ionescu 的《Windows Internals, 5th Edition》（Microsoft Press，2009）是优秀的参考资料。最后，本章所介绍的 API 信息都能在 MSDN 上查阅到，如任务并行库。

从并行中所获得的性能提升是不容忽视的。对于 I/O 密集型应用程序，将 I/O 操作转移到其他线程、执行异步 I/O 以缩短响应时间、发起多 I/O 操作以提供伸缩性等，都对性能大有裨益。将那些持续产出的算法的 CPU 密集型应用并行化，在常见的硬件配置下，利用所有可用的 CPU 核心可以使性能提升一个数量级，而利用所有可用的 GPU 核心可以提升两个数量级。本章后面会看到，对于一个简单的矩阵相乘算法，只需修改几行代码让其运行在 GPU 上，就可以使之提速 130 倍。

同样，并行之路也布满了陷阱，每前行一步都有死锁、竞争、"饥饿" 和内存破坏在等待着我们。近年来的并行框架（包括本章后面会使用的.NET 4.0 引入的任务并行库以及 C++ AMP）旨在享受性能的提升的同时从某种程度上降低编写并行应用的复杂性。

为什么要并发和并行

在应用程序中，使用多线程控制的理由有很多。本书专注于改善程序性能，而且确实大多数使用并发和并行的原因就是因为性能。举例如下。

- 发起异步 I/O 操作可以改善应用程序的响应时间。大多数 GUI 应用都有单独的线程来负责所有的 UI 更新。该线程不能长期占用，以免 UI 失去用户响应。
- 跨多个线程的并行工作可以提高系统资源利用率。在现代系统中，有了多核 CPU 甚至多核 GPU，可将简单地 CPU 密集型算法的并行计算性能提高一个数量级。
- 一次执行多个 I/O 操作（例如，同时从多个旅行网站获取价格，或更新多个分布式 Web 仓库中的文件）可以提升整体吞吐量，因为大多数时间都是浪费在等待 I/O 操作完成上的，可以利用这些时间发起其他 I/O 操作，或处理已完成操作所产生的结果。

6.2 从线程到线程池，再到任务

我们先从线程开始。线程是使应用并行化和分发异步操作的最基本手段，是用户模式（user-mode）程序中最低级别的抽象。线程几乎没有提供结构和控制方面的支持，直接对线程编程，更像是很久以前子程序、对象和代理还未流行时的非结构化编程。

考虑下面这个简单的任务：从大量自然数中找到所有质数，并存储在集合中。这是纯粹 CPU 密集型的任务，并且看上去很容易并行化。首先，我们编写一个朴素版本的代码，运行于单个 CPU 线程中：

```
// Returns all the prime numbers in the range [start, end)
public static IEnumerable<uint> PrimesInRange(uint start, uint end) {
  List<uint>primes = new List<uint>();
  for (uint number = start; number<end; ++number) {
    if (IsPrime(number)) {
      primes.Add(number);
    }
  }
  return primes;
}
private static bool IsPrime(uint number) {
  // This is a very inefficient O(n) algorithm, but it will do for our expository purposes
  if (number == 2) return true;
  if (number % 2 == 0) return false;
  for (uint divisor = 3; divisor<number; divisor += 2) {
    if (number % divisor == 0) return false;
  }
  return true;
}
```

有什么地方可以改进吗？算法已经快到不需要优化了吗？对于较大范围的搜索来说（如[100, 200 000]），上述代码在现代处理器上要运行几秒的时间，还是有很大的优化空间的。

你可能对该算法效率产生质疑（如稍加优化就可以让运行时间从线性变为 $O(n^2)$），但不考虑算法优化，这段代码看上去是可以并行化的。毕竟，判断 4977 是否为质数与判断 3221 是否为质数完全没有关系。一个显而易见的让其并行运行的方式是将范围内的数字划分为多个块，创建单独的线程来处理这些块（如图 6-1 所示）。显然，我们需要同步访问质数集合，以保证其不被多线程破坏。下面的代码展示了一种朴素的实现方式：

```
public static IEnumerable<uint> PrimesInRange(uint start, uint end) {
  List<uint> primes = new List<uint>();
  uint range = end - start;
  uint numThreads = (uint)Environment.ProcessorCount; // is this a good idea?
  uint chunk = range / numThreads; // hopefully, there is no remainder
  Thread[] threads = new Thread[numThreads];
  for (uint i = 0; i<numThreads; ++i) {
    uint chunkStart = start+i*chunk;
    uint chunkEnd = chunkStart+chunk;
    threads[i] = new Thread(() => {
      for (uint number = chunkStart; number < chunkEnd; ++number) {
        if (IsPrime(number)) {
          lock(primes) {
            primes.Add(number);
          }
        }
      }
    });
    threads[i].Start();
  }
  foreach (Thread thread in threads) {
    thread.Join();
  }
  return primes;
}
```

根据多个线程划分的数字范围

1 - 25,000	25,001 - 50,000	50,001 - 75,000	75,001 - 100,000
线程1	线程2	线程3	线程4

图 6-1　将数字范围按线程分块

在 Intel i7 系统上，顺序执行的代码遍历[100, 200 000]平均约消耗 2950 ms，并行执行的代码平均约消耗 950 ms。通常 8 核系统的结果比这个要好，因为该系统使用了超线程技术（HyperThreading），即只有 4 个物理内核（每个物理内核包含两个逻辑内核）。因此，在该系统中，理论上并行的速度应该是顺序的 4 倍，但实际结果为 3 倍，这是无法忽略的。不过，如图 6-2 和图 6-3 所示，并发分析器报告显示，某些线程比其他线程结束得早，导致 CPU 整体利用率明显低于 100%（有关使用并发分析器对应用程序进行评估的内容参见第 2 章）。

的确，该程序比顺序的版本快得多（但并不是线性增长），特别是在多核的情况下。但这会导致一些问题：

CPU利用率

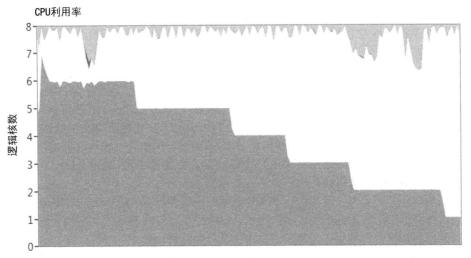

图 6-2　CPU 整体利用率一开始达到 8 核（逻辑），在结束时下降到 1 核（逻辑）

图 6-3　某些线程比其他线程结束得早。线程 9428 只运行了不到 200 ms，而线程 5488 则超过 800 ms

● 开启多少个线程是最优的？8 核系统就应该创建 8 个线程吗？

● 如何既不独占系统资源，又不过度创建？例如，如果进程中还有另外一个线程需要计算质数，并运行相同的并行算法，会发生什么？

● 线程如何同步访问结果集合？多线程访问 List<uint>是不安全的，会导致数据损坏（该内容将在下节介绍）。但对添加质数集合的操作加锁（即第一种方法）是十分"昂贵"的，这样的算法也无法适应日益增长的处理器数量。

- 对于少量数字，产生大量新的线程是否值得？将整个操作在单线程上同步执行是否更好？（虽然在 Windows 中创建和销毁单个线程是很"廉价"的，但与判断 20 个很小的数字是质数还是合数相比就不那么"廉价"了。）

- 如何确保每个线程的工作量相等？某些线程结束得比其他线程早，特别是操作较小数字的线程。由于我们判断质数的算法会随着数字的增大而越来越慢，因此若将[100, 100 000)划分成四等份，那将使得处理[100, 25 075]的线程比负责[75 025, 100 000]的线程快两倍还多。

- 如何处理其他线程抛出的异常？在本例中，IsPrime 方法可能不会产生错误，但在真实代码中，并行工作充满了潜在的缺陷和异常条件。（当线程抛出未处理异常的时候，CLR 的默认行为是终结整个进程，这通常来说是个好主意，即快速失败（fail-fast），但却根本不允许 PrimesInRange 的调用者处理该异常。）

要解决这些问题并不容易，而我们接下来要介绍的任务并行库（task parallel library）正是这样一个框架，它执行并行工作时不会产生过多的线程，它能避免过载与确保工作平均分配到所有线程上，它能生成可靠的错误报告和结果，也能和进程中的其他并行源协作。

要进行手动线程管理，最自然的方式是借助线程池。线程池是一个组件，可以管理大量的用于执行工作项的线程。它不会为某项工作创建新的线程，而是将任务放到线程池中排队，线程池会选择一个可用的线程，分发任务并执行。线程池解决了上面提出的一些问题，缩减了为短期任务创建和销毁线程的成本，避免了资源独占，通过减少应用中的线程总数避免了过载，对于某项任务可以自动判断线程的最优数量。

在我们这个特例中，我们可以将数字范围分割成大量的小块（最极端的情况可以是每个循环一个块），将它们放到线程池中排队。下面为每个块中包含 100 个数字的代码：

```
public static IEnumerable<uint> PrimesInRange(uint start, uint end) {
  List<uint> primes = new List<uint>();
  const uint ChunkSize = 100;
  int completed = 0;
  ManualResetEvent allDone = new ManualResetEvent(initialState: false);
  uint chunks = (end - start) / ChunkSize; // again, this should divide evenly
  for (uint i = 0; i<chunks; ++i) {
    uint chunkStart = start+i*ChunkSize;
    uint chunkEnd = chunkStart+ChunkSize;
    ThreadPool.QueueUserWorkItem(_ =>{
      for (uint number = chunkStart; number<chunkEnd; ++number) {
        if (IsPrime(number)) {
          lock(primes) {
            primes.Add(number);
          }
        }
      }
      if (Interlocked.Increment(ref completed) == chunks) {
        allDone.Set();
      }
    });
  }
  allDone.WaitOne();
  return primes;
}
```

这段代码伸缩性明显要比使用简单线程的代码好得多，执行速度也更快，平均在 800 ms，优于 950 ms（数字范围为[100, 300 000]），几乎是顺序执行的版本的 4 倍。此外，CPU 利用率接近 100%，如图 6-4 中的 Concurrency Profiler 报告所示。

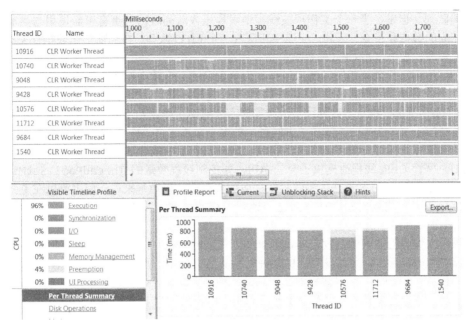

图 6-4 在程序执行时，CLR 线程池使用 8 个线程（每个逻辑内核一个线程），并且每个线程都差不多一直运行

在 CLR 4.0 中，CLR 线程池由若干协同组件组成。当某个不属于线程池的线程（如应用程序主线程）将工作项分发到线程池时，将被压入一个全局 FIFO（先入先出）队列。每个线程池线程都有一个本地 LIFO（后入先出）队列，由该线程创建的工作项将被压入到这个队列中（如图 6-5 所示）。当线程池线程空闲时，则会先询问它的 LIFO 队列，如果队列中有工作项，便开始执行。如果一个线程的 LIFO 队列耗尽，会进行工作"窃取"（work stealing），询问其他线程的本地队列，并以 FIFO 的顺序执行工作项。最后，如果所有本地队列均为空，线程将会询问全局 FIFO 队列，并执行其中的工作项。

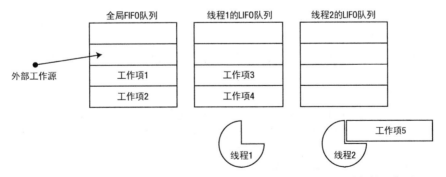

图 6-5 线程 2 正在执行工作项 5，完成之后将借用全局 FIFO 队列中的工作项；
而线程 1 则会先完成本地队列中的所有工作

线程池的 FIFO 和 LIFO 语义

这个 FIFO 和 LIFO 队列的语义看上去有点奇怪，其背后的原因：当一项工作压入全局队列时，没有特殊的线程会去专门执行它，在挑选要执行的工作时，公平是唯一的标准。因此，FIFO 的语义

147

更适合全局队列。但是，当一个工作项被线程池线程压入队列时，它更有可能使用与当前正在执行的工作项相同的数据和指令。因此，应该将其压入一个 LIFO 队列，在当前工作项执行完毕后，会立即执行该工作项，充分利用 CPU 的数据和指令缓存。

此外，与访问全局队列相比，访问线程本地队列中的工作项需要较少的同步，并且不易与其他线程发生竞争。同样，线程从其他线程"窃取"工作是按照 FIFO 的顺序，这样，原线程 LIFO 优化生成的 CPU 缓存就得以维持。这种线程池结构对有层级的工作项是十分友好的，单个对象压入到全局队列后，会产生很多额外的工作项，为线程池的多个线程提供工作。

和其他抽象概念类似，线程池在某种程度上从开发者手中接管了线程生命周期的管理和工作项调度的控制。尽管 CLR 线程池提供了一些 API，如控制线程数量的 ThreadPool.SetMinThreads 和 SetMaxThreads，不过却无法控制线程或任务的优先级。但通常来说，应用可以在更强大的系统上自由扩展，以及不需要对短期任务创建和销毁线程所带来的性能提升，足以弥补这种控制上的缺失。

工作项压入线程池队列的过程是非常笨拙的。它们没有状态，不能携带异常信息，无法支持异步的后续操作和取消操作，并且没有提供某种机制从已完成的任务中获取结果。.NET 4.0 的任务并行库引入了任务（task），它是对线程池工作项的一种强大的抽象，是线程和线程池工作项的一种结构化的替代品，就像对象和子程序是基于 goto 的汇编程序的结构化替代品一样。

6.2.1 任务并行

任务并行是一种范式，也是一组 API，可以将大任务分割为多个小任务，并在多个线程中执行。任务并行库（TPL）中包含一些优秀的 API，能够（通过 CLR 线程池）同时管理上百万个任务。TPL 的核心是 System.Threading.Tasks.Task 类，它表示一个任务。Task 类具有以下功能：

- 在未指定的线程上调度不相关的工作。（用哪个线程来执行给定的任务是由任务调度器（task scheduler）决定的，默认的任务调度器将任务压入 CLR 线程池队列，但也有一些调度器将任务发送给指定的线程，如 UI 线程。）
- 等待任务完成并获取执行结果。
- 提供一个后续操作（continuation），在任务执行完后立即运行（这通常称为回调，但本章使用后续操作这个术语）。
- 处理异常，包括单个任务、有层级的任务（由原始线程调度执行），或对任务结果感兴趣的其他线程。
- 取消还未开始的任务，以向正在执行的任务发送取消请求。

由于我们将任务视为对线程的高级抽象，因此可以用任务来代替线程，重写我们计算质数的代码。它能让代码变得更短，因为我们不用计算任务的数量，也不需要用 ManualResetEvent 对象来跟踪任务的执行。然而，我们下一节会看到，TPL 提供的数据并行 API 其实更适合将在一个范围内查找所有质数的循环并行化。因此，这里我们来考虑另外一个问题。

快速排序（QuickSort）是一种著名的基于递归比较的排序算法，其本身非常适合并行化（并且平均情况下运行时复杂度为 $O(n \log n)$，这是最优的算法，不过近年来已经没有什么大型框架使用快速排序了）。它的算法如下所示：

```
public static void QuickSort<T>(T[] items) where T : IComparable<T>{
  QuickSort(items, 0, items.Length);
}
```

```
private static void QuickSort<T>(T[] items, int left, int right) where T : IComparable<T>{
  if (left == right) return;
  int pivot = Partition(items, left, right);
  QuickSort(items, left, pivot);
  QuickSort(items, pivot+1, right);
}
private static int Partition<T>(T[] items, int left, int right) where T : IComparable<T>{
  int pivotPos = ...; // often a random index between left and right is used
  T pivotValue = items[pivotPos];
  Swap(ref items[right-1], ref items[pivotPos]);
  int store = left;
  for (int i = left; i<right - 1; ++i) {
    if (items[i].CompareTo(pivotValue)<0) {
      Swap(ref items[i], ref items[store]);
      ++store;
    }
  }
  Swap(ref items[right-1], ref items[store]);
  return store;
}
private static void Swap<T>(ref T a, ref T b) {
  T temp = a;
  a = b;
  b = temp;
}
```

图 6-6 演示了 Partition 方法的一个步骤。我们选择第 4 个元素（值为 5）作为中心点。首先，将中心点移到数组的最右侧。然后，所有大于中心点的元素都被移动到数组右侧。最终，中心点所在的位置正好满足所有大于它的元素都在它右侧，所有小于它的元素都在它左侧。

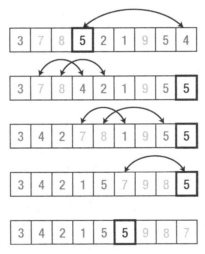

图 6-6　单次调用 Partition 方法所产生的结果

快速排序中每个步骤的递归调用都可以并行化。对数组的左半部分和右半部分分别排序是两个单独的任务，它们之间不需要同步，使用 Task 类是十分理想的。下面是使用 Task 对快速排序进行并行化的第一次尝试：

```
public static void QuickSort<T>(T[] items) where T : IComparable<T> {
  QuickSort(items, 0, items.Length);
}
```

```
private static void QuickSort<T>(T[] items, int left, int right) where T : IComparable<T>
{
    if (right - left<2) return;
    int pivot = Partition(items, left, right);
    Task leftTask = Task.Run(() => QuickSort(items, left, pivot));
    Task rightTask = Task.Run(() => QuickSort(items, pivot+1, right));
    Task.WaitAll(leftTask, rightTask);
}
private static int Partition<T>(T[] items, int left, int right) where T : IComparable<T>
{
    // Implementation omitted for brevity
}
```

Task.Run 方法创建一个新的任务（相当于调用 new Task()），并安排其执行（相当于对新创建的任务执行 Start 方法）。Task.WaitAll 静态方法等待这两个任务完成，然后返回。注意，我们没必要关心如何等待任务完成、如何创建和销毁线程。

有一个非常有用的辅助方法称为 Parallel.Invoke，可以执行一组任务，当所有任务都完成时返回结果。这样，QuickSort 方法体的核心部分就可以写成：

```
Parallel.Invoke(
    () => QuickSort(items, left, pivot),
    () => QuickSort(items, pivot+1, right)
);
```

无论使用 Parallel.Invoke，还是手动创建任务，都会比之前顺序执行的代码慢得多，尽管看上去它们似乎利用了所有可用的处理器资源。对于由 100 万个随机整数组成的数组，在我们的测试系统中，顺序版本消耗 250 ms，而并行版本平均差不多消耗 650 ms。

问题在于并行更适合于那些粒度足够粗的情况。对只有 3 个元素的数组并行排序是没有意义的，因为创建 Task 对象，将工作项排入线程池，以及等待它们执行完成，这些工作所带来的损耗，要远远大于手动比较所需的时间。

1. 在递归算法中调节并行计算

如何调节并行计算以避免优化带来的损耗呢？可以试试下面这几种方法：

- 当要排序的数组元素大于某一阈值（如 500）时，才使用并行版本，并在元素变少时，立即切换到顺序版本。
- 当递归深度小于某一阈值时，才使用并行版本，并在递归深度变大时，立即切换到顺序版本。（该方法的效果略逊于上一个，除非中位数每次都恰好在数组中间。）
- 当正在执行的（需要手工维护的）任务数量少于某一阈值时，才使用并行版本，否则切换到顺序版本。（如果没有递归深度或元素数量等其他条件限制并行时，那么这是唯一的手段。）

确实，将上述方案应用于 500 个以上的元素时，在作者这台 Intel i7 处理器上的执行时间要比顺序版本快 4 倍。代码方面的更改非常简单，不过如果是产品代码，阈值不应为硬编码：

```
private static void QuickSort<T>(T[] items, int left, int right) where T : IComparable<T>
{
    if (right - left < 2) return;
    int pivot = Partition(items, left, right);
    if (right - left > 500) {
        Parallel.Invoke(
            () => QuickSort(items, left, pivot),
            () => QuickSort(items, pivot+1, right)
        );
    } else {
```

```
        QuickSort(items, left, pivot);
        QuickSort(items, pivot+1, right);
    }
}
```

2. 关于递归分解的更多示例

还有很多算法可以通过类似的递归分解达到并行执行的目的。实际上，几乎所有将输入分割成多个部分的递归算法，其思想都是对各个部分独立执行，再将结果合并。本章后面会介绍一些不是十分容易并行化的例子，不过在此之前先来看一些容易的：

- 用于矩阵相乘的施特拉森算法。该算法比后面要介绍的朴素立方算法性能更好。施特拉森算法递归地将 $2^n \times 2^n$ 大小的矩阵分解为 4 个相等的 $2^{n-1} \times 2^{n-1}$ 大小的矩阵，并使用一个小技巧，执行 7 次乘法操作（不是 8 次），运行时间能够接近 $O(n^{2.807})$。与快速排序的示例类似，施特拉森算法的实际实现在处理小矩阵时，常常会回退为标准立方算法。当并行施特拉森算法使用递归分解时，为小矩阵的并行设置一个阈值显得尤为重要。

- 快速傅里叶变换（库利-图基算法）。该算法计算向量的离散傅里叶变换，它通过递归，将长度为 2^n 的向量分解为两个大小为 2^{n-1} 的向量。将这种计算并行化十分容易，不过我们仍需注意为小向量设置并行化的阈值。

- 图的遍历（深度优先搜索或广度优先搜索）。我们在第 4 章介绍过，CLR 垃圾回收器会对以对象为顶点、以对象间的引用为边的图进行遍历。和其他递归算法一样，使用深度优先搜索或广度优先搜索的图遍历算法也能并行执行。但与快速排序和快速傅里叶变换不同，在并行执行图遍历的分支时，很难进一步评估一次递归调用所代表的工作量。因为它需要启发算法来决定搜索空间如何被划分为多个线程：我们已经看到，服务器垃圾回收的风格是非常"粗犷"的，是基于分配对象的各个处理器上单独的堆来划分的。

如果还想寻找更多的例子来练习并行编程技巧，可以看一下 Karatsuba 乘法算法，它使用递归分解使 n 位数相乘达到 $O(n^{1.585})$。还有插入排序，跟快速排序类似，通过递归分解进行排序。另外，还包括众多的动态规划算法，它们常在并行计算的不同分支需要使用高级技巧来引入制表（memoization），我们后面会介绍一个这方面的例子。

3. 异常和取消

我们还没有接触 Task 类的全部能力。假设我们希望处理快速排序的递归调用可能产生的异常，并且能够在排序并未完成时取消整个操作。

任务执行环境提供了一些基础设施，可以将任务抛出的异常封送给任何它认为适合接收该异常的线程。假设快速排序的某个递归调用遇到了一个异常，例如，没有仔细考虑数组边界，导致数组两端产生差 1 错误（off-by-one error）。该异常由线程池线程抛出，该线程无法被显式控制，并且无法在最上层做异常处理。幸运的是，TPL 能够捕获该异常，并将其存储在 Task 类中进行传递。

当程序等待任务完成（使用 Task.Wait 实例方法）或获取任务结果（使用 Task.Result 属性）时，任务内部引发的异常将被再次抛出（包装到 AggregateException 对象中）。这样就能在创建任务的代码中自动地、集中地处理异常，并且不需要将错误手工传播到某个集中的位置，也不需要同步错误报告。下面这一小段代码演示了 TPL 中的异常处理：

```
int i = 0;
Task<int> divideTask = Task.Run(() =>{ return 5/i; });
try {
```

```
    Console.WriteLine(divideTask.Result); // accessing the Result property eventually
throws
    } catch (AggregateException ex) {
    foreach (Exception inner in ex.InnerExceptions) {
        Console.WriteLine(inner.Message);
    }
    }
```

> **注意**　在已知任务内部创建新任务时，TaskCreationOptions.AttachedToParent 枚举可以在新任务和创建它的父任务之间建立起关系。本章后面将介绍，任务间的父子关系会影响任务执行的取消、后续和调试方面。单就异常处理而言，等待父任务完成意味着等待所有子任务完成，子任务抛出的任何异常也都会传播到父任务。因此，TPL 抛出的是 AggregateException 实例，它包含分层的任务所抛出的分层的异常。

取消现有的工作是另一个需要考虑的问题。假设有一些分层级的任务，如快速排序中创建的任务层级，如果我们使用了 TaskCreationOptions.AttachedToParent 枚举的话，就属于这种情况。尽管可能有几百个任务同时运行，但我们希望给用户提供一些取消语义，如不再需要排序的结果。在其他情况下，取消未完成的工作可能是任务执行必不可少的一部分。例如，使用深度优先搜索或广度优先搜索查找图中某个节点的并行算法。当找到所需节点时，执行查找工作的各层次的任务都应被召回。

取消任务需要 CancellationTokenSource 和 CancellationToken 两个类型合作完成。换句话说，如果任务正在执行，TPL 的取消机制无法野蛮地中止它。要取消正在进行的工作，需要与执行该工作的代码合作。不过，还没有开始的任务可以无害地彻底取消。

下面的代码演示了一个二叉树查找，二叉树上的每个节点都包含一个很长的需要线性遍历的数组。整个查找工作可以通过 TPL 的取消机制取消。也就是说，还未开始的任务可以由 TPL 自动取消；已经开始的任务将定期监控取消指令中的取消 token，并在需要时恰当地终止操作。

```
public class TreeNode<T> {
    public TreeNode<T> Left, Right;
    public T[] Data;
}
public static void TreeLookup<T>(
    TreeNode<T> root, Predicate<T> condition, CancellationTokenSource cts) {
    if (root == null) {
        return;
    }
    // Start the recursive tasks, passing to them the cancellation token so that they are
    // cancelled automatically if they haven't started yet and cancellation is requested
    Task.Run(() => TreeLookup(root.Left, condition, cts), cts.Token);
    Task.Run(() => TreeLookup(root.Right, condition, cts), cts.Token);
    foreach (T element in root.Data) {
        if (cts.IsCancellationRequested) break; // abort cooperatively
        if (condition(element)) {
            cts.Cancel(); // cancels all outstanding work
            // Do something with the interesting element
        }
    }
}
```

```
}
// Example of calling code:
CancellationTokenSource cts = new CancellationTokenSource();
Task.Run(() => TreeLookup(treeRoot, i =>i % 77 == 0, cts);
// After a while, e.g. if the user is no longer interested in the operation:
cts.Cancel();
```

显然，能够通过并行进行简化的算法还有很多。例如，最开始的质数例子，我们可以将自然数范围手动拆成小块，为每个小块创建一个任务，然后等待所有任务完成。事实上，存在很多对区间数据执行某些操作的算法。这些算法具有比任务并行更高级别的抽象。我们接下来就来介绍这些抽象。

6.2.2 数据并行

任务并行主要处理任务，而数据并行是要从直观上移除任务，用一种更高级的抽象——并行循环，来代替任务。也就是说，并行的源不是算法的代码，而是算法所操作的数据。任务并行库包含了很多 API 来提供数据并行。

1. Parallel.For 和 Parallel.ForEach

通常来说，for 和 foreach 特别适合并行操作。确实，在并行计算刚刚兴起时，曾经有过很多自动将循环并行化的尝试。有些尝试是通过语言变化或语言扩展，如 OpenMP 标准（引入#pragma omp parallel for 指令来并行化 for 循环）。任务并行库提供了显式的 API 来实现这一点，但却非常像是语言特性。这些 API 为 Parallel.For 和 Parallel.ForEach，与 for 和 foreach 循环的行为十分接近。

回到并行判断质数的例子，我们用一个循环来迭代在一个大区间内的数字，检查每个数字是否为质数，并插入到一个集合中，如下所示：

```
for (int number = start; number<end; ++number) {
  if (IsPrime(number)) {
    primes.Add(number);
  }
}
```

将这段代码用 Parallel.For 改写是非常容易的，不过同步访问质数集合的时候需要引起一些注意（当然有更好的方案，如聚合，我们后面会介绍）：

```
Parallel.For(start, end, number => {
  if (IsPrime(number)) {
    lock(primes) {
      primes.Add(number);
    }
  }
});
```

通过将语言级别的循环替换为 API 调用，我们自动获得了并行执行循环迭代的能力。并且，Parallel.For API 并不是简单地为每次迭代或每个硬编码的区间块生成一个任务。相反，Parallel.For 慢慢适应单个迭代的执行速度，考虑正在执行的任务数量，防止因动态划分迭代区间导致行为的粒度过细。手动实现这些优化非常困难，但我们可以使用重载的 Parallel.For 进行特殊定制（如控制并发执行的最大任务数），或使用自定义的分割器来决定如何跨不同任务划分迭代区间。

还有一个类似的 API 和 foreach 循环对应，在循环开始时，其数据源可能还无法完全迭代，甚至可能不是有限的。假设我们需要从一个 Web 站点下载一组 RSS 源，类型为 IEnumerable<string>。循环的框架如下所示：

```
IEnumerable<string> rssFeeds = ...;
WebClient webClient = new WebClient();
foreach (string url in rssFeeds) {
  Process(webClient.DownloadString(url));
}
```

通过将 foreach 替换为 Parallel.ForEach API 调用，可以将上述循环并行化。注意，数据源（rssFeeds 集合）不需要是线程安全的，因为当多个线程访问它时，Parallel.ForEach 将使用同步机制。

```
IEnumerable<string> rssFeeds = ...; // The data source need not be thread-safe
WebClient webClient = new WebClient();
Parallel.ForEach(rssFeeds, url => {
  Process(webClient.DownloadString(url));
});
```

注意　你可能会担心如何操作无穷数据源，但其实开始这样一个操作并在某些条件满足时提前终止，都是非常方便的。例如，所有自然数这样一个无穷数据源（用一个返回 IEnumerable<BigInteger>的方法表示）。我们可以编写一个循环，查找位数和为 477 且不能被 133 整除的数字，并使之并行化。如果顺利的话，我们可以找到这样的数字，循环也会终止。

并行循环有时并不像上面讨论的那样简单。在我们完全信赖它之前，还需要考虑一些"缺失"的特性。首先，C#的循环具有 break 关键字，可以提前终止循环。那么，我们如何终止跨多个线程并行执行的循环呢？我们甚至不知道迭代在哪个线程上执行。

ParallelLoopState 类表示一个并行循环的执行状态，可以提前结束循环。例如：

```
int invitedToParty = 0;
Parallel.ForEach(customers, (customer, loopState) => {
  if (customer.Orders.Count>10 && customer.City == "Portland") {
    if (Interlocked.Increment(ref invitedToParty) >= 25) {
      loopState.Stop(); // no attempt will be made to execute any additional iterations
    }
  }
});
```

注意：Stop 方法并不保证调用该方法的那个迭代就是最后一个迭代，已经开始执行的迭代会运行下去直到完成（除非检查 ParallelLoopState.ShouldExitCurrentIteration 属性的值）。但是，被压入队列的迭代不会开始执行。

ParallelLoopState.Stop 的一个不足之处是无法保证某个迭代之前的所有迭代都被执行。例如，对于 1000 个用户，很可能第 1~100 个已经处理完毕，第 101~110 个还没有处理，而第 111 个用户是 Stop 调用前最后一个处理的用户。如果想要保证在某个迭代之前，所有迭代都被执行（即使还未开始），那么应该使用 ParallelLoopState.Break 方法。

2. 并行 LINQ（PLINQ）

大概最高级别的并行计算抽象是你说了一句："我想让这段代码并行执行"，然后将剩下的事情交给框架去实现。并行 LINQ 就是这么做的。首先，我们先来简单回顾一下 LINQ。LINQ（Language INtegrated Query，语言集成查询）是 C# 3.0 和.NET 3.5 引入的框架和语言扩展，它模糊了命令式和声明式编程在迭代数据时的分界线。例如，下面的 LINQ 查询的数据源为 customers，它可能为内存集合、数据库表，或其他稀奇古怪的数据源。我们要查询的是，居住在华盛顿的、在过去 10 个月至少有 3 笔 10 美元以上消费的顾客的名字和年龄，并打印在控制台上：

```
var results = from customer in customers
               where customer.State == "WA"
               let custOrders = (from order in orders
                                  where customer.ID == order.ID
                                  select new { order.Date, order.Amount })
               where custOrders.Count(co => co.Amount>= 10 &&
                                       co.Date >= DateTime.Now.AddMonths(-10)) >= 3
               select new { customer.Name, customer.Age };
foreach (var result in results) {
  Console.WriteLine("{0} {1}", result.Name, result.Age);
}
```

最值得注意的是，查询的大部分内容是声明式的，非常像 SQL 查询。它没有使用循环来对不同数据源的数据进行过滤或分组。通常来说，你不用担心同步查询中不同的迭代，因为大多数 LINQ 查询是纯函数式的，没有任何副作用。它们在处理时只是将一个集合（IEnumerable<T>）转换成另一个集合，不会对数据进行修改。

要并行执行上述查询，唯一要修改的地方是将集合从普通的 IEnumerable<T> 改为 ParallelQuery<T>。这可以通过 AsParallel 扩展方法实现。其语法非常优雅：

```
var results = from customer in customers.AsParallel()
               where customer.State == "WA"
               let custOrders = (from order in orders
                                  where customer.ID == order.ID
                                  select new { order.Date, order.Amount })
               where custOrders.Count(co => co.Amount >= 10 &&
                                       co.Date>= DateTime.Now.AddMonths(-10))>= 3
               select new { customer.Name, customer.Age };
foreach (var result in results) {
  Console.WriteLine("{0} {1}", result.Name, result.Age);
}
```

如图 6-7 所示，PLINQ 使用 3 阶处理管道来执行并行查询。首先，PLINQ 决定需要多少线程来执行并行查询。其次，工作者线程从源集合中获取工作块，确保在有锁的情况下访问该工作块。每个线程独立地执行其工作项，并将结果压入本地队列。最终，所有本地结果会缓存到单个结果集合中。上面的代码用 foreach 遍历了这个集合。

PLINQ 优于 Parallel.ForEach 的原因在于，PLINQ 可以自动将执行查询的线程内部的临时处理结果聚合起来。当使用 Parallel.ForEach 查找质数时，我们不得不访问一个全局质数集合来聚合所有的结果（本章后面会介绍一个关于聚合的优化）。这种全局访问需要后续的同步，且引入了很大的开销。我们可以使用 PLINQ 来实现这一点，代码如下：

```
List<int> primes = (from n in Enumerable.Range(3, 200000).AsParallel()
                     where IsPrime(n)
                     select n).ToList();
// Could have used ParallelEnumerable.Range instead of Enumerable. Range(...). AsParallel()
```

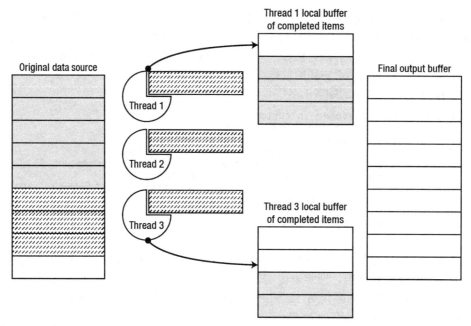

图 6-7　在 PLINQ 中执行工作项。实心的灰色块代表已经完成的工作项，被压入线程本地缓存，然后移动到调用者可访问到的最终的输出缓存。含虚线的块代表当前正在执行的工作项

3. 定制并行循环和 PLINQ

并行循环（`Parallel.For` 和 `Parallel.ForEach`）和 PLINQ 都具有定制的 API，使它们非常灵活，并且在丰富性和表现性上，接近前面介绍的显式任务并行 API。并行循环 API 接受具有不同属性的 `ParallelOptions` 对象，而 PLINQ 依赖于 `ParallelQuery<T>` 中的方法。这些可选项能够：

- 限制并行程度（能用于并发执行的任务数量）；
- 提供取消 token；
- 强制输出排序的并行查询；
- 控制并行查询的输出缓冲（合并模式）。

使用并行循环时，通过 `ParallelOptions` 类来限制并行程度是非常常见的。而在 PLINQ 中，我们往往需要定制查询的合并模式和排序语义。更多关于定制可选项的内容，可以参考 MSDN 文档。

6.2.3　C# 5 异步方法

到目前为止，我们介绍了大量 API，使用任务并行库中的类和方法，实现不同的并行方案。但是，对于其他并行编程环境，API 可能会显得笨重或不够简洁，这时就要仰仗语言扩展来获得更好的表现形式。本节将介绍 C# 5 提供的更易于表达后续操作的语言扩展，以适应并发编程的挑战。首先，我们来看看异步编程世界中的后续操作（continuation）。

我们常常希望给某个任务关联后续操作（或回调）。后续操作将在任务完成时执行。如果你能够控制任务（如调度它的执行），就可以将后续操作内嵌到任务中。但如果是从其他方法返回的任务，就需要显式的后续操作的 API 了。TPL 提供了 `ContinueWith` 实例方法和 `ContinueWhenAll`/`ContinueWhenAny` 静态方法，可以通过一些设置来控制后续操作。通过这些设置，后续操作可以只

在特殊的条件下调度(如仅当任务完成,或仅当任务抛出异常),也可以使用 TaskSchedule API 在特殊的线程或线程组中调度。以下为不同 API 的示例:

```
Task<string> weatherTask = DownloadWeatherInfoAsync(...);
weatherTask.ContinueWith(_ => DisplayWeather(weatherTask.Result), TaskScheduler.Current);
Task left = ProcessLeftPart(...);
Task right = ProcessRightPart(...);
TaskFactory.ContinueWhenAll(
  new Task[] { left, right },
  CleanupResources
);
TaskFactory.ContinueWhenAny(
  new Task[] { left, right },
  HandleError,
  TaskContinuationOptions.OnlyOnFaulted
);
```

后续操作是编写异步应用程序的理想方案,在 GUI 环境下执行异步 I/O 时也十分有价值。例如,为了确保 Windows 8 Metro 风格的应用程序具有响应式的用户界面,对于可能超过 50ms 的操作,Windows 8 只提供异步版本的 WinRT(Windows 运行时)API。对于链接在一起的多个异步调用,嵌套的后续操作会显得有些笨拙,如下面的代码所示:

```
// Synchronous version:
private void updateButton_Clicked(...) {
  using (LocationService location = new LocationService())
  using (WeatherService weather  = new WeatherService()) {
    Location loc       = location.GetCurrentLocation();
    Forecast forecast = weather.GetForecast(loc.City);
    MessageDialog msg = new MessageDialog(forecast.Summary);
    msg.Display();
  }
}

// Asynchronous version:
private void updateButton_Clicked(...) {
  TaskScheduler uiScheduler = TaskScheduler.Current;
  LocationService location = new LocationService();
  Task<Location> locTask = location.GetCurrentLocationAsync();
  locTask.ContinueWith(_ => {
    WeatherService weather = new WeatherService();
    Task<Forecast> forTask = weather.GetForecastAsync(locTask.Result.City);
    forTask.ContinueWith(__ => {
      MessageDialog message = new MessageDialog(forTask.Result.Summary);
      Task msgTask = message.DisplayAsync();
      msgTask.ContinueWith(___ => {
        weather.Dispose();
        location.Dispose();
      });
    }, uiScheduler);
  });
}
```

深层嵌套并不是显式后续操作的唯一危害。我们来看一下如何将下面的同步循环转换为异步的:

```
// Synchronous version:
private Forecast[] GetForecastForAllCities(City[] cities) {
  Forecast[] forecasts = new Forecast[cities.Length];
  using (WeatherService weather = new WeatherService()) {
    for (int i = 0; i<cities.Length; ++i) {
      forecasts[i] = weather.GetForecast(cities[i]);
```

157

```
        }
      }
      return forecasts;
    }
    // Asynchronous version:
    private Task<Forecast[]>GetForecastsForAllCitiesAsync(City[] cities) {
      if (cities.Length == 0) {
          return Task.Run(() =>new Forecast[0]);
      }
      WeatherService weather = new WeatherService();
      Forecast[] forecasts = new Forecast[cities.Length];
      return GetForecastHelper(weather, 0, cities, forecasts).ContinueWith(_ => forecasts);
    }
    private Task GetForecastHelper(
      WeatherService weather, int i, City[] cities, Forecast[] forecasts) {
      if (i>= cities.Length) return Task.Run(() => { });
      Task<Forecast> forecast = weather.GetForecastAsync(cities[i]);
      forecast.ContinueWith(task => {
        forecasts[i] = task.Result;
        GetForecastHelper(weather, i+1, cities, forecasts);
      });
      return forecast;
    }
```

转换这个循环需要完全重写原来的方法，实际执行下一个迭代的后续方法十分晦涩，而且还是递归的。因此，C# 5 的设计者引入了两个新的关键字：async 和 await，在语言级别解决了这一问题。

一个异步方法必须用 async 关键字标记，且必须返回 void、Task 或 Task<T>。在异步方法内，可以使用 await 操作符来表示后续操作，不必再用 ContinueWith API。如下面的代码所示：

```
    private async void updateButton_Clicked(...) {
      using (LocationService location = new LocationService()) {
        Task<Location> locTask = location.GetCurrentLocationAsync();
        Location loc = await locTask;
        cityTextBox.Text = loc.City.Name;
      }
    }
```

在这个例子中，await locTask 表达式为 GetCurrentLocationAsync 返回的任务提供了一个后续操作，即方法的剩余的代码（从 loc 变量的赋值开始）。await 表达式的返回值为任务所返回的值，在本例中为一个 Location 对象。此外，该后续操作隐式地调度到 UI 线程上，而我们之前是通过 TaskScheduler API 显式指定。

C#编译器会"照料"好方法中所有语法相关的特性。例如，方法中的 using 语句，其背后是一个隐藏的 try...finally。编译器重写了后续操作，因此，无论任务是成功完成还是抛出异常，都会调用 location 变量的 Dispose 方法。

这种精妙的改写使得我们只需寥寥数笔，就可以将同步 API 调用改为异步版本。编译器支持异常处理、复杂循环、递归方法调用，这些都是显式传递后续操作的 API 很难表达的语言结构。例如，刚才让我们陷入麻烦的获取天气预报的循环操作，其异步版本如下所示：

```
    private async Task<Forecast[]> GetForecastForAllCitiesAsync(City[] cities) {
      Forecast[] forecasts = new Forecast[cities.Length];
      using (WeatherService weather = new WeatherService()) {
        for (int i = 0; i<cities.Length; ++i) {
          forecasts[i] = await weather.GetForecastAsync(cities[i]);
        }
      }
```

```
  return forecasts;
}
```

你会发现变动很小，编译器会帮我们处理一些细节，如获取方法返回的类型为 Forecast[] 的 forecasts 变量，并创建 Task<Forecast[]>。

通过这两个简单的语言特性（它们的实现可一点也不简单），C# 5 神奇地降低了异步编程的门槛，使得调用那些返回和操作任务的 API 变得非常容易。此外，await 操作符的语言实现并不隶属于任务并行库，Windows 8 的原生 WinRT API 返回的是 IAsyncOperation<T>，不是 Task 实例（属于托管概念），但仍然可以被期待，如下面的代码所示，使用了一个真实的 WinRT API：

```
using Windows.Devices.Geolocation;
...
private async void updateButton_Clicked(...) {
  Geolocator locator = new Geolocator();
  Geoposition position = await locator.GetGeopositionAsync();
  statusTextBox.Text = position.CivicAddress.ToString();
}
```

6.2.4　TPL 中的高级模式

到目前为止，我们介绍了一些适用于并行计算的简单算法示例。本节将简要介绍一些在处理真正问题时非常有用的高级技巧。在有些情况下，我们会在一些意想不到的地方获得性能的提升。

在共享状态的情况下进行并行循环，首先要考虑的优化是聚合（aggregation），有时也称为归约（reduction）。当并行循环中使用了共享的状态时，往往会因访问共享状态时的同步而丧失可伸缩性。使用的 CPU 越多，同步导致的损失就越大（该现象是阿姆达尔定律（Amdahl's Law）的直接推论，常常又称为收益递减定律）。如果将本地状态与执行并行循环的各个线程或任务聚合，并在循环的最后合并本地状态以获取最终结果，那么将带来显著的性能改善。

例如，之前实现的质数计算的例子。伸缩性的最大障碍是需要向一个共享的列表中插入新找到的质数，因为这需要同步。我们可以在各个线程中使用本地列表，再在循环完成时将这些列表聚合在一起：

```
List<int> primes = new List<int>();
Parallel.For(3, 200000,
  () => new List<int>(),          // initialize the local copy
  (i, pls, localPrimes) => {      // single computation step, returns new local state
    if (IsPrime(i)) {
      localPrimes.Add(i);         // no synchronization necessary, thread-local state
    }
    return localPrimes;
  },
  localPrimes => {                // combine the local lists to the global one
    lock(primes) {               // synchronization is required
      primes.AddRange(localPrimes);
    }
  }
);
```

在上面的代码中，锁的数量大大减少了。我们只需要对每个执行并行循环的线程使用一次锁，而不需要对找到的每个质数使用一次锁。我们的确引入了新的开销（合并本地列表），但这与获得的伸缩性比起来简直无足轻重。

还有一个可优化的点在于过小的循环迭代无法有效地并行执行。数据并行 API 将多个迭代捆绑在一起，每一个迭代的循环体都由委托来进行调用，可能会有一些循环体可以很快执行完毕。这时，可以使用 Partitioner API 手动提取迭代块，以使委托调用的次数达到最小：

```
Parallel.For(Partitioner.Create(3, 200000), range => { // range is a Tuple<int,int>
  for (int i = range.Item1; i<range.Item2; ++i) ...    // loop body with no delegate
invocation
});
```

自定义分区（partition）是数据并行编程的重要优化手段，要了解更多信息，可参考 MSDN 上的文章 "Custom Partitioners for PLINQ and TPL"。

最后，一些应用程序也可以通过自定义调度器进行优化，如在 UI 线程调度任务（使用 TaskScheduler.Current 将后续操作压入 UI 线程队列）、用更高优先级的调度器调度任务以实现任务的优先化，以及将一个调度器的线程依附于一个特定的 CPU 来实现任务的 CPU 依附。可以通过扩展 TaskScheduler 来创建自定义调度器，详情可参考 MSDN 上的文章 "How to: Create a Task Scheduler That Limits the Degree of Concurrency"。

6.3 同步

想要完整地介绍并行编程，就不得不提一下"同步"这个不小的话题。在本章的这些简单例子中，我们已经多次看到多个线程访问同一块内存地址（可能是复杂集合，也可能是一个整数）。除了只读数据，任何访问共享内存地址的行为都需要同步，但不同的同步机制会产生不同的性能和可伸缩性。

在开始之前，我们来重温一下当访问少量数据时的同步需求。现代 CPU 能向内存发送原子的读写操作。例如，对一个 32 位整型的写操作通常都是原子的。这意味着如果一块内存地址的值初始化为 0，某个线程将值 0xDEADBEEF 写到该地址，那么另一个线程无法通过部分值（如 0xDEAD0000 或 0x0000BEEF）找到该地址。但对于较大的内存地址，就不是这样了。例如，即使在 64 位处理器上，将 20 字节写入内存也不是一个原子操作。

即便是访问 32 位内存地址，如果多个操作同时进行的话，同步问题也会马上暴露出来。例如，++i 操作（i 为栈上的整型变量）将被翻译成 3 条机器指令序列：

```
mov eax, dword ptr [ebp-64] ;copy from stack to register
inc eax                     ;increment value in register
mov dword ptr [ebp-64], eax ;copy from register to stack
```

以上每条指令都是原子的，但如果没有额外的同步操作，就有可能发生两个处理器同时执行部分指令序列的情况，导致更新丢失（lost updates）。假设变量的初始值为 100，考虑下面的执行历史：

Processor #1	Processor #2
mov eax, dword ptr [ebp-64]	
	mov eax, dword ptr [ebp-64]
	inc eax
inc eax	
mov dword ptr [ebp-64], eax	
	mov dword ptr [ebp-64], eax

此时变量的最终值将为 101。尽管两个处理器执行了自增操作，但结果并不是 102。这种竞态条

件（希望已经够清楚明了）非常具有代表性，值得仔细同步。

其他方向

很多研究人员和编程语言设计者认为，不通过完全修改编程语言、并行框架或处理器内存模型的语义，是无法解决共享内存同步问题的。该领域还有一些有意思的研究方向。

- 软件或硬件中的事务内存为内存操作提供了显式或隐式的隔离模型，为多个内存操作提供了回滚语义。目前，阻碍该方法广泛用于主流操作语言和框架的主要原因是其较高的内存损耗。
- 基于代理的语言将并发模型融入编程语言，代理（对象）之间需要通过消息传递（而非共享内存访问）来显式通信。
- 消息传递处理器和内存架构要求系统使用私有内存范式，共享的内存地址必须在硬件级别通过显式的消息传递来访问。

在本节剩余部分，我们将从一个更加实用的角度，通过一些同步机制和模式，来解决共享内存同步的问题。不过，我们坚定地认为同步本身还是过于复杂了。我们都遇到过软件中为数众多的复杂错误（bug），其原因可能只是由于不恰当的同步并行程序导致了共享内存的损坏。我们希望几年或几十年之后，计算社区能涌现出一些更好的替代方案。

6.3.1 无锁代码

这是一种将同步的重任交给操作系统的方法。毕竟，操作系统提供了创建和管理线程的工具，并承担了调度线程执行的全部职责，我们自然希望它也能提供一系列同步机制。我们后面会简要介绍 Windows 的同步机制。但是，这种方法也引发了一个问题，即操作系统如何实现这些同步机制。Windows 本身当然也需要同步访问其内部数据结构（包括那些代表同步机制的数据结构），同步机制肯定无法通过递归调用自身实现。事实上，Windows 的同步机制常常包含一个系统调用（从用户模式转换到内核模式），以及一次上下文切换，来保证同步成功。如果包含同步的操作本身很"廉价"（如数字自增，或向链表中插入元素），那么这样的同步机制相对来说就比较"昂贵"了。

所有能运行 Windows 的处理器都实现了一个称为"比较并交换"（CAS）的硬件同步元语。CAS 可以原子地执行，其语义用伪代码表示如下：

```
WORD CAS(WORD* location, WORD value, WORD comparand) {
  WORD old = *location;
  if (old == comparand) {
    *location = value;
  }
  return old;
}
```

简单来说，CAS 将某个内存地址和给定的值进行比较，如果内存地址包含给定的值，就将其替换为另一个值，否则就什么都不做。不管怎样，返回的都是在操作发生之前内存地址的内容。

例如，在 Intel x86 处理器上，`LOCK CMPXCHG` 指令实现了这一元操作。将 CAS(&a,b,c)调用翻译为 `LOCK CMPXCHG` 是一个简单机械的过程，因此，本节后面索性就用 CAS。.NET Framework 通过调用一系列重载的 `Interlocked.CompareExchange` 来实现 CAS。

```
// C# code:
int n = ...;
if (Interlocked.CompareExchange(ref n, 1, 0) == 0) { // attempt to replace 0 with 1
  // ...do something
}
```

```
// x86 assembly instructions:
mov eax, 0                              ;the comparand
mov edx, 1                              ;the new value
lock cmpxchg dword ptr [ebp-64], edx    ;assume that n is in [ebp-64]
test eax, eax                           ;if eax = 0, the replace took place jnz not_taken
;...do something
not_taken:
```

如果想要的语义不是执行一次性的"检查并替换"操作，那么单独的 CAS 操作通常并不能保证任何有用的同步。不过，当与循环结合时，CAS 可用于各种各样的同步任务。首先，以就地相乘（in-place multiplication）操作为例，我们希望原子地执行 x *= y，其中 x 为共享的内存地址，可能被其他线程同时修改，y 为不会被其他线程修改的不变的值。下面这个基于 CAS 的 C# 方法执行了这一任务：

```
public static void InterlockedMultiplyInPlace(ref int x, int y) {
  int temp, mult;
  do {
    temp = x;
    mult = temp * y;
  } while(Interlocked.CompareExchange(ref x, mult, temp) ! = temp);
}
```

每次循环开始时，都会将 x 的值赋给一个临时的栈变量，该变量不会被其他线程修改。然后，执行乘法操作。最终，当且仅当 CompareExchange 成功将 x 的值替换为乘法结果，并且原始值没有被修改的时候，循环才会中止。我们无法保证循环会在迭代多少次之后中止，但对于替换 x 的值这样的操作来说，一个处理器（即使在多核系统中）也不至于会迭代很多次。但是，循环本身必须做好应对这种情况（并重试）的准备。下面是在双核系统中 x = 3、y = 5 时的执行历史：

Processor #1　　　　　　　　　　**Processor #2**
temp = x; (3)
　　　　　　　　　　　　　　　　　　temp = x; (3)
mult = temp * y; (15)
　　　　　　　　　　　　　　　　　　mult = temp * y; (15)
　　　　　　　　　　　　　　　　　　CAS(ref x, mult, temp) == 3 (== temp)
CAS(ref x, mult, temp) == 15 **(! = temp)**

即使这样一个再简单不过的示例也有可能出错。例如，下面这样的循环有可能会丢失更新：

```
public static void InterlockedMultiplyInPlace(ref int x, int y) {
  int temp, mult;
  do {
    temp = x;
    mult = x * y;
  } while(Interlocked.CompareExchange(ref x, mult, temp) ! = temp);
}
```

为什么呢？快速读取两遍 x 的值并不能保证它们是相同的！下面的执行历史演示了如何产生一个不正确的结果，在双核系统中 x=3、y=5 的情况下，得到了 x=60 的结果。

Processor #1　　　　　　　　　　**Processor #2**
temp = x; (3)
　　　　　　　　　　　　　　　　　　x = 12;
mult = x * y; **(60!)**
　　　　　　　　　　　　　　　　　　x = 3;
CAS(ref x, mult, temp) == 3 (== temp)

对于任意需要读取单个可变内存地址并用新值取而代之的算法，无论多么复杂，我们都能生成这样的结果。最通用的版本为：

```
public static void DoWithCAS<T>(ref T location, Func<T,T> generator) where T : class {
  T temp, replace;
  do {
   temp = location;
   replace = generator(temp);
  } while (Interlocked.CompareExchange(ref location, replace, temp) ! = temp);
}
```

用该通用版本表示的乘法操作为：

```
public static void InterlockedMultiplyInPlace(ref int x, int y) {
  DoWithCAS(ref x, t => t * y);
}
```

特别的，有一种称为自旋锁的简单同步机制可以使用 CAS 实现。其基本想法为：要获取一个锁，就要让其他想要获取该锁的线程失败并重试。自旋锁是一种锁，某个线程可以获取该锁，其他线程此时要获取该锁就会自旋（"浪费" CPU 周期）：

```
public class SpinLock {
  private volatile int locked;
  public void Acquire() {
    while (Interlocked.CompareExchange(ref locked, 1, 0) ! = 0);
  }
  public void Release() {
    locked = 0;
  }
}
```

内存模型和 volatile 变量

要完整介绍同步机制就需要讨论内存模型和 volatile 变量，但限于篇幅，本书无法完整涵盖这一话题，只能给出简要介绍。Joe Duffy 的 "Concurrent Programming on Windows" 对此有深入介绍。

一般来说，某种特殊语言或环境的内存模型所描述的是编译器和处理器如何在不同线程所工作的内存上（线程通过共享内存交互）对操作指令进行重新排序。尽管大多数内存模型都认为，对于相同内存位置的读写操作不会重新排序，但却很少认同不同内存位置读写操作的语义。例如，下面的程序如果初始状态为 f = 0、x = 13，则会输出 13：

```
处理器#1                            处理器#2
while (f == 0);                     x = 42;
print(x);                          f = 1;
```

之所以会出现与直觉相反的结果，是因为编译器和处理器可以重排处理器#2 和#1 上的指令，导致对 f 的写操作会在对 x 的写操作之前完成，且对 x 的读操作在对 y 的读操作之前完成。置特殊内存模型的细节于不顾，可能会带来十分难以修复的错误。

C#开发者有很多办法可以处理内存指令重排问题。首先，可以使用 volatile 关键字，它可以阻止对于特定变量的编译器重排和大多数处理器重排。其次是 Interlocked API 和 Thread.MemoryBarrier，它们会生成一个内存栅栏，在重排时不能单向或双向翻越这个栅栏。幸运的是，Windows 同步机制（包含一个系统调用）和 TPL 中原始的无锁同步机制，都会在必要的时候发布一个内存栅栏。不过，如果要实现自己的低级同步机制，对于这种存在已知风险的任务，我们必须投入大量时间来理解目标环境的内存模型。

必须再三强调的是，如果选择直接处理内存指令排序，理解编写多线程应用所使用的所有语言和硬件组合的内存模型，是至关重要的。

在我们的自旋锁实现中，0 代表无锁，1 代表有锁。在当前值为 0 的时候，我们会试着将其替换为 1。例如，如果当前没有获得锁，就会去试着获取锁。因为无法保证所拥有的线程能很快释放锁，使用自旋锁意味着将会有很多线程自旋（spinning round），浪费 CPU 周期去等待一个可用的锁。这使得自旋锁不适用于保护那些需要较长时间的操作，如数据库访问、向磁盘写大文件和通过网络发包等。但如果所保护的代码段可以很快执行完毕，自旋锁是非常有用的，如修改对象的若干字段、增加变量的值和向简单集合插入数据等。

Windows 内核大量使用自旋锁来实现内部同步。例如，调度器数据库、文件系统缓存块列表和内存页帧数数据库这样的内核数据结构，都是由一个或多个自旋锁来保护的。此外，Windows 内核还对上面介绍的简单自旋锁实现进行了一些优化，以解决下面两个难题。

（1）从先进先出的角度来说，自旋锁是不公平的。某个处理器可能是 10 个处理器中最后一个调用 Acquire 方法并开始自旋的，但却可能是第一个真正得到锁的（在锁的拥有者释放之后）。

（2）当自旋锁的拥有者释放了锁之后，当前在 Acquire 方法中自旋的所有处理器缓存都会失效，但其实只有一个处理器真正得到了锁（本章后面会介绍缓存失效）。

Windows 内核使用栈式排队自旋锁（in-stack queued spinlock）。一个栈式排队自旋锁维护一个等待锁的处理器队列，每个等待锁的处理器都会在一个不在其他处理器缓存上的、独立的内存位置自旋。

当自旋锁的拥有者释放了锁时，将会寻找队列中的第一个处理器，并向该处理器所等待的位发出信号。这可以保证先进先出的语义，且能阻止除获取锁的处理器之外的其他处理器的缓存失效。

注意 产品级的自旋锁实现在失败时会更加健壮，如通过将自旋转换为阻塞等待，来避免自旋超过某个合理的阈值；或跟踪拥有的线程来确保自旋锁的正确获取和释放；或允许锁的递归获取；或提供其他工具。任务并行库中的 SpinLock 类型是一个推荐的实现。

有了 CAS 同步原语（synchronization primitive），我们就可以实现一项难以置信的工程壮举——无锁栈。我们已在第 5 章介绍了并行集合，此处不再赘述。但是，ConcurrentStack<T>的实现却仍然有点令人费解。多个线程可以向 ConcurrentStack<T>压入和取出元素，但它却神奇地不需要任何阻塞同步机制。

我们应该使用单向链表来实现一个无锁栈。栈顶元素为链表头指针。向栈压入和取出元素即替换链表头指针。要想以同步的方式实现，就要依赖 CAS 原语。实际上，我们可以使用前面介绍的 DoWithCAS<T>辅助方法：

```
public class LockFreeStack<T> {
  private class Node {
    public T Data;
    public Node Next;
  }
  private Node head;
  public void Push(T element) {
    Node node = new Node { Data = element };
    DoWithCAS(ref head, h => {
      node.Next = h;
      return node;
    });
```

```
  }
  public bool TryPop(out T element) {
    // DoWithCAS does not work here because we need early termination semantics
    Node node;
    do {
      node = head;
      if (node == null) {
        element = default(T);
        return false; // bail out – nothing to return
      }
    } while (Interlocked.CompareExchange(ref head, node.Next, node) ! = node);
    element = node.Data;
    return true;
  }
}
```

Push 方法会用新节点取代链表头节点，而 Next 指针则将指向旧的链表头节点。类似的，TryPop 方法将用当前链表头节点的 Next 指针所指向的节点，代替链表头节点，如图 6-8 所示。

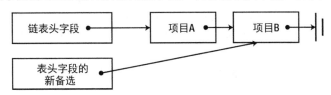

图 6-8　TryPop 操作用新节点替换当前链表头节点

你可能会想，世界上的所有数据结构是不是都能用 CAS 和类似的无锁原语实现。确实，下面是如今广泛使用的一些无锁集合：

- 无锁双向链表；
- 无锁队列（包括头指针和尾指针）；
- 无锁简单优先队列。

然而，还有大量的集合仍依赖于阻塞同步机制，无法简单地用无锁代码实现。此外，很多需要同步的代码也无法使用 CAS，因为执行时间过长。我们现在来谈谈由操作系统实现的"真正的"同步机制（包括阻塞）。

6.3.2　Windows 同步机制

Windows 为用户模式（user-mode）的程序提供了为数众多的同步机制，如事件、信号量（semaphore）、互斥锁（mutex）及条件变量。我们的程序可以通过句柄和 Win32 API 调用（触发相应的系统调用）来访问这些同步机制。.NET Framework 封装了大多数 Windows 同步机制，如 ManualResetEvent、Mutex 和 Semaphore 等。除了这些已知的同步机制，.NET 还提供了一些新的同步机制，如 ReaderWriterLockSlim 和 Monitor。我们不可能一一尽述，读者可参考 API 文档。但是，理解它们的性能特征是非常重要的。

对于我们现在所谈论的同步机制，Windows 内核是通过阻塞来实现的。如果锁正在被占用，那么要获取该锁的线程就会被阻塞。阻塞线程的操作包括将其从 CPU 移除、标记为等待和调度其他线程执行。该操作包含一个系统调用（即从用户模式转换为内核模式）、一次两个线程间的上下文切换和少量数据结构的更新（如图 6-9 所示，在内核中执行，将线程标记为等待，并将其与所等待的同步机制进行关联）。

165

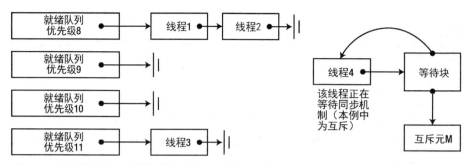

图 6-9　操作系统调度器所维护的数据。要执行的线程按优先级顺序放入 FIFO 队列中。
被阻塞的线程通过内部结构等待块（wait block）来指向它们的同步机制

总的来说，锁住一个线程大约需要上千个 CPU 周期，当同步机制可用时，解锁也差不多需要这么多
CPU 周期。如果一个内核同步机制用于保护一个长时间操作，如将大量缓存内容写入文件，或执行网络
通信，那么这种损耗就无足轻重。但如果保护的是 **++i** 这种操作，就会带来无法接受的影响。

Windows 和.NET 提供给应用程序的这些同步机制，主要从获取和释放时的语义（也称为信号状态）
进行区分。当同步机制处于有信号的状态（signaled）时，将唤醒一个线程（或一组线程），该线程会等
待同步机制，直到其可用。表 6-1 为当前.NET 应用程序可访问的部分同步机制的信号状态语义。

表 6-1　　　　　　　　　　　　　　某些同步机制的信号状态语义

同 步 机 制	何时变为有信号	唤醒哪个（些）线程
Mutex	当线程调用 Mutex.ReleaseMutex 时	等待该 mutex 的某个线程
Semaphore	当线程调用 Semaphore.Release 时	等待该 semaphore 的某个线程
ManualResetEvent	当线程调用 ManualResetEvent.Set 时	等待该 event 的全部线程
AutoResetEvent	当线程调用 AutoResetEvent.Set 时	等待该 event 的某个线程
Monitor	当线程调用 Monitor.Exit 时	等待该 Monitor 的某个线程
Barrier	当线程调用 Barrier.SignalAndWait 时	等待该 barrier 的全部线程
ReaderWriterLock（读）	当没有写线程或最后一个写线程释放了锁	等待该锁以进行读取的全部线程
ReaderWriterLock（写）	当没有读线程或写线程	等待该锁以进行写入的某个线程

除了信号状态语义，某些同步机制的区别还在于它们的内部实现。例如，Win32 临界区（critical
section）和 CLR Monitor 对当前可用的锁进行了优化，想要获取该锁的线程可以直接获取，而不用执
行一个系统调用。另外，众多的读写锁主要通过读取和写入时访问的对象进行区分，当数据多数用
来读取时，会带来更好的伸缩性。

在 Windows 和.NET 提供的诸多同步机制中择优选择不是一件容易的事，而且往往我们自定义的
同步机制能提供更好的性能和更方便的语义。关于同步机制的讨论，就到此为止了，在进行并发编
程时，应该选择无锁同步原语还是阻塞同步机制，或几种同步的组合，读者自己斟酌。

> **注意**　想要完整讨论同步，就一定要强调专门为并发而设计的数据结构（集合）。这些集合是线
> 程安全的，可以从多个线程中安全访问，同时也不会因为阻塞造成严重的性能降低。第 5 章详细讨
> 论过并发集合及其设计。

6.3.3　缓存

我们之前在讨论集合实现和内存密度的时候介绍过处理器缓存。在并行程序中，单处理器上的缓存大小和命中率就十分重要，多处理器缓存之间的交互就更为重要了。我们将介绍一个有代表性的例子，用来展示面向缓存的优化的重要性，以及强调在进行性能优化时，优秀工具的价值。

首先来看下面这个顺序执行的方法。它对一个二维数组的所有元素进行求和，然后返回。

```
public static int MatrixSumSequential(int[,] matrix) {
  int sum = 0;
  int rows = matrix.GetUpperBound(0);
  int cols = matrix.GetUpperBound(1);
  for (int i = 0; i<rows; ++i) {
    for (int j = 0; j<cols; ++j) {
      sum+= matrix[i,j];
    }
  }
  return sum;
}
```

我们的"军械库"里有很多"武器"可以应对这种类型的并行编程。但是，假如没有可以随手使用的 TPL，就只能直接操作线程。下面的并行方法可以充分合理地获取多核操作的结果，甚至实现一个粗糙的聚合，来避免同步共享的 sum 变量。

```
public static int MatrixSumParallel(int[,] matrix) {
  int sum = 0;
  int rows = matrix.GetUpperBound(0);
  int cols = matrix.GetUpperBound(1);
  const int THREADS = 4;
  int chunk = rows/THREADS; // should divide evenly
  int[] localSums = new int[THREADS];
  Thread[] threads = new Thread[THREADS];
  for (int i = 0; i<THREADS; ++i) {
    int start = chunk*i;
    int end = chunk*(i+1);
    int threadNum = i; // prevent the compiler from hoisting the variable in the lambda capture
    threads[i] = new Thread(() => {
      for (int row = start; row<end; ++row) {
        for (int col = 0; col<cols; ++col) {
          localSums[threadNum]+= matrix[row,col];
        }
      }
    });
    threads[i].Start();
  }
  foreach (Thread thread in threads) {
    thread.Join();
  }
  sum = localSums.Sum();
  return sum;
}
```

在 Intel i7 处理器上，对一个 2000 × 2000 的整数矩阵执行上述两个方法，可以得到以下结果：顺序执行的方法平均完成时间为 325ms，而并行执行的方法平均则高达 935ms，是顺序方法的将近 3 倍！

这显然是无法接受的。为什么会这样呢？这不是多么细粒度的并行程序，因为线程数只有 4 个。如果认为与缓存有关（因为出现在"缓存"这一节中），则有必要考虑这两个方法引入的缓存未命中的数量。在各采样 2000 个缓存未命中的情况下，Visual Studio profiler 显示并行方法有 963 个独占样本，顺序方法只有 659 个独占样本。大多数样本发生在读取矩阵的内循环上。

再问一遍，为什么会这样呢？向 `localSums` 数组写入数据怎么会比向 sum 变量写入数据多这么多缓存未命中呢？简单来说，向共享的数组写入数据会使其他处理器上的缓存失效，从而导致对该数组的所有 "+=" 操作都无法命中缓存。

如第 5 章所述，处理器缓存位于缓存行中，临近的内存位置共享相同的缓存行。当某个处理器向处于其他处理器缓存中的内存位置写入数据时，硬件会造成缓存失效，将位于其他处理器缓存行的缓存标记为无效。访问无效缓存行会导致缓存未命中。在上面的例子中，很可能整个 localSums 数组位于同一个缓存行中，并且同时存在于所有 4 个处理器（应用程序的线程在这 4 个处理器上执行）的缓存中。对每个处理器上的每个数组元素进行的每次写操作，都会使所有处理器上的缓存行失效，导致来回反复地缓存失效（如图 6-10 所示）。

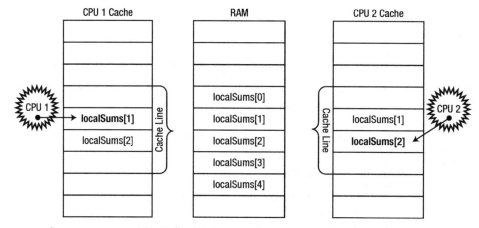

图 6-10　CPU 1 向 `localSums[1]` 写入元素，同时 CPU 2 向 `localSums[2]` 写入元素。由于两个数组元素紧挨着且位于两个处理器缓存的同一缓存行中，因此每次这样的写操作都会导致另一处理器的缓存失效

为了验证这个问题完全是因为缓存失效，可以把数组变大使得缓存失效不再发生，也可以不直接写入数组，而是写入各个线程中的局部变量，最后在线程完成时将局部变量刷入（flush）数组。这两种优化都能起作用，使得当机器内核足够多时，并行版本比顺序版本快得多。

缓存失效（或缓存冲突）是很烦人的问题，即使有强大的检测工具，也很难在真正的应用程序中发现。因此，在设计 CPU 密集的算法前考虑这一点，可以节省后面的很多时间。

注意　我在产品环境中遇到过类似的缓存失效事件。两个不同的处理器运行着两个线程，它们共享同一个工作项队列。当对队列类字段的内部结构做微小的改动时，在后续的构建中能检测到严重的性能降低（大约 20%）。在经过了长时间的仔细诊断后发现，队列类中的字段是罪魁祸首。两个由不同线程负责写入的字段挨得太近了，被放入了同一缓存行内。在两个字段间加了一些空行后，队列的性能提升到了可接受的程度。

6.4　通用的 GPU 计算

在此之前，关于并行编程的讨论更偏重于 CPU 内核。我们确实有很多技巧可用于跨多核并行编程、共享资源的同步访问，以及使用高速 CPU 元语实现无锁同步。就像本章开头所提到的，GPU 也可用于并行编程，它作为现代硬件，甚至提供了比高档 CPU 还多的内核。GPU 内核特别适合数据并行编程，在 GPU 上运行程序可能略显笨拙，但它们的绝对数量可以弥补这一点。本节将使用 C++ 语言扩展 C++ AMP，来介绍在 GPU 上运行程序的一种方式。

> **注意** 由于 C++ AMP 是基于 C++ 的，因此本节代码示例都使用 C++ 编写。然而，通过一些 .NET 互操作，就可以在 .NET 应用程序中使用 C++ AMP 算法。本节最后将讨论这一话题。

6.4.1 C++ AMP 简介

从本质上来说，GPU 是一种包含特殊指令的、拥有多个内核和内存访问控制的处理器。然而，现代 GPU 和 CPU 又有显著的不同，理解这些不同对编写基于 GPU 的程序十分重要。

- 现代 CPU 中的指令只有一小部分可用于 GPU。这意味着以下一些约束：没有函数调用、受限的数据类型和缺失的库函数等。这使其性能远不如 CPU。显然，将大量 CPU 上的代码转移到 GPU 的工作量也可想而知。
- 中档显卡上的内核数量要远远多于中档 CPU 插槽。由于工作单元太小或无法有效地划分为多个小块的工作，计算很难从 GPU 并行计算中受益。
- GPU 对于多核执行同一个任务的同步支持得非常好，但却不支持多核执行不同任务的同步，这需要在 CPU 上执行 GPU 的同步和编排。

GPU 适合执行什么样的任务？

并不是所有算法都适合在 GPU 上执行。例如，GPU 无权访问其他 I/O 设备，如果用 GPU 从 Web 上获取 RSS 种子，那么是事倍功半的。但很多 CPU 密集型的数据并行算法可以迁移到 GPU，从而获得大规模的并行处理。下面是一份可在 GPU 上执行的任务的不完全清单：

- 图像模糊、图像锐化及其他图像转换；
- 快速傅里叶变换；
- 矩阵转置和矩阵相乘；
- 数字排序；
- 暴力破解散列算法。

微软公司 Native Concurrency 团队的博客上有很多例子，包括大量迁移到 C++ AMP 的算法的示例代码和解释。

C++ AMP 是随 Visual Studio 2012 发布的一个框架，可以让 C++ 开发者通过非常简单的方法在 GPU 上进行计算，并且只需要一个 DirectX 11 驱动。微软将 C++ AMP 发布为一个开源规范，任何编译器都可以实现它。在 C++ AMP 中，代码运行于代表计算设备的加速器上。C++ AMP 通过 DirectX 11 驱动来发现所有加速器。为了便于使用，C++ AMP 还发布了一个用于执行软件仿真的参考加速器（reference accelerator）和一个基于 CPU 的加速器 WARP，这样当机器没有 GPU 或 GPU 不包含 DirectX 11 驱动时，就可以回退，并使用多核和 SIMD 指令。

言归正传，我们来看一个可以很容易在 GPU 中并行计算的算法。下面这段代码接收两个同样长度的向量，并逐个元素进行计算，一切都简单明了。

```
void VectorAddExpPointwise(float* first, float* second, float* result, int length) {
  for (int i = 0; i<length; ++i) {
    result[i] = first[i]+exp(second[i]);
```

```
        }
    }
```

想要在 GPU 中并行执行该算法，就需要将迭代范围划分为若干块，并为每一个块创建线程。在前面的例子中，我们已经花了很多时间来介绍如何并行化，如通过手工创建线程、通过将工作项发送到线程池，以及通过 Parallel.For 自动并行等。在 CPU 中并行执行类似的算法时，要尽量避免过于细粒度的工作项（如将每个迭代作为一个工作项就不太好）。

而在 GPU 中，就不必这么小心谨慎了。GPU 由很多个内核组成，可以快速地执行线程，并且上下文切换的损耗比 CPU 低得多。下面的代码使用了 C++ AMP 的 parallel_foreach API：

```cpp
#include < amp.h >
#include < amp_math.h >
using namespace concurrency;
void VectorAddExpPointwise(float* first, float* second, float* result, int length) {
    array_view<const float,1> avFirst (length, first);
    array_view<const float,1> avSecond(length, second);
    array_view<float,1>        avResult(length, result);
    avResult.discard_data();
    parallel_for_each(avResult.extent, [=](index<1> i) restrict(amp) {
        avResult[i] = avFirst[i]+fast_math::exp(avSecond[i]);
    });
    avResult.synchronize();
}
```

下面我们来分别介绍各个部分的代码。首先，原始的 for 循环替换成了 parallel_for_each 这个 API 调用。将循环转换为 API 调用，我们已经是轻车熟路了，在使用 Parallel.For 和 Parallel.ForEach TPL API 时已经介绍过了。

接下来，传入方法的原始参数（first、second、result）都被包装到不同的 array_view 实例。array_view 类所包装的是必须进入 GPU 加速器的数据。它的模板参数为数据的类型及其维度。如果想要 GPU 执行指令去访问那些原本在 CPU 中的数据，就必须使用一些实体将数据复制到 GPU 中，因为当今大多数 GPU 都是与其内存相分离的。array_view 实例就负责这一任务，它们确保数据在需要的时候被复制到 GPU 中。

当 GPU 中的工作结束时，数据就会复制回原来的位置。我们在创建 array_view 实例时使用了 const 模板类型参数，因此 first 和 second 只会复制到 GPU，不必从 GPU 中复制回来。类似的，我们调用了 discard_data 方法，这样 result 就不会从 CPU 复制到 GPU，而只会当结果需要复制时，从 GPU 复制到 CPU。

parallel_for_each 方法接收两个参数：一个是 extent，代表数据；另一个是函数，对数据中的每个元素都执行一次。我们在上面的代码中使用了 lambda 函数，它是 2011 ISO C++标准（C++ 11）引入的特性。restrict(amp)关键字通知编译器来验证函数体能否在 GPU 上执行，那些 GPU 指令不能编译的 C++语法将被禁止使用。

这个 lambda 函数的参数为一个 index<1>对象，表示一维索引。它必须与数据相匹配，如果声明的是二维数据（如矩阵类型），索引也将是二维的。我们稍后会看一个关于矩阵的例子。

最后的 synchronize 方法确保在 VectorAdd 返回时，在 GPU（译者注：此处原书中的 CPU 应该是错误的）上被修改的 array_view 类型的 avResult 能够复制回原来的容器 result 数组中。

我们对于 C++ AMP 的初步介绍就到此为止，接下来将进行进一步的探索。我们将引入一个能够更好地从 GPU 并行计算中获益的示例。向量相加并不是最令人兴奋的算法，也不是最适合 GPU 计算的例子，因为内存转移比并行计算的损耗要大。在下面的小节中，我们来看两个更有意思的例子。

6.4.2 矩阵相乘

我们要介绍的第一个"真实"的例子是矩阵相乘。我们将使用原始的矩阵乘法（非施特拉森算法）并进行优化。假设有两个维度适合的矩阵，A 为 m 行 w 列，B 为 w 行 n 列，下面这个顺序执行的程序会生成 A 与 B 相乘的结果，一个 m 行 n 列的矩阵 C：

```
void MatrixMultiply(int* A, int m, int w, int* B, int n, int* C) {
  for (int i = 0; i<m; ++i) {
    for (int j = 0; j<n; ++j) {
      int sum = 0;
      for (int k = 0; k<w; ++k) {
        sum+= A[i*w+k] * B[k*w+j];
      }
      C[i*n+j] = sum;
    }
  }
}
```

这里有很多可以通过并行得到优化的地方，如果要在 CPU 中并行执行这段代码，可以将外层循环并行，然后继续执行。然而在 GPU 中，如果进行并行外部循环，就无法充分利用 GPU 中大量的内核资源。因此，可以将外面两层循环并行，最内层循环保持不变。

```
void MatrixMultiply(int* A, int m, int w, int* B, int n, int* C) {
  array_view<const int,2> avA(m, w, A);
  array_view<const int,2> avB(w, n, B);
  array_view<int,2>        avC(m, n, C);
  avC.discard_data();
  parallel_for_each(avC.extent, [=](index<2> idx) restrict(amp) {
    int sum = 0;
    for (int k = 0; k<w; ++k) {
      sum += avA(idx[0]*w, k) * avB(k*w, idx[1]);
    }
    avC[idx] = sum;
  });
}
```

一切看上去都和顺序的相乘代码以及前面的向量加法示例类似，除了索引是二维的，在内层循环中要通过[]操作符访问。它与在 CPU 中顺序执行的算法相比如何呢？对于两个 1024×1024 的整数矩阵，CPU 版本平均需要 7350 ms，而 GPU 版本平均则只需要 50 ms，提升了 147 倍！

6.4.3 多体仿真

目前，我们看到的在 GPU 上调度的例子中，内部循环的代码是非常少的。当然，情况不总是这样。Native Concurrency 团队在其博客上举了一个例子，描述的是一个多体仿真程序，即模拟具有重力的多个粒子之间的相互作用力。该仿真程序由无穷多的步骤组成，每个步骤都需要决定各个粒子的加速度向量，进而决定它们的新位置。可并行的部分是粒子的向量。在粒子足够多（至少几千个）的情况下，每个 GPU 内核都有大量的工作要做。

以下为决定二体间作用力结果的核心代码，它可以很容易地迁移到 GPU 上：

```
// float4 here is a four-component vector with pointwise operations
void bodybody_interaction(
  float4& acceleration, const float4 p1, const float4 p2) restrict(amp) {
  float4 dist = p2 - p1;
  float absDist = dist.x*dist.x+dist.y*dist.y+dist.z*dist.z; // w is unused here
```

```
    float invDist = 1.0f / sqrt(absDist);
    float invDistCube = invDist*invDist*invDist;
    acceleration+= dist*PARTICLE_MASS*invDistCube;
}
```

每个仿真步骤都以粒子的位置和速度的数组作为参数，并根据仿真结果生成新的粒子位置和速度的数组。

```
struct particle {
  float4 position, velocity;
  // ctor, copy ctor, and operator = with restrict(amp) omitted for brevity
};
void simulation_step(array<particle,1>& previous, array<particle,1>& next, int bodies) {
  extent < 1 > ext(bodies);
  parallel_for_each(ext, [&](index<1>idx) restrict(amp) {
    particle p = previous[idx];
    float4 acceleration(0, 0, 0, 0);
    for (int body = 0; body<bodies; ++body) {
      bodybody_interaction(acceleration, p.position, previous[body].position);
    }
    p.velocity+= acceleration*DELTA_TIME;
    p.position+= p.velocity*DELTA_TIME;
    next[idx] = p;
  });
}
```

配上适当的图形界面，这个仿真程序的效果还是十分赏心悦目的。Native Concurrency 博客上有 C++ AMP 团队给出的完整示例。在作者的系统上（Intel i7 处理器，ATI Radeon HD 5800 显卡），拥有 10 000 个粒子的仿真程序，顺序执行的 CPU 代码的运行结果是每秒（步骤）2.5 帧，而优化后的 GPU 代码的运行结果是每秒（步骤）160 帧（如图 6-11 所示），这是一个惊人的提升。

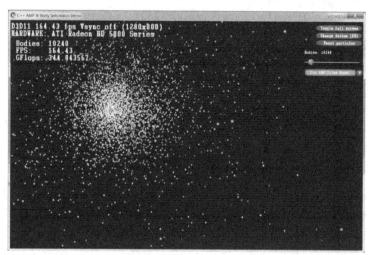

图 6-11　多体仿真演示程序，用 C++ AMP 的实现优化之后，10 240 个仿真粒子每秒（仿真步骤）可以刷新多于 160 帧

6.4.4　tile 和共享内存

在结束本节之前，我们再来介绍一个 C++ AMP 提供的可以进一步改进 GPU 代码性能的优化方

法。GPU 提供了一个可编程的数据缓存（称为共享内存），其中存储的值可以在同一个 tile 的所有线程中共享。C++ AMP 程序可以将 GPU 主内存中的数据一次性读取到共享的 tile 内存中，然后同一个 tile 中的多个线程可以快速访问这些数据，不必从 GPU 主内存中获取。访问共享 tile 内存比访问 GPU 主内存快 10 倍，我们应该一直从共享内存中读取数据。

要在 tile 内执行并行循环，`parallel_for_each` 方法接收一个 `tiled_extent` 数据和 `tiled_index lambda` 函数作为参数，前者可以进一步将多维数据划分为多维 tile，后者指定了数据中的全局线程 ID 和 tile 中的局部线程 ID。例如，一个 16 × 16 矩阵可以划分为多个 2 × 2 tile（如图 6-12 所示），然后传递给 `parallel_for_each` 方法。

```
extent<2> matrix(16,16);
tiled_extent<2,2> tiledMatrix = matrix.tile<2,2>();
parallel_for_each(tiledMatrix, [=](tiled_index<2,2> idx) restrict(amp) { ... });
```

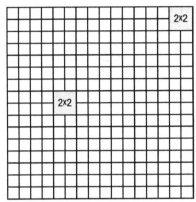

图 6-12 一个 16 ×16 矩阵划分为多个 2 × 2 tile。同一 tile 中的 4 个线程可以共享数据

在 GPU 内核中，我们可以用 `idx.global` 代替之前在操作矩阵时用到的 `index<2>`。不过，恰到好处地使用局部 tile 内存和局部 tile 索引可以显著地提升性能。要声明由同一 tile 中的线程共享的内存，可以在声明局部变量时使用 `tile_static` 存储说明符。我们常常会声明一个共享的内存地址，然后由 tile 中的各个线程初始化其中的一小部分。

```
parallel_for_each(tiledMatrix, [=](tiled_index<2,2> idx) restrict(amp) {
  tile_static int local[2][2];              // 32 bytes shared between all threads in the tile
  local[idx.local[0]][idx.local[1]] = 42;  // assign to this thread's location in the array
});
```

显然，要想从这样的共享内存中受益，同一 tile 中的所有线程就必须同步对于共享内存的访问。例如，tile 中的线程还没有初始化共享内存的时候，其他线程就不能访问。`tile_barrier` 对象负责同步执行 tile 中的所有线程，只有当 tile 中的所有线程都调用完 `tile_barrier.wait` 之后（类似 TPL 中的 Barrier 类），才能继续执行。例如：

```
parallel_for_each(tiledMatrix, [](tiled_index<2,2> idx) restrict(amp) {
  tile_static int local[2][2];              // 32 bytes shared between all threads in the tile
  local[idx.local[0]][idx.local[1]] = 42;  // assign to this thread's location in the array
  idx.barrier.wait();                       // idx.barrier is a tile_barrier instance
  // Now this thread can access "local" at other threads' indices!
});
```

现在是时候把所有知识应用于具体的示例了。我们重新看一下前面介绍的没有用 tile 实现的矩阵乘法算法，然后介绍如何基于 tile 来优化。我们假设矩阵的维度是 256 的整数倍，这样就可以使用 16×16 的线程 tile。矩阵乘法与生俱来就是可以分块的，这一点可以加以利用（实际上，在 CPU 上做超大矩阵乘法运算，最常见的优化之一就是分块，以获得更好的缓存效果）。初步的结论可以归纳为，要获取 C_{ij}（结果矩阵中的第 i 行、第 j 列的元素），就要先计算 A_i（第一个矩阵的第 i 行）和 B_j（第二个矩阵的第 j 列）的标量积（scalar product），而这等价于计算部分行和部分列的数量积，然后把结果相加。我们可以根据这个来将之前的矩阵乘法算法改写为基于 tile 的。

```
void MatrixMultiply(int* A, int m, int w, int* B, int n, int* C) {
  array_view<const int,2> avA(m, w, A);
  array_view<const int,2> avB(w, n, B);
  array_view<int,2>        avC(m, n, C);
  avC.discard_data();
  parallel_for_each(avC.extent.tile<16,16>(), [=](tiled_index<16,16>idx) restrict(amp) {
    int sum = 0;
    int localRow = idx.local[0], localCol = idx.local[1];
    for (int k = 0; k<w; k += 16) {
      tile_static int localA[16][16], localB[16][16];
      localA[localRow][localCol] = avA(idx.global[0], localCol+k);
      localB[localRow][localCol] = avB(localRow+k, idx.global[1]);
      idx.barrier.wait();
      for (int t = 0; t<16; ++t) {
        sum+= localA[localRow][t]*localB[t][localCol];
      }
      idx.barrier.wait(); // to avoid having the next iteration overwrite the shared memory
    avC[idx.global] = sum;
  });
}
```

tile 优化的本质是，tile 中的每个线程（16×16 的 tile 共包含 256 个线程）在来自 A、B 矩阵的 16×16 的子块的本地副本中初始化元素（如图 6-13 所示）。tile 中的每个线程只需要这些子块中的一行和一列，但所有线程加起来要访问每行和每列各 16 次，极大地降低了主内存的访问数量。

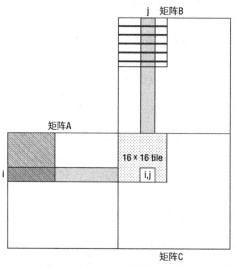

图 6-13　要找到结果矩阵中的元素(i, j)，算法需要第一个矩阵的整个第 i 行和第二个矩阵的第 j 列。当图中 16×16 tile 中的线程执行且 k=0 时，两个矩阵中的阴影部分将被读入共享内存。负责计算结果矩阵中的第(i, j)个元素的线程将拥有*第 i 行*的前 k 个元素和第 j 列的前 k 个元素

因此，tile 是非常有价值的优化。引入 tile 的矩阵乘法算法执行起来比普通版本快得多，在使用相同的 1024 × 1024 的矩阵的情况下，平均只需要 17 ms。比 CPU 版本快了约 430 倍。

在结束 C++ AMP 之前，有必要介绍一下为 C++ AMP 开发者打造的开发工具。Visual Studio 2012 包含 GPU 调试器，可以在 GPU 内核中设置断点、检查模拟调用栈、读写局部变量（某些加速器支持 GPU 调试，而对于不支持的加速器，Visual Studio 使用软件模拟器）。Visual Studio 2012 还包含一个 profiler，可以用来度量 GPU 并行带来的收益。对于 Visual Studio GPU 调试的更多信息，可以访问阅读 MSDN 文章 "Walkthrough: Debugging a C++ AMP Application"。

在.NET 中使用 GPU 计算

尽管本节都是使用的 C++，但还是有一些方法可以在托管应用中利用 GPU。一种方法是使用托管——原生的互操作（详见第 8 章），利用一个原生的 C++组件来实现 GPU 内核。如果你喜欢 C++ AMP，或拥有一个可用于托管应用和原生应用的可复用 C++ AMP 组件，这会是一个非常不错的选择。

另一种方法是使用可直接在托管代码中访问 GPU 的库。这种库有很多，如 GPU.NET 和 CUDAfy.NET（都是商业发行版）。GPU.NET 的 GitHub 资源库上有这样一个示例，演示了两个向量的数量积。

```
[Kernel]
public static void MultiplyAddGpu(double[] a, double[] b, double[] c) {
  int ThreadId = BlockDimension.X * BlockIndex.X+ThreadIndex.X;
  int TotalThreads = BlockDimension.X * GridDimension.X;
  for (int ElementIdx = ThreadId; ElementIdx<a.Length; ElementIdx+= TotalThreads) {
    c[ElementIdx] = a[ElementIdx] * b[ElementIdx];
  }
}
```

在我们看来，语言扩展（如 C++ AMP）相比纯粹用库来消除差异或引入重要的 IL 重写，要更加高效和简易。

本节对于 C++ AMP 的讲解非常粗浅，只介绍了一些 API 和一两个并行算法。如果读者对 C++ AMP 感兴趣，建议阅读 Kate Gregory 和 Ade Miller 撰写的书籍《C++ AMP: Accelerated Massive Parallelism with Microsoft Visual C++》（Microsoft，2012）。

6.5　小结

通过本章的学习，我们可以明确地指出：并行对于性能优化工作来说是至关重要的。因为应用程序无法充分挖掘计算机的全部计算能力，这个世界上有很多的服务器和工作站的 CPU 和 GPU 在空转，所以浪费了宝贵的硬件资源。有了任务并行库，利用所有可用的 CPU 内核比以前容易得多，尽管同步、超负荷和劳逸不均带来了一些有意思的问题和缺陷。在 GPU 方面，C++ AMP 和其他用于 GPU 计算的库都包含了很多算法和 API，可以让我们在上百个 GPU 内核上并行执行代码。最后，本章没有触及的是给性能带来收益的分布式计算，当今信息技术界最流行的趋势——云。

第 7 章

网络、I/O 和序列化

本书的大部分内容着眼于应用程序计算方面的性能优化。我们已经遇到了许多范例，诸如垃圾回收调优，迭代及递归的并行化，甚至提供更好的算法削减运行时开销。

对于一些应用程序来说，仅在计算层面进行优化获得的性能提升比较有限。因为其性能瓶颈在于 I/O，如网络传输或磁盘访问。在我们的经验中，有相当一部分性能问题并不是由于未经优化的算法和大量的 CPU 占用造成，而是由低效的系统 I/O 设备的使用造成的。我们来考虑以下两种通过 I/O 优化获得性能提升的场景：

（1）应用程序有可能由于低效的 I/O 操作造成大量的 CPU 开销，使功能产生严重的影响，以致成为影响 I/O 设备工作发挥其全部性能的首要因素；

（2）低效的使用模式，如进行大量小规模 I/O 传输或不能完全保持信道满载，将降低 I/O 设备的使用率并造成资源浪费。

本章将讨论改善 I/O 性能的一般性策略，尤其关注网络 I/O 性能。另外，本章还会涉及序列化的性能，并对几种序列化器进行比较。

7.1　I/O 基本概念

本节将介绍 I/O 的概念并提供各类 I/O 相关的性能指导原则。这些建议适用于网络应用程序、大量磁盘访问过程，以及访问定制的高带宽硬件设备的软件。

7.1.1　同步与异步 I/O

在同步 I/O 中，I/O 传递函数（如 ReadFile、WriteFile 或 DeviceIoControl Win32 API 函数）在 I/O 操作完成前均保持阻塞状态。虽然该模型易于使用，但是并不高效。设备在连续 I/O 访问的间隙有可能处于空闲状态，设备利用率可能较低。同步 I/O 的另外一个缺点是每一个挂起的并发 I/O 请求都会造成线程资源的"浪费"。例如，一个接收客户端并发请求的服务器应用程序会为每一个会话创建一个线程。这些线程大多数都会处于空闲状态，不但浪费内存，而且有可能造成线程爆发（thread thrashing）的情况。所谓线程爆发是指在 I/O 结束时许多线程都被唤醒，互相争夺 CPU 时间，从而造成大量上下文切换（context switch）以及低下的伸缩性。

Windows I/O 子系统（包括设备驱动程序）内在都是异步的——应用程序流程可以在 I/O 操作进行过程中继续执行。几乎所有的现代硬件都是天生异步的，不需要在传输时进行数据轮询，也不需要判断 I/O 何时结束。大多数设备都依赖于直接内存访问控制器（Direct Memory Access Controller），在没有 CPU 参与的情况下，在设备与计算机内存间进行数据传输。然后，通过触发中断通知数据传输的结束。因此，同步操作仅存于 Windows 应用层，而其内部实质是异步的。

在 Win32 中，异步 I/O 称为重叠 I/O（Overlapped I/O）（如图 7-1 所示）。当应用程序发起一次重叠 I/O 时，Windows 要么立即完成 I/O 操作，要么返回一个状态值，以表示当前 I/O 操作仍未结束。线程可以发起更多的 I/O 操作，或者进行一些计算工作。开发者有多种方式接收 I/O 操作完毕的通知。

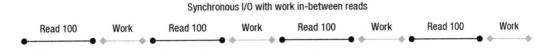

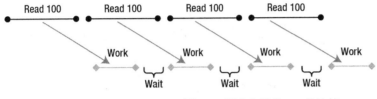

图 7-1　同步和重叠 I/O 的比较

- 激活 Win32 事件：在此事件上的等待操作会在 I/O 操作完成后结束。
- 通过异步过程调用（asynchronous procedure call，APC）机制激活用户回调例程：发起线程必须处于可通知等待（alertable wait）的状态以允许进行异步过程调用。
- 通过 I/O 完成端口（I/O completion port）得到通知：这种方式最有效率。我们将在本章详细介绍 I/O 完成端口。

> 注意　若应用程序允许一小部分的 I/O 操作处于挂起状态，则一些 I/O 设备（如一个在非缓冲模式下打开的文件）可以通过增加设备使用率而获益。推荐的做法是预先发起特定数目的 I/O 请求，在每一个请求结束时，重新发起下一个。这样可确保设备驱动程序以最快的速度发起下一个 I/O，而不需要等到应用程序处理上一个 I/O 响应时再发起新的请求。但是，由于内核的内存资源是有限的，因此不宜过量挂起数据。

7.1.2　I/O 完成端口

Windows 提供了一种高效的处理异步 I/O 结束通知的机制，称为 I/O 完成端口（IOCP）。该机制在.NET 中以 **ThreadPool.BindHandle** 方法暴露。许多用于 I/O 处理的.NET 类型,诸如 **FileStream**、**Socket**、**SerialPort**、**HttpListener**、**PipeStream** 以及一些.NET 远程信道，都内在地使用了这个方法。

一个 IOCP（如图 7-2 所示）与零个或者多个使用重叠模式（overlapped mode）打开的 I/O 句柄（套接字、文件和特定的设备驱动对象）和一个用户创建的线程关联。一旦其中一个相关的 I/O 操作结束，Windows 就将结束通知放入恰当的 IOCP 中，而与其关联的线程将处理这个结束通知。通过使用线程池处理结束通知，并且智能地控制线程唤醒，可减少上下文切换，并最大限度地利用多处理器系统的并发能力。因此，高性能的服务，如 Microsoft SQL Server，使用 I/O 完成端口就不足为奇了。

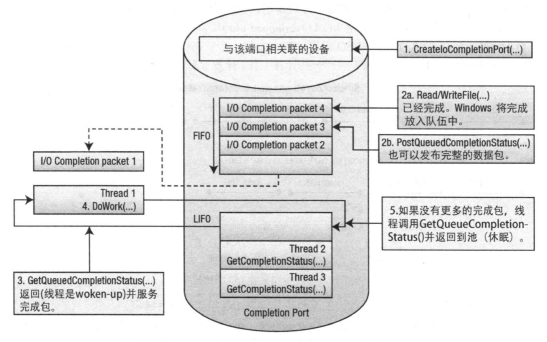

图 7-2　一个 I/O 完成端口的结构和运作方式

　　一个 I/O 完成端口可通过调用 `CreateIoCompletionPort` Win32 API 创建。我们需要传递一个最大并发值、一个完成键（completion key），并可选地将其和一个支持 I/O 操作的句柄关联。完成键是一个用户定义的值，以便在完成时对不同的 I/O 句柄进行区分。我们可以重复调用 `CreateIoCompletionPort` 并指定已有的完成端口句柄，将更多的 I/O 句柄关联到当前的或其他的 IOCP。

　　用户创建的线程则调用 `GetCompletionStatus` 与特定的 IOCP 绑定并等待（I/O 句柄）完成。一个线程每次只能和一个 IOCP 绑定。`GetQueuedCompletionStatus` 函数将阻塞线程，当一个 I/O 完成通知到来时（或者超过了超时时长），才返回 I/O 操作的详细信息，如传输的字节数、完成键和 I/O 过程中提供的重叠结构。如果另一个 I/O 完成时关联的线程处于忙碌状态（没有被 `GetQueuedCompletionStatus` 阻塞），则 IOCP 将按照后进先出（LIFO）的顺序唤醒另一个线程，直至最大并发值。如果一个线程在调用 `GetQueuedCompletionStatus` 时通知队列非空，则该调用将立即返回而不会在系统内核中阻塞线程。

　　注意　当某一个"忙碌"的线程实际上正在进行同步 I/O 或等待操作时，IOCP 可以探知这种情况而唤醒额外的关联线程（如果有的话），这有可能导致关联线程数超过最大并发值。此外，除 I/O 相关操作外，也可以手动调用 `PostQueuedCompletionStatus` 生成一个完成通知。

　　以下的代码展示了如何对一个 Win32 文件句柄使用 `ThreadPool.BindHandle`。我们首先来看 `TestIOCP` 方法。在这个方法中，我们通过平台调用 `CreateFile` Win32 函数以打开或创建文件或

设备。我们必须在调用中指定 EFileAttributes.Overlapped 标志以使用任意一种异步 I/O。若
CreateFile 函数执行成功，将会返回一个 Win32 文件句柄。我们调用 ThreadPool.BindHandle
将该句柄绑定至.NET I/O 完成端口上。我们将创建一个自动重置的事件对象，若上述操作过多，则
该对象将临时阻塞线程以发起 I/O 操作（最大数目限制定义在 MaxPendingIos 常量中）。

接下来，我们将循环地发起异步写操作。在每一个迭代中，我们都将需要书写的内容放在一个
缓冲区中。我们还分配了一个重叠结构，包括写文件的偏移值（本例中，所有写入操作的偏移均为 0），
以及一个在 I/O 完成时（不会在 I/O 完成端口中使用）激活的事件句柄和一个可选的用户定义的
IAsyncResult 对象，该对象可以将状态值保持至完成函数中。然后，我们调用重叠结构中的 Pack
方法。该方法接收完成函数和数据缓冲区，分配等量的非托管内存复制本地重叠结构，并将数据缓
冲区固定。本地结构体事后必须手动销毁以释放非托管内存，而托管缓冲区也需要解除固定操作。

如果正在运行的 I/O 操作并不太多，我们就调用 WriteFile 并提供本地的重叠结构。否则，我
们将等待 I/O 事件对象激活——这意味着进行中的 I/O 操作数目已降至最大数目限制之下。

I/O 完成函数 WriteComplete 将在 I/O 操作完成时被.NET I/O 完成线程池中的线程调用。它接
收一个本地重叠结构的指针，该指针可以解包并转换为托管的重叠结构。

```csharp
using System;
using System.Threading;
using Microsoft.Win32.SafeHandles;
using System.Runtime.InteropServices;

[DllImport("kernel32.dll", SetLastError=true, CharSet=CharSet.Auto)]
internal static extern SafeFileHandle CreateFile(
    string lpFileName,
    EFileAccess dwDesiredAccess,
    EFileShare dwShareMode,
    IntPtr lpSecurityAttributes,
    ECreationDisposition dwCreationDisposition,
    EFileAttributes dwFlagsAndAttributes,
    IntPtr hTemplateFile);

[DllImport("kernel32.dll", SetLastError=true)]
[return: MarshalAs(UnmanagedType.Bool)]
static unsafe extern bool WriteFile(SafeFileHandle hFile, byte[] lpBuffer,
    uint nNumberOfBytesToWrite, out uint lpNumberOfBytesWritten,
    System.Threading.NativeOverlapped *lpOverlapped);

[Flags]
enum EFileShare : uint {
    None = 0x00000000,
    Read = 0x00000001,
    Write = 0x00000002,
    Delete = 0x00000004
}

enum ECreationDisposition : uint {
    New = 1,
    CreateAlways = 2,
    OpenExisting = 3,
    OpenAlways = 4,
    TruncateExisting = 5
}

[Flags]
enum EFileAttributes : uint {
    // Some flags not present for brevity
```

```
      Normal = 0x00000080,
      Overlapped = 0x40000000,
      NoBuffering = 0x20000000,
   }

   [Flags]
   enum EFileAccess : uint {
      //Some flags not present for brevity
      GenericRead = 0x80000000,
      GenericWrite = 0x40000000,
   }

   static long _numBytesWritten;
   static AutoResetEvent _waterMarkFullEvent; // throttles writer thread
   static int _pendingIosCount;

   const int MaxPendingIos = 10;

   // Completion routine called by .NET ThreadPool I/O completion threads
   static unsafe void WriteComplete(uint errorCode, uint numBytes, NativeOverlapped*
pOVERLAP) {
      _numBytesWritten += numBytes;
      Overlapped ovl = Overlapped.Unpack(pOVERLAP);

      Overlapped.Free(pOVERLAP);
      // Notify writer thread that pending I/O count fell below watermark
      if (Interlocked.Decrement(ref _pendingIosCount) < MaxPendingIos)
         waterMarkFullEvent.Set();
   }

   static unsafe void TestIOCP() {
      // Open file in overlapped mode
      var handle=CreateFile(@"F:\largefile.bin",
         EFileAccess.GenericRead | EFileAccess.GenericWrite,
         EFileShare.Read | EFileShare.Write,
         IntPtr.Zero, ECreationDisposition.CreateAlways,
         EFileAttributes.Normal | EFileAttributes.Overlapped, IntPtr.Zero);

      _waterMarkFullEvent =new AutoResetEvent(false);
      ThreadPool.BindHandle(handle);

      for (int k = 0; k <1000000; k++) {
         byte[] fbuffer = new byte[4096];

         // Args: file offset low & high, event handle, IAsyncResult object
         Overlapped ovl = new Overlapped(0, 0, IntPtr.Zero, null);
         // The CLR takes care to pin the buffer
         NativeOverlapped* pNativeOVL = ovl.Pack(WriteComplete, fbuffer);
         uint numBytesWritten;

         // Check if too many I/O requests are pending
         if (Interlocked.Increment(ref _pendingIosCount) < MaxPendingIos) {
            if (WriteFile(handle, fbuffer, (uint)fbuffer.Length, out numBytesWritten,
                  pNativeOVL)) {
               // I/O completed synchronously
               _numBytesWritten += numBytesWritten;
               Interlocked.Decrement(ref _pendingIosCount);
            } else {
               if (Marshal.GetLastWin32Error() != ERROR_IO_PENDING) {
                  return; // Handle error
               }
            }
         } else {
```

```
        Interlocked.Decrement(ref _pendingIosCount);
        while (_pendingIosCount >= MaxPendingIos) {
            _waterMarkFullEvent.WaitOne();
        }
    }
  }
}
```

总之，当使用高吞吐量的 I/O 设备时，建议使用重叠 I/O 并完成端口，这样既可以在非托管程序库中创建并使用自定义的完成端口，又可以将一个 Win32 句柄通过 `ThreadPool.BindHandle` 与.NET 的完成端口进行关联。

7.1.3 .NET 线程池

.NET 线程池具备多种用途，不同的用途使用不同类型的线程。在第 6 章中，我们介绍了线程池 API，并用其将 CPU 相关的计算并行化。但除此以外，线程池还可以胜任其他种类的一些工作。

- 工作线程（worker thread）可用于处理用户委托的异步调用（如 `BeginInvoke` 或 `ThreadPool.QueueUserWorkItem`）。
- I/O 完成线程（I/O completion thread）用于处理全局 IOCP 的完成通知。
- 等待线程（wait thread）用于处理注册的等待。一个注册的等待可通过将多个等待（最大可至 Windows 限制的个数，`MAXIMUM_WAIT_OBJECTS = 64`）合并（调用 `WaitForMultiple Objects`）来达到节约线程的目的。注册的等待用于处理不使用 I/O 完成端口的重叠 I/O 操作。
- 计时器线程（timer thread）用于合并多个计时器的等待操作。
- 门线程（gate thread）用于检视线程池中线程的 CPU 使用情况，并根据限定值增加或介绍线程的数目，以期达到最佳的性能。

> **注意** 你可以发起一个看似异步实则不然的 I/O 请求。例如，在一个委托上调用 `ThreadPool.QueueUserWorkItem`，并进行一个同步 I/O 操作而并非真正地异步执行。这样做也不见得比在一个普通线程上执行好。

7.1.4 内存复制

通常，从硬件设备上读取的缓冲区数据会在应用程序最终处理完毕之前进行多次的复制。复制操作可以成为一个重要的 CPU 开销的来源，因此，在高吞吐率的 I/O 代码路径上需要尽可能避免复制。接下来我们会介绍几种内存复制的情形，以及避免复制操作的方法。

1. 非托管内存

在.NET 中，非托管内存比 byte[]数组要难用很多，程序员更希望使用简单的方式，因此，大多采取了将缓冲区的内存复制至托管内存的方法。

如果你的 API 库允许你自行指定缓冲区或者提供了由用户进行缓冲区内存分配的回调函数，那么可以考虑分配一块托管内存并将其固定，以便同时使用指针和托管引用访问它。如果这个缓冲区非常大（大于 85000 字节），则它会被分配在大对象堆上（large object heap）。此时，可尝试重复使用这块缓冲区。在对象的生命周期并不确定，不容易重用的情况下，可考虑使用内存池（参见第 8 章）。

如果 API 库只能提供由它分配的缓存，则可以通过不安全的代码直接访问其指针，或借助一些包装类，如 `UnmanagedMemoryStream` 和 `UnmanagedMemoryAccessor`，对缓冲区进行访问。但是，如果需要将这个指针传递给另外一些只能接受 `byte[]`或 `string` 的程序的话，那么复制就无法避免了。

即使无法避免内存的复制，如果缓冲区内的部分或大部分的数据已经被过滤过了（如网络封包），那么我们也可以先期验证数据是否有用来避免不必要的内存复制。

2．暴露部分缓冲区

程序员有时认定一个 `byte[]`仅包含期望的数据，且这些数据就是从数组的起始位置开始，直至结束，从而强制调用者分割缓存（分配一个新的 `byte[]`对象并将期望的数据复制至这个数组中）（参见第 8 章）。这种情形通常出现在解析协议栈的过程中。而相对的，非托管代码会提供一个指针，但是并没有任何的信息能够说明这个指针是否指向缓冲区的起始位置，并需要另一个长度参数说明数据的结束点。

为了避免不必要的内存复制，需要在处理 `byte[]`参数时，同时提供偏移（offset）和长度（length）参数。计算中将使用长度参数而不是数组的 `Length` 属性，而偏移参数将被累加在数组的索引上。

7.2　分散-聚集 I/O

分散-聚集 I/O（scatter-gather I/O）是 Windows I/O 的一个特性。它可以像连续地址那样，令 I/O 从一系列不连续的内存地址进行传输或将 I/O 传输到一系列不连续的地址。Win32 使用 `ReadFileScatter` 和 `WriteFileGather` 函数暴露这个功能。而 Windows 套接字库使用了额外的接口 `WSASend`、`WSARecv` 支持分散-聚集功能。

分散-聚集适用于以下的情形：

- 每一个包都需要以一个固定的头部信息开始。分散-聚集功能不需要每一次都进行头部信息的复制来形成一个连续的缓存。
- 使用一次系统调用将 I/O 传输至多个缓存，从而避免多次系统调用的开销。

`ReadFileScatter` 和 `WriteFileGather` 有诸多的限制，例如，每一个缓冲区的长度必须是系统页长度，并且被打开的句柄必须是重叠（Overlapped）且非缓存（unbuffered）（这可能导致更多的限制）；而套接字的分散-聚集更实用一些，因为它们并没有这些限制。.NET Framework 通过重载 `Socket` 类的 `Send` 和 `Receive` 方法提供分散-聚集功能，却并没有提供更通用的分散-聚集接口。

`HttpWebRequest` 是一个使用分散-聚集的好例子，它将 HTTP 头部信息和负载组合起来，而不需要创建一块连续的内存来存储所有的信息。

7.3　文件 I/O

通常，文件 I/O 会经过文件系统的缓存而得到一些性能改善：缓存最近访问的数据、预读（即从磁盘预先读取数据）、后写（异步地将数据写入磁盘），以及合并小的写操作。通过提供 Windows 文件的期望访问模式可以得到更多的性能提升。如果应用程序进行重叠 I/O 并灵活地处理缓冲区以应对复杂的情形，则可能不使用系统缓存才是更高效的方式。

7.3.1 缓存提示

当创建或打开一个文件时，需要为 `CreateFile` Win32 函数提供一系列的标志，而有些标志则会影响缓存的行为。

- `FILE_FLAG_SEQUENTIAL_SCAN` 提示缓存管理器该文件是被顺序访问的。在访问中，有可能一些部分会被略过，但是访问不是随机的。缓存将会向前预读。
- `FILE_FLAG_RANDOM_ACCESS` 提示该文件会被随机访问。由于缓存的数据不一定会被应用程序使用，因此缓存管理器会减少前向的预读。
- `FILE_ATTRIBUTE_TEMPORARY` 提示该文件是一个临时文件。因此，将内容写回磁盘（避免数据丢失）的操作将延迟进行。

.NET 将这些标志（最后一个除外）作为 `FileOption` 枚举参数，放在了 `FileStream` 的一个构造函数重载中。

> **注意** 随机访问对性能有不利影响，对磁盘上介质的访问尤甚，因为磁盘读写往往意味着物理移动。虽然磁盘的吞吐率随着存储密度的增加有了一定的改善，但是其延时并没有太多改进。现代磁盘可以智能地（将盘片的转动考虑在内）重新对随机访问进行排序，使得磁头的移动时间最短，这种技术称为原生命令队列（Native Command Queue）。为了有效发挥其作用，磁盘控制器必须提前考虑若干个 I/O 请求，换句话说，就是应当有若干个等待中的异步 I/O 请求。

7.3.2 非缓存 I/O

非缓存 I/O 会完全舍弃 Windows 的缓存，这种做法有利有弊。这种机制和缓存提示一样，也是通过创建文件时的标记参数来激活。但是，.NET 并没有暴露这些功能。

`FILE_FLAG_NO_BUFFERING` 标志的含义是不会在数据读写过程中使用缓存，但是这个标识并不影响磁盘硬件缓存的使用。该机制不会将数据从用户缓冲区复制到缓存，因而不会产生缓存污染（在缓存中保存了用处不大的数据导致重要的数据无法使用缓存）。但是，这种无缓存操作只能够读写恰当对齐的数据，即 I/O 传输大小、文件的偏移量和内存缓冲区的地址必须是磁盘扇区的尺寸的整数倍。这个值的典型值是 512 字节。虽然最新的高容量磁盘驱动器的扇区大小可达 4096 字节（称为"高级格式化"），但它仍然可以在兼容模式下模拟 512 字节的扇区大小（但相应的会有一定的性能损耗）。

`FILE_FLAG_WRITE_THROUGH` 标志（在不使用 `FILE_FLAG_NO_BUFFERING` 标志的情况下）提示缓存管理器直接刷写缓存，并令磁盘控制器将写操作立即进行物理提交，而不是写入磁盘缓存。

在应用程序进行一系列有延迟的同步操作时，预读（read-ahead）可以通过保持磁盘的使用度改善性能。但这种机制是否有效，取决于 Windows 是否能够正确地预测接下来需要读取文件的哪一个部分。在禁用缓存时同时禁用预读，可以保持多个挂起的重叠操作，从而使磁盘保持忙碌的状态。

此外，后写入（write-behind）同样可以在磁盘写入速度很快的情况下改善同步写操作应用程序的性能。这样，应用程序可以在低阻塞的情况下更好地利用 CPU 资源。而当我们禁用缓存时，写操作所需的时间就是真正将数据写入磁盘的时间。因此，在使用非缓存 I/O 时进行异步写入就变得更加重要了。

7.4　网络 I/O

网络访问已是大多数现代应用程序的基本功能。服务端应用程序用于处理客户端的请求，需要尽可能地达到最大的扩展性和吞吐量以提供更快的服务，同时，增加单台服务器支撑的客户端数量。而客户端则致力于将网络访问延迟最小化或降低网络延迟的影响。本节将向读者提供改善网络性能的若干建议。

7.4.1　网络协议

应用层网络协议（OSI 第 7 层）的实现方式可以极大地影响性能。本节将介绍一些高效利用网络容量并降低网络延迟的优化手段。

1．流水线

对于一个没有流水线的协议，客户端向服务器发送请求后，必须等待服务器返回响应才能发送下一个请求。因此，网络容量并没有得到有效利用，因为网络在往返时延（round-trip time，即网络数据报到达服务器并收到服务端确认所需的时间）中是处于空闲状态的。反之，在一个拥有流水线的连接中，客户端可以在服务器返回先前请求的响应之前发送更多的请求。更具优势的是，服务端可以不按照请求的顺序进行处理，先处理可以快速响应的请求，而将需要更多计算的请求延迟处理。

在全球范围互联网带宽持续增加，而延迟鲜有改进（无法超越光速这个物理上限）的今天，流水线就显得愈发重要了。

HTTP 1.1 协议是现实中一个拥有流水线的网络协议，但是（译者注：在成书时）许多服务器和网络浏览器出于兼容性考虑，并没有启用该协议。另外，还有 Google 公司的 SPDY 协议，它是一个类似 HTTP 的试验性协议，目前 Chrome 和 Firefox 浏览器，以及部分 HTTP 服务器已经对该协议提供了支持。此外，即将到来的 HTTP 2.0 协议也支持流水线。

2．流传输

流传输不仅适用于音频和视频，还可用于消息的传输。在流传输的支持下，应用程序甚至可以在数据结束之前就将其发送到网络上。流传输在降低网络延迟的同时增加了网络的信道的利用率。

例如，一个服务器应用程序为处理请求需要从数据库读取数据，它要么一次性将数据装载到一个 DataSet（可能会消耗大量的内存）中，要么使用 DataReader 一个接一个地读取记录。在整块数据读取完毕之前，第一个方案中的服务器无法向客户端返回任何信息，而第二个方案在拿到第一个记录的时候就可以向客户端发送响应了。

3．消息分块

每次只传输少量的数据是对网络资源的浪费。这是因为以太网、IP 和 TCP/UDP 的头部信息都不小，在负载数据量较小的情况下，虽然带宽使用量很高，但大部分都消耗在传输头部信息而非实际数据上。此外，Windows 系统每次调用的延迟和发送的数据量几乎是无关。若协议支持将若干个请求进行合并，则可以减缓这种消耗。例如，（域名服务）DNS 协议允许客户一次性解析多个域名。

4．聊天式协议

有些时候，后一个请求是依赖于前一个请求的响应的。这样，即便是在协议支持的情况下，客户端也无法用流水线的方式发送请求。

考虑一个聊天式协议下的会话。访问网页时，浏览器首先通过 TCP 连接到 Web 服务器，向即将访问的 URL 发送一个 HTTP GET 请求，并接收 HTML 页面响应。接下来，浏览器将解析 HTML 页面，区分出 JavaScript、CSS 和图片等需要独立下载的资源。此后，JavaScript 脚本执行，在执行中可能需要获得其他的内容。总之，客户端无法立即知道所有需要用于页面渲染的资源，而必须迭代式地获取资源直至将所有资源下载完毕。

为了降低其影响，服务器可以提示客户端需要获得哪些 URL，以便进行页面的渲染。甚至，可以在客户端未请求的情况下发送所需的内容。

5. 消息编码和冗余

网络带宽通常是有限的资源，不经优化的消息格式可能会对性能造成影响。下面是一些优化消息格式的建议。

- 避免重复传输相同的信息。保持头部信息的短小。
- 使用智能的编码方式来表示数据。例如，字符串可以用 UTF-8 而非 UTF-16 进行编码。二进制协议可能比一个可读的协议要精简很多。尽可能地避免封装，如使用 Base64 进行编码。
- 对高压缩率的数据（如文本）进行压缩。不适用于不可压缩的数据，如已经压缩过的视频、图像和音频。

7.4.2 网络套接字

套接字 API 是应用程序使用网络协议（如 TCP 和 UDP）的标准方式。套接字 API 最初在 BSD UNIX 操作系统中引入，并成为了几乎所有的操作系统的标准。有些操作系统会对其进行适当扩展，如 Microsoft 的 WinSock。Windows 提供了多种套接字 I/O 的方式：阻塞、轮询（polling）非阻塞方式及异步方式。使用正确的 I/O 模型和套接字参数，可以实现更高的吞吐率、更低的延迟和更好的扩展性。本节将着重关注与 Windows 套接字相关的性能优化方法。

1. 异步套接字

.NET 的 Socket 类支持异步 I/O。它提供了两种异步操作的 API：BeginXXX 和 XXXAsync。其中，XXX 代表 Accept、Connect、Receive、Send 及其他的操作。在这两种形式中，前者使用了.NET 的线程池的预约等待功能等待重叠 I/O 的完成，而后者是在.NET Framework 2.0 SP1 时引入的。它使用了.NET 线程池的 I/O 完成端口，从而具备更好的性能和扩展性。

2. 套接字缓存

套接字对象拥有两个可读可写的缓冲区尺寸属性：ReceiveBufferSize 和 SendBufferSize。它们代表了 TCP/IP 协议栈在操作系统的内存空间里分配的缓冲区的大小。接收缓冲区用于暂存还未被应用程序读取的数据，发送缓冲区用于暂存应用程序发送但还未被接收端接收的数据（当需要进行重传时，将发送缓冲区中的数据）。

应用程序读套接字时，将从接收缓冲区清除已读数据。当接收缓冲区清空时，若使用的是同步 I/O，则读操作被阻塞，否则操作被挂起。

而当应用程序写套接字时，可以在发送缓冲区被填满而无法容纳其他数据，或者接收方的接收缓存填满前保持非阻塞状态。接收方会在每次接收数据（acknowledgement）时告知其接收缓存的使用情况。

在高带宽、高延迟的连接中（如卫星通信链路），默认的缓冲区尺寸就显得太小。发送端快速地填充发送缓存并等待接收方接收数据，而这种操作由于高延迟的原因而变得缓慢。等待过程使得通信管道并未被完全利用，而网络终结点仅使用了可用缓存的几分之一。

在一个非常可靠的网络环境中，理想的缓存大小是带宽与延迟的乘积。例如，在一个带宽为 100 Mbit/s、往返时延为 5 ms 的链接中，理想的缓冲区窗口尺寸应当为(100 000 000/8) × 0.005 = 62 500 字节。若出现丢包，则该值将相应减小。

3．Nagle 算法

之前介绍过，小的数据包是非常浪费的，因为数据包的头部信息相比于负载显得过大。Nagle 算法将多个写操作合并为一整个数据包，从而改善了 TCP 套接字的性能。但是，这种做法增加了数据发送的延迟。一个对延迟敏感的应用程序应当将 Socket.NoDelay 属性设置为 true 以禁用 Nagle 算法。一个设计良好的应用程序应当一次发送较大的数据缓冲而非依赖 Nagle 算法。

4．注册 I/O

注册 I/O（registered I/O，RIO）是 Windows Server 2012 引入的新的 WinSock I/O 扩展。该扩展提供了非常高效的缓冲区注册和通知机制。RIO 解决了 Windows I/O 中的最低效的几个问题。

- 用户缓冲区检查（检查用户缓冲区的页访问权限），以及锁定和解锁（确保缓冲区保留在物理内存中）。
- 句柄查找（将一个 Win32 HANDLE 转换为一个内核对象指针）。
- 系统调用（例如，将 I/O 完成通知移出队列）。

将应用程序和操作系统及其他的应用程序隔离可以保证安全性和可靠性，但它同时是有代价的。在 RIO 诞生前，每一次调用都会付出隔离产生的代价。而这种代价在高 I/O 频率的情况下变得非常显著。而在 RIO 的帮助下，仅在初始化时才会为隔离"付账"。

RIO 需要将缓冲区进行注册，并将其锁定在物理内存中直至其（在应用程序或子系统退出时）注销。由于缓冲区被分配并保持在内存中，因此，Windows 不必在每次操作时对其进行检查、锁定与解锁操作。

RIO 的请求与完成队列位于进程内存空间中，并可以被其访问，这意味着系统调用不再需要轮询完成通知的入队或出队情况。

RIO 支持以下 3 种通知机制。

- 轮询：这种方式延迟最低，但它会使用一个逻辑处理器内核来轮询网络缓冲区。
- I/O 完成端口。
- 触发一个 Windows 事件。

在本书成书时，RIO 并没有提供.NET Framework 下的相关接口，但是可以通过标准的.NET 互操作（参见第 8 章）的方式进行访问。

7.5　数据序列化与反序列化

序列化是将对象转换为一种可以写入磁盘或者通过网络传输的格式的操作；反序列化是从序列化形式重建对象的操作。例如，一个散列表可以序列化为一个键值对记录的数组。

7.5.1 序列化基准测试

.NET Framework 提供了若干泛型的序列化器完成用户自定义对象的序列化和反序列化操作。本节将通过对其吞吐率和序列化后的信息大小的基准测试来衡量它们的优点和缺点。

涉及的序列化器列举如下。

- System.Xml.Serialization.XmlSerializer：
  - ◆ 将对象序列化为 XML 格式（文本或者二进制）；
  - ◆ 支持对象的嵌套但不支持循环引用；
  - ◆ 仅序列化公有的成员变量或属性，被显式排除的公有成员变量或属性除外；
  - ◆ 为了提高效率，使用一次性反射操作生成序列化程序集，也可使用 sgen.exe 工具预先生成序列化程序集；
  - ◆ 支持自定义 XML 格式（schema）；
  - ◆ 需要知道所有参与序列化操作的类型：除继承类型之外，其他的类型可以进行自动推断。
- System.Runtime.Serialization.Formatters.Binary.BinaryFormatter：
  - ◆ 将对象序列化为仅供.NET BinaryFormatter 使用的二进制格式；
  - ◆ 此序列化方式为.NET Remoting 所用，但也可独立使用；
  - ◆ 支持公有和非公有的成员变量；
  - ◆ 可处理循环引用；
  - ◆ 不需要事先知道序列化的对象类型；
  - ◆ 需要使用[Serializable]属性对对象进行标记。
- System.Runtime.Serialization.Formatters.Soap.SoapFormatter：
  - ◆ 和 BinaryFormatter 类似，将对象序列化为 SOAP XML 格式，交互性更佳，但尺寸更大；
  - ◆ 不支持泛型和泛型集合。在最新版本的.NET Framework 中，已不建议使用。
- System.Runtime.Serialization.DataContractSerializer：
  - ◆ 将对象序列化为文本或二进制格式的 XML；
  - ◆ 此序列化方式为 WCF 所用，但也可独立进行序列化操作；
  - ◆ 通过[DataContract]和[DataMember]标记选择性地序列化特定类型及其成员变量。如果类型被标记为[Serializable]，那么所有的成员变量都会被序列化；
  - ◆ 需要知道所有参与序列化操作的类型：除继承类型之外，其他的类型可以进行自动推断。
- System.Runtime.Serialization.NetDataContractSerializer：
  - ◆ 和 DataContractSerializer 类似,但会将.NET 的类型信息存储在序列化的数据中；
  - ◆ 不需要事先知道参与序列化的对象类型；
  - ◆ 需要共享包含序列化对象类型的程序集；
- System.Runtime.Serialization.DataContractJsonSerializer

与 DataContractSerializer 类似，将对象序列化为 JSON 而非 XML。

图 7-3 展示了上述序列化器的基准测试结果。一些序列化器对文本 XML 输出和二进制 XML 输出分别进行了测试。该基准测试对一个高度复杂的对象图（包含 5 种、3600 个对象实例的对象引用

树。每一种对象类型都具有 **string** 和 **double** 类型，以及数组形式的成员变量）进行序列化和反序列化。由于并非所有序列化器都支持循环引用，因此我们并没有构造相应的范例。但是，那些支持循环引用的序列化器的速度要慢很多。该基准测试是在.NET Framework 4.5 RC 版本上执行的，该版本相比.NET Framework 3.5，提高了二进制 XML 的序列化速度，但对于其他的结果并没有太多影响。

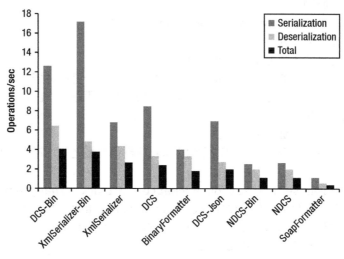

图 7-3 序列化器吞吐率基准测试结果。单位：操作/秒

基准测试结果显示，**DataContractSerializer** 和 **XmlSerializer** 在处理二进制 XML 格式时总体上是最快的。

接下来要考虑的是序列化数据的大小（如图 7-4 所示）。在测试数据中，有几个序列化器的结果不分上下，这可能是因为对象树的大部分数据都是字符串类型的，它们在所有序列化器中的表现形式都是一致的。

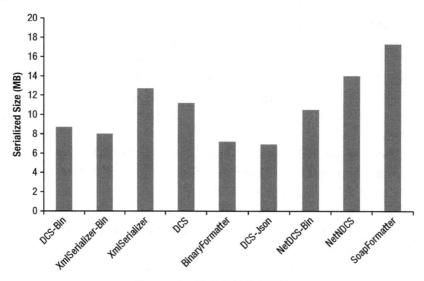

图 7-4 序列化数据的大小比较

最紧凑的序列化形式是由 DataContractJsonSerializer 产生的，紧随其后的是 XmlSerializer 和 DataContractSerializer 在二进制 XML 写入器下生成的数据。令人惊讶的是，本轮测试结果中大部分的序列化器超越了 BinaryFormatter。

7.5.2 数据集（DataSet）序列化

数据集（DataSet）经由 DataAdapter 从数据库中获得并缓存在内存中的数据。其中包含了 DataTable 对象的集合，而每一个 DataTable 又包含数据库的模式（schema）和数据行，它们也同样是包含一系列序列化数据的集合。DataSet 对象复杂，占用大量的内存，且需要非常多的计算资源才能完成序列化。尽管如此，许多应用程序仍然把它们在应用程序的层级之间传来传去。下面是一些减少其序列化开销的方案。

- 在序列化 DataSet 之前调用 DataSet.ApplyChanges。DataSet 同时存储了原始值和更改后的值。若不需要原始值，可以调用 ApplyChanges 来销毁它们。
- 仅序列化必需的 DataTable。如果 DataSet 包含其他不需要的数据表，可考虑将这些所需的数据表复制到一个新的 DataSet 对象中，并仅序列化这个新的对象。
- 使用列别名(AS 关键字)生成更短的名字以减少序列化尺寸。例如，如下的 SQL 语句：SELECT EmployeeID As I, Name As N, Age As A。

7.6 Windows 通信基础类库

随.NET 3.0 一起发布的 Windows 通信基础类库（Windows Communication Foundation，WCF）迅速成为了.NET 应用程序进行网络通信的事实标准。它提供了前所未有的众多协议及定制支持，并随着新的.NET 版本发布持续增加。本节将介绍 WCF 的性能优化方法。

7.6.1 限流

为了防止拒绝服务攻击（DoS），在.NET Framework 4.0 之前，WCF 默认采用比较保守的限流设置。但在大多数实际情况中，这个值显得过低了。

我们可以通过更改 app.config（桌面应用程序）或 web.config（ASP.NET 应用程序）system.serviceModel 一节来编辑限流设定：

```
<system.serviceModel>
  <behaviors>
    <serviceBehaviors>
      <behavior>
        <serviceThrottling>
          <serviceThrottling maxConcurrentCalls="16"
              maxConcurrentSessions="10" maxConcurrentInstances="26" />
```

另一种编辑方式是在服务创建之初更改 ServiceThrottling 对象的属性：

```
Uri baseAddress = new Uri("http://localhost:8001/Simple");
ServiceHost serviceHost = new ServiceHost(typeof(CalculatorService), baseAddress);

serviceHost.AddServiceEndpoint(
  typeof(ICalculator),
```

```
    new WSHttpBinding(),
    "CalculatorServiceObject");

serviceHost.Open();

IChannelListener icl = serviceHost.ChannelDispatchers[0].Listener;
ChannelDispatcher dispatcher = new ChannelDispatcher(icl);
ServiceThrottle throttle = dispatcher.ServiceThrottle;
throttle.MaxConcurrentSessions = 10;
throttle.MaxConcurrentCalls = 16;
throttle.MaxConcurrentInstances = 26;
```

上述程序中的各个参数的含义如下。

- maxConcurrentSessions 限制 ServiceHost 当前处理的消息总数。超过限制的调用将被压入队列。在.NET 3.5 中默认值为 10，而在.NET 4 中是处理器的总数乘以 100。
- maxConcurrentCalls 限制 ServiceHost 一次执行 InstanceContext 对象的数目。超出的对象创建请求将被压入队列，并在对象数目低于设定值时被创建。该值在.NET 3.5 中默认为 16，而在.NET 4 中则为处理器的数目乘以 16。
- maxConcurrentInstance 限制一个 ServiceHost 对象所能够接受的会话数目。服务可以接受多于设定限制的连接，但是低于这个限制的信道是处于激活状态（消息是通过信道进行传输的）。该值在.NET 3.5 中默认为 26，而在.NET 4 中为处理器的数目乘以 116。

另一个重要的配置是每一个宿主能够接受的最大并发连接数，默认为 2。在 ASP.NET 应用程序调用外部 WCF 服务的情形下，这个值将会成为主要的瓶颈。下面是一个范例配置文件：

```
<system.net>
  <connectionManagement>
    <add address="*" maxconnection="100" />
  </connectionManagement>
</system.net>
```

7.6.2 处理模型

WCF 服务需要指定其激活方式与并发模型。这是通过 ServiceBehavior 的 InstanceContextMode 与 ConcurrencyMode 属性分别进行控制的。InstanceContextMode 有以下取值。

- PerCall：每一次调用都会创建一个新的服务对象。
- PerSession（默认）：每一个会话创建一个新的服务对象。如果信道并不支持会话，则其行为和 PerCall 一致。
- Single：所有的调用都将复用同一个服务对象。

ConcurrencyMode 有以下取值。

- Single（默认）：服务对象是单线程的，并且不支持重入。如果 InstanceContextMode 为 Single 并且已经处理了一个请求，则后续的请求需要等待前一个请求，直至其执行结束。
- Reentrant：服务对象是单线程的，但是可以重入。如果一个服务调用其他服务，那么前者可能会重入。该服务需要保证对象的状态在调用另一个服务之前是一致的。
- Multiple：该模式没有任何的同步保护，服务本身需要自行同步以保证状态的一致性。

如果已经将 ConcurrencyMode 设置为 Single 或 Reentrant，那么不要将 InstanceContextMode 设置为 Single。若将 ConcurrencyMode 设置为 Multiple，则可使用合适粒度的锁来确保状态的一致性。

WCF 使用之前提到过的.NET 线程池中的 I/O 完成线程进行服务调用。若在服务运行中进行同步 I/O 或阻塞等待，则可能需要编辑 ASP.NET 应用程序配置中的 `system.web` 一节（参见下面的范例），或在桌面应用程序中调用 `ThreadPool.SetMinThreads` 和 `ThreadPool.SetMaxThreads` 方法，以增加应用程序可以使用的线程池中线程的数目。

```
<system.web>
  <processModel
    ...
    enable = "true"
    autoConfig = "false"
    maxWorkerThreads ="80"
    maxIoThreads = "80"
    minWorkerThreads = "40"
    minIoThreads = "40"
  />
```

7.6.3 缓存

WCF 并不内置缓存支持。即使将其部署在 IIS 中，默认也无法使用 IIS 的缓存。然而，可以通过将 WCF 服务标记为 `AspNetCompatibilityRequirements` 来开启缓存功能。

```
[AspNetCompatibilityRequirements(RequirementsMode =
AspNetCompatibilityRequirementsMode.Allowed)]
```

也可以通过编辑 web.config 中的 `system.ServiceModel` 一节来开启这个功能：

```
<serviceHostingEnvironment aspNetCompatibilityEnabled="true" />
```

从.NET Framework 4.0 开始还可以使用新的 `System.Runtime.Cache` 来实现缓存机制。该机制并不依赖 `System.Web` 程序集，因此，其使用范围不限于 ASP.NET。

7.6.4 异步 WCF 客户端与服务器

WCF 支持在客户端与服务器端进行异步调用，每一端都可以独立决定一个操作是同步执行还是异步执行。

在客户端进行异步调用的方式有两种：基于事件的异步调用和基于.NET 异步模式进行的异步调用。基于事件的模型和 `ChannelFactory` 创建的信道并不兼容。因此，若要使用该模型，需要通过 svcutil.exe 工具以 `/async` 和 `/tcv:Version35` 参数生成服务代理类：

```
svcutil /n:http://Microsoft.ServiceModel.Samples,Microsoft.ServiceModel.Samples
http://localhost:8000/servicemodelsamples/service/mex /async /tcv:Version35
```

生成的代理类的使用方法如下：

```
// Asynchronous callbacks for displaying results.
static void AddCallback(object sender, AddCompletedEventArgs e) {
   Console.WriteLine("Add Result: {0}", e.Result);
}

static void Main(String[] args) {
   CalculatorClient client = new CalculatorClient();
   client.AddCompleted += new EventHandler<AddCompletedEventArgs>(AddCallback);
   client.AddAsync(100.0, 200.0);
```

```
}
```

若使用基于 **IAsyncResult** 的模型，则可以使用 svcutil 工具使用/async 来生成一个代理（不需要指定/tcv:Version35 参数）。然后，就可以调用代理类的 **BeginXXX** 方法并提供一个回调函数：

```
static void AddCallback(IAsyncResult ar) {
    double result = ((CalculatorClient)ar.AsyncState).EndAdd(ar);
    Console.WriteLine("Add Result: {0}", result);
}

static void Main(String[] args) {
    ChannelFactory<ICalculatorChannel> factory = new ChannelFactory<IcalculatorChannel >();
    ICalculatorChannel channelClient = factory.CreateChannel();
    IAsyncResult arAdd = channelClient.BeginAdd(100.0, 200.0, AddCallback,
channelClient);
}
```

在服务端，异步是通过创建 **BeginXXX** 和 **EndXXX** 版本的契约操作实现的。在这种情况下，就不要再创建另一个不带有 **Begin** 和 **End** 前缀的方法了，否则 WCF 将会调用不带前缀的方法。注意：务必遵守这种命名的规则。

BeginXXX 方法接收输入参数，尽可能少地执行操作并返回 **IAsyncResult**；I/O 操作应当异步执行。**BeginXXX** 方法（且仅这个方法）需要使用 **OperationContract** 属性进行标记，并将 **AsyncPattern** 参数设置为 true。

EndXXX 方法需要以 **IAsyncResult** 对象为参数（持有期望的返回值），并拥有期望的输出参数。由 **BeginXXX** 返回的 **IAsyncResult** 对象应当包含返回值的所有必要信息。

此外，WCF 4.5 的客户端和服务器还支持新的基于 **Task** 的 async/await 模式。例如：

```
// Task-based asynchronous service
public class StockQuoteService : IStockQuoteService {
    async public Task<double> GetStockPrice(string stockSymbol) {
        double price=await FetchStockPriceFromDB();
        return price;
    }
}

// Task-based asynchronous client
public class TestServiceClient : ClientBase<IStockQuoteService>, IStockQuoteService {
    public Task<double> GetStockPriceAsync(string stockSymbol) {
      return Channel.GetStockPriceAsync();
    }
}
```

7.6.5 绑定

选择合适的绑定（binding）方式是 WCF 服务设计中的重要环节。每一个绑定都具有独特的功能和性能特点。尽可能地选择最简单的绑定方式和最小数目的特性。诸如可靠性、安全和认证等特性拥有显著的开销，因此仅在必要时选用。

对于同一台机器上的不同进程，命名信道是性能最好的绑定方式。对于跨机器的双向通信，NETTCP 是性能最好的绑定方式。但这种绑定方式交互性低，仅支持 WCF 的客户端。由于会话被绑定到了指定的服务器地址，因此，它对负载均衡器也并不友好。

可以考虑使用二进制的 HTTP 绑定来获得 TCP 绑定的诸多性能优势，并同时支持负载均衡。其

配置可参考以下范例:

```
<bindings>
  <customBinding>
   <binding name="NetHttpBinding">
    <reliableSession />
    <compositeDuplex />
    <oneWay />
    <binaryMessageEncoding />
    <httpTransport />
   </binding>
  </customBinding>
  <basicHttpBinding>
    <binding name="BasicMtom" messageEncoding="Mtom" />
  </basicHttpBinding>
  <wsHttpBinding>
    <binding name="NoSecurityBinding">
     <security mode="None" />
    </binding>
  </wsHttpBinding>
</bindings>
<services>
  <service name="MyServices.CalculatorService">
    <endpoint address=" " binding="customBinding" bindingConfiguration="NetHttpBinding"
              contract="MyServices.ICalculator" />
  </service>
</services>
```

最后,可选择基础的 HTTP 绑定而非 WS-兼容的绑定,因为后者的消息格式非常冗长。

7.7 小结

本章通过改善应用程序的 I/O 性能,并与计算相关的优化措施联合使用,来获得显著的性能提升。
在本章中:

- 比较了同步 I/O 和异步 I/O;
- 介绍了不同的 I/O 完成通知机制;
- 介绍了 I/O 优化的基本措施,例如,尽量避免缓冲区复制操作;
- 讨论了文件相关的 I/O 优化;
- 介绍了套接字相关的性能优化;
- 通过优化网络协议最大化地利用网络的容量;
- 比较并对不同的.NET Framework 中的序列化器进行了基准测试;
- 介绍了 WCF 的优化方法。

第8章

不安全的代码以及互操作

真实的应用程序很少由纯托管代码构成。相反，它们经常使用内部或者第三方的用原生代码实现的程序库。原生代码程序的实现往往基于一些流行的技术，而.NET Framework 提供了一些机制和这些原生程序库进行交互。

- P/Invoke：用于和暴露 C 语言形式函数的 DLL 交互。
- COM Interop：用于在托管程序中使用 COM 对象，或将.NET 类型暴露为 COM 对象后在原生程序中加以使用。
- C++/CLI 语言：使用一种混合形式的语言与 C/C++代码进行交互。

事实上，.NET 基础类库（BCL）中就使用了上述所有的机制。BCL 有一组 DLL，它随.NET Framework 一起发布，包含了.NET Framework 的核心类型。由于几乎所有托管程序都调用了原生程序库，因此，可以说它们实际上都是混合类型的应用程序。

尽管上述互操作的机制非常好，但更重要的是了解各种机制对性能的影响，并将其最小化。

8.1 不安全的代码

托管代码提供了类型安全检查、内存安全检查以及其他安全保障。这些安全保障避免了原生代码中一些常见的难以调试的错误或者安全问题，如堆数据的损坏、缓冲区溢出。托管代码通过不允许直接使用指针进行内存操作，而是使用强类型引用，检查数组访问的边界并只允许合法的对象类型进行转换的方式保证了其安全性。

但是在某些情况下，这种安全的机制的限制可能会使一些简单的任务变得复杂，从而降低性能。例如，我们可能将一个文件的内容加载到 byte[]类型的数组中，但是我们希望将这个数组解释为 double 类型的数组。在 C/C++中，我们只要简单地将 char 指针转换为一个 double 指针就可以了。而在安全的.NET 代码中，我们首先要将这个缓冲区包装为一个 MemoryStream 对象，并使用 BinaryReader 对象操作前者将所有的内存数据解读为 double 数据。另一个方案是使用 BitConverter 类。虽然这些方案都可以解决问题，但是要比非托管代码要慢得多。幸运的是，C# 和 CLR 允许在不安全的代码中使用指针和指针类型转换，其他不安全功能还包括栈内存分配和在结构体中内嵌数组。然而，不安全代码会带来安全性上的妥协，进而可能导致内存损坏或安全问题。因此，编写不安全的代码时务必小心。

在书写不安全的代码之前，我们必须先在工程设置中开启允许编译不安全代码的选项（如图 8-1 所示）。这个选项会向编译器传递/unsafe 命令行参数。之后，我们就可以声明一个可以书写不安全代码或变量的区域了。这个区域可以是一个完整的类或结构、一个方法或者仅是方法中的一部分代码。

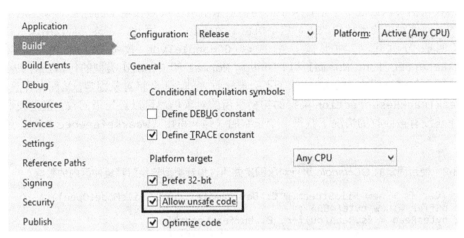

图 8-1　在 C#工程设置中启用不安全代码选项（Visual Studio 2012）

8.1.1　对象固定与垃圾回收句柄

由于存储于垃圾回收堆的托管对象在垃圾回收过程中会随时被移动。因此，我们在获得其地址之前必须将其固定（pinning），以防止它被移动到其他内存区域。

在 C#中，我们可以通过构造 fixed 作用域或者创建一个固定的垃圾回收句柄来达到对象固定的目的（参见示例 8-2 所示）。而 P/Invoke 的存根程序（stub）也使用了 fixed 等效的方式将对象进行固定（我们将在稍后进行介绍）。如果可以在函数范围内确定固定对象的要求，那么最好使用 fixed，因为这种方式比垃圾回收句柄更加高效；否则，我们可以使用 GCHandle.Alloc 分配一个固定的句柄以无限期地固定一个对象（直到显式地调用 GCHandle.Free 释放这个垃圾回收句柄为止）。位于栈上的对象（值对象）不需要进行固定，因为它们不受垃圾回收的影响。我们可以使用&运算符直接获得栈对象的指针。

示例 8-1　使用 *fixed* 作用域和指针类型转换来重新解释缓冲区中的数据

```
using (var fs = new FileStream(@"C:\Dev\samples.dat", FileMode.Open)) {
  var buffer = new byte[4096];
  int bytesRead = fs.Read(buffer, 0, buffer.Length);
  unsafe {
    double sum = 0.0;
    fixed (byte* pBuff = buffer) {
      double* pDblBuff = (double*)pBuff;
      for (int i = 0; i < bytesRead / sizeof(double); i++)
        sum+= pDblBuff[i];
    }
  }
}
```

> **注意**　当 fixed 作用域结束后，对象不再是固定状态，因此，在作用域内获得的指针不能够在作用域之外使用。另外，还可以在值对象的数组、字符串和托管类的值类型成员变量上使用 fixed 关键字。另外，务必指定结构内存布局。

　　垃圾回收句柄可以通过一个指针大小的句柄值来引用垃圾回收堆上的托管对象。这个句柄值是不可更改的（即使对象的地址更改了，这个值也不会被更改），因此，它甚至可以用原生代码进行存储。垃圾回收句柄有 4 种形式，分别以 GCHandleType 枚举的值进行表示：Weak、WeakTrackResurrection、Normal 和 Pinned。Normal 和 Pinned 类型的句柄在对象没有任何引用的情况下不会被垃圾回收。Pinned 除了不会被回收之外，还会将对象固定，从而允许获得其地址。Weak 和 WeakTrackResurrection 类型的句柄引用的对象仍然可以被垃圾回收，但是我们可以通过它在该对象还没有被回收的情况下获得一个正常的（强）引用。WeakReference 类型正是使用了这一特性。

　　示例 8-2　使用固定的 *GCHandle* 进行对象固定并通过指针类型转换解释缓冲区内的数据

```
using (var fs = new FileStream(@"C:\Dev\samples.dat", FileMode.Open)) {
  var buffer = new byte[4096];
  int bytesRead = fs.Read(buffer, 0, buffer.Length);
  GCHandle gch = GCHandle.Alloc(buffer, GCHandleType.Pinned);
  unsafe {
    double sum = 0.0;
    double* pDblBuff = (double *)(void *)gch.AddrOfPinnedObject();
    for (int i = 0; i < bytesRead / sizeof(double); i++)
      sum+= pDblBuff[i];
    gch.Free();
  }
}
```

> **注意**　对象固定可能会在触发垃圾回收的情况下造成托管堆碎片化（即使是被其他的并发线程触发也一样）。碎片化会造成内存浪费，并降低垃圾回收算法的效率。为了降低碎片化的影响，要尽可能缩短对象固定的时间。

8.1.2　生存期管理

　　通常，原生代码会跨越函数调用持续地保有非托管资源。如果要释放资源的话，则需要显式的方法调用。对于这种情况，要为包装这些资源的托管对象实现 IDisposable 接口，并添加终结器。这样可以让调用方确切地释放非托管资源。而在忘记显式调用 Dispose 时，终结器将会成为最后的保护安全网。

8.1.3　分配非托管内存

　　大于 85000 字节的对象（通常是字节缓冲区或者字符串）将会被放在大对象堆（large object heap，LOH）中。这些对象会在第二代垃圾回收的过程中被回收，而这种回收方式的代价是比较大的。此外，LOH 不会进行压缩处理，即使未使用的空间可以被重新利用，因此 LOH 很容易变得碎片化。所有的这些特性都会增加垃圾回收器的内存和 CPU 使用量。因此，更有效的做法是使用托管内存池或将这些数据存储在非托管内存中（如调用 `Marshal.AllocHGlobal` 方法）。当需要在托管代码访问非托管缓冲区的数据时，可以使用"流"的方法，只将少量的非托管内存复制到托管内存中，并且每次仅处理一块这样的内存。`System.UnmanagedMemoryStream` 和 `System. UnmanagedMemory-Accessor` 类可简化上述操作。

8.1.4　内存池

如果需要反复地使用缓冲区来和原生代码进行交互，那么既可以从垃圾回收堆中又可以从非托管堆中分配内存。前者在缓冲区较大、分配较频繁的情况下效率较低，因为托管缓冲区需要进行固定从而引发碎片化。而后者也有问题，因为托管代码希望缓冲区的类型是 `byte` 类型的数组而不是指针。我们无法将一个指针在不进行数据复制的情况下直接转换为一个托管数组，而这个操作会影响性能。

> **提示**　可以通过 .NET CLR Memory 下的 % Time in GC 性能计数器获得垃圾回收"浪费"的 CPU 时间估计值。但是，这个值并不能告诉我们到底是哪些代码造成了这个现象。因此，在进行优化之前，最好先用内存分析器（参见第 2 章）进行评估。关于垃圾回收性能的更多提示，可参见第 4 章。

图 8-2 给出了一个解决方案，它可以既不进行数据复制、不造成垃圾回收的压力，又可以从托管代码和非托管代码中访问数据。其思路是在大对象堆上分配一个大的托管内存缓冲区（段）。由于这些段本身就是不可移动的，因此锁定这些段并不会造成任何损失。

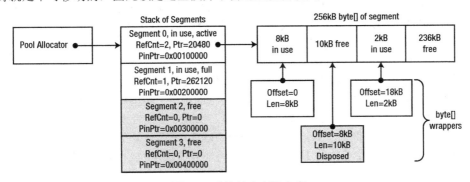

图 8-2　建议的内存池方案

一个简单的分配器方案如下，分配器的分配指针（实际上是索引）在一个内存段上仅向前移动。每一次分配会使用该段内的长度不等的内存（直至段的内存全部使用完毕），并返回包装了该缓冲区的对象。当分配指针达到尾部导致分配失败的时候，分配器将从段池中获得新的段，并尝试再次进行分配。

内存段是有引用计数的，这个技术在每一次分配的时候递增，并在包装对象销毁时递减。当段的引用计数降为零的时候，该段就可以将其分配指针归零，将整个内存用零进行填充从而重置，并将其放回段池中。

包装了缓冲区的对象存储该段的字节数组（`byte[]`）、起始偏移量、长度以及非托管指针，即该对象是一个大的段缓冲区的一个小窗口，它会引用段对象以便在销毁时减少其引用计数。包装对象应当提供方便的方法，如一个安全索引器，来确定偏移量以确保数据访问发生在边界之内。

　　.NET 开发者通常会假定缓冲区数据从 0 开始计数直至整个数组的长度，而我们却不能进行这种假定。应当对代码进行修改，引入额外的偏移和长度参数，并随着缓冲区对象进行传递。大部分的.NET 基础类库提供了含有偏移量和长度参数的重载方法，可以对缓冲区进行访问。

　　这种方案的一大劣势是放弃了自动化的内存管理。为了回收段内存，我们必须显式地销毁包装对象。在这里实现终结器并不是一个好的途径，因为这样做甚至会让性能变得更糟。

8.2　平台调用

　　平台调用（Platform Invoke 或 P/Invoke），可以在托管代码内调用 DLL 中暴露的 C 语言形式的函数。使用平台调用时，托管代码需要声明一个签名（参数类型和返回值类型）与 C 函数一致的 static extern 方法。用 DllImport 属性对该方法进行标记，并且至少声明暴露了该方法的 DLL。

```
// Native declaration from WinBase.h:
HMODULE WINAPI LoadLibraryW(LPCWSTR lpLibFileName);

// C# declaration:
class MyInteropFunctions {
    [DllImport("kernel32.dll", SetLastError=true)]
    public static extern IntPtr LoadLibrary(string fileName);
}
```

　　上述示例中，我们定义了一个函数 LoadLibrary，它接受一个 string 参数并返回一个 IntPtr。之所以返回值是 IntPtr，因为其指针无法被复引用，使用 IntPtr 则不需要将该函数标记为不安全的代码。DllImport 中的参数声明了该函数是由 kernel32.dll（它也是暴露 Win32 API 的主要 DLL）暴露的，并且 Win32 的最后一次的错误代码应当保存在线程本地存储区，这样其值就不会被其他非显式的 Win32 函数调用（如 CLR 内部调用）覆盖。DllImport 属性还可以标记 C 函数的调用约定、字符串的编码、实际函数的名称等信息。

　　如果原生函数包含复杂类型，如 C 结构体，那么我们必须在托管代码一侧定义等效的值或者类，且每一个成员变量使用相同的类型。结构体中成员变量的顺序、类型和对齐方式必须和 C 语言代码的期望保持一致。在某些情况下，还需要在成员变量、函数参数或者返回值上指定 MarshalAs 标记以便更改默认的列集行为。例如，System.Boolean(bool)托管类型在原生代码中有多种表现形式：Win32 的 BOOL 类型使用 4 字节长的 long 类型，并将非 0 值认定为 true，而在 C++中，bool 的值占用 1 字节并且 true 的值为 1。

　　以下代码使用 StructLayout 对值类型 WIN32_FIND_DATA 进行了标记。这个标记指定了该类型的成员变量在内存中应当顺序存储。如果没有这个标记，则 CLR 可以进行性能优化而重新安排成员变量的位置。代码还使用 MarshalAs 标记 cFileName 和 cAlternativeFileName 成员变量以指定这两个成员变量应使用嵌入的定长字符串，而非以外部指针引用的方式进行存储。

```
// Native declaration from WinBase.h:
typedef struct _WIN32_FIND_DATAW {
  DWORD dwFileAttributes;
  FILETIME ftCreationTime;
  FILETIME ftLastAccessTime;
  FILETIME ftLastWriteTime;
  DWORD nFileSizeHigh;
  DWORD nFileSizeLow;
  DWORD dwReserved0;
```

```
  DWORD  dwReserved1;
  WCHAR  cFileName[MAX_PATH];
  WCHAR  cAlternateFileName[14];
} WIN32_FIND_DATAW;

HANDLE WINAPI FindFirstFileW(__in  LPCWSTR lpFileName,
  __out LPWIN32_FIND_DATAW lpFindFileData);

// C# declaration:
[StructLayout(LayoutKind.Sequential, CharSet=CharSet.Auto)] struct WIN32_FIND_DATA {
  public uint dwFileAttributes;
  public FILETIME ftCreationTime;
  public FILETIME ftLastAccessTime;
  public FILETIME ftLastWriteTime;
  public uint nFileSizeHigh;
  public uint nFileSizeLow;
  public uint dwReserved0;
  public uint dwReserved1;
  [MarshalAs(UnmanagedType.ByValTStr, SizeConst=260)]
  public string cFileName;
  [MarshalAs(UnmanagedType.ByValTStr, SizeConst=14)]
  public string cAlternateFileName;
}

[DllImport("kernel32.dll", CharSet=CharSet.Auto)]
static extern IntPtr FindFirstFile(string lpFileName, out WIN32_FIND_DATA
lpFindFileData);
```

当调用上述 FindFirstFile 方法时，CLR 将加载暴露该函数的 DLL（kernel32.dll），找到指定的函数（FindFirstFile），并且将参数从托管形式转换为非托管形式（反之亦然）。该范例中，输入参数 lpFileName 字符串被转换为原生字符串，而向原生的 WIN32_FIND_DATAW 写入数据的指针参数 lpFindFileData 翻译成了向托管值 WIN32_FIND_DATA 写入数据。在接下来的几节中，我们将详细描述以上每一个阶段的细节。

8.2.1 PInvoke.net 与 P/Invoke Interop Assistant 软件

书写 P/Invoke 的签名必须了解很多细节并遵守诸多的规则，这个过程既枯燥又困难。一个错误的签名平台调用签名可以造成难以调试的错误。但幸运的是，有两个工具可以简化这个过程：PInvoke.net 网站和 P/Invoke Interop Assistant。

PInvoke.net 是一个非常好用的维基类网站。你可以在该网站上找到并贡献各种 Microsoft API 的 P/Invoke 签名。该网站是由 Adam Nathan——一位在微软公司工作的高级软件开发工程师创建的。他曾经在.NET CLR 质量保证组工作，并写过一本深度解析 COM 互操作的书籍。另一个选择是下载一个免费的 Visual Studio 插件，在 Visual Studio 中直接访问 P/Invoke 的签名。

P/Invoke Interop Assistant 是微软公司提供的一个免费工具。该工具及其源代码可以从 CodePlex 网站上下载。该软件通过一个描述 Win32 函数、结构及常量的数据库（XML 文件）来生成平台调用签名。该软件可以直接从 C 函数的定义生成平台调用签名，也可以从一个托管程序集生成原生的回调函数的代码或原生 COM 接口的签名。

图 8-3 使用微软公司的 P/Invoke Interop Assistant 工具，在左侧的搜索栏中搜索 CreateFile 函数后，在右侧就可以生成该函数及其附属结构的 P/Invoke 签名。P/Invoke Interop Assistant 工具（以及其他 CLR 互操作相关的工具）都可以从 CodePlex Archive 中的 clrinterop 位置载。

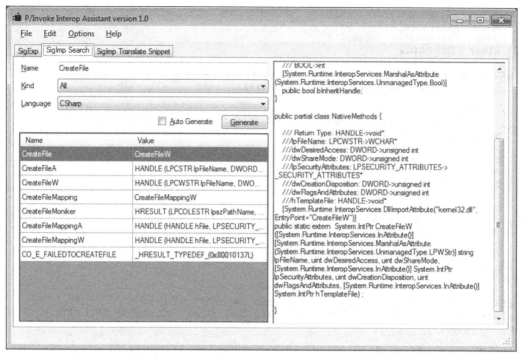

图 8-3　使用 P/Invoke Interop Assistant 工具生成 CreateFile 函数签名的截图

8.2.2　绑定

当我们第一次调用 P/Invoke 函数的时候，当前进程首先会使用 Win32 LoadLibrary 加载原生的 DLL 及其依赖（如果没有被加载过），然后搜索需要的导出函数（有可能会先搜寻其各种变体）。搜索的方式取决于 DllImport 标记的 CharSet 和 ExactSpelling 属性的值。

- 如果 ExactSpelling 的值为 true，则平台调用将搜索名称严格一致的函数。此时，仅将调用转换的各种变体考虑在内。如果搜索失败，则平台调用将不再继续搜索其他名称的函数并抛出 EntryPointNotFoundException。
- 如果 ExactSpelling 的值为 false，则其搜索方式将取决于 CharSet 属性的值：
    - 如果其值为 CharSet.Ansi（默认），P/Invoke 将严格按照名称进行搜索，若搜索失败，则继续搜索变体名称（后缀为"A"的名称）。
    - 如果其值为 CharSet.Unicode，P/Invoke 将优先搜索变体名称（后缀为"W"的名称），而后搜索无后缀的名称。

ExactSpelling 在 C#的默认值为 false，在 VB.NET 中为 true。而 CharSet.Auto 在任何现代操作系统（Windows ME 之后）中的值都等价为 CharSet.Unicode。

提示　推荐使用 Unicode 版本的 Win32 函数。Windows NT 之后的版本原生支持 Unicode（UTF-16）。如果调用 ANSI 版本的 Win32 函数，则必须将字符串转换为 Unicode（带来一些性能的损失），之后再调用 Unicode 版本的函数。.NET 的字符串也是用 UTF-16 进行表示的。因此，如果参数本身已经是 UTF-16 编码的话，那么列集的速度也将比其他编码更快。在 API 设计中考虑

UTF-16 兼容还可以提供更好的国际化支持。同时将 ExactSpelling 设置为 true，还可以避免额外的函数搜索过程，加快第一次加载的时间。

8.2.3　列集器存根程序

在第一次调用平台调用函数时，加载完原生 DLL 之后会按需生成一个平台调用的列集器存根程序（Marshaler Stubs）。该存根程序可在接下来的调用中进行复用。列集器将在调用中执行以下的工作。

（1）检查调用者的非托管程序执行权限。

（2）将托管参数恰当地转化为原生的内存结构，如果需要的话，还会进行内存分配。

（3）将当前线程的垃圾回收器设置为抢先模式（pre-emptive），这样，不需要等待当前线程达到一个安全点就可以触发垃圾回收过程。

（4）调用原生函数。

（5）将当前线程的垃圾回收器恢复为协作模式（co-operative）。

（6）如果需要的话，将 Win32 错误代码存储在线程本地存储区中，以便可以使用 Marshal.GetLastWin32Error 方法获得该值。

（7）如果需要的话，将 HRESULT 转换为异常并抛出该异常。

（8）将原生异常转换为一个托管异常，并抛出该异常。

（9）将函数的返回值以及输出参数转换为托管内存存储形式。

（10）回收临时分配的所有内存。

平台调用也可以用于从原生代码调用托管代码。如果在平台调用调用原生函数过程中，有一个委托对象作为回调参数传入的话，将从这个委托对象生成一个反向列集器存根程序（通过 Marshal.GetFunctionPointerForDelegate 方法）。而原生函数将接收到一个函数指针而不是委托对象，原生函数将通过调用该函数指针执行托管代码。该函数指针指向一个动态生成的代码存根，而这个存根程序除了进行参数列集之外，还知道目标对象的地址（this 指针）。

在.NET Framework 1.x 版本中，列集器存根程序可能以托管代码构成（对于简单的签名）或者以 ML（列集语言）代码构成（对于复杂的签名）。其中 ML 是一种用内部解释器执行的字节代码。由于.NET Framework 2.0 支持 AMD64 和安腾（Itanium）处理器，微软公司意识到为每一种 CPU 实现一个并行的 ML 基础架构会成为沉重的负担，因此，64 位的存根程序仅使用 IL 代码的方式生成。虽然 IL 存根程序的执行速度远远高于 ML 存根程序，但是它还是比 x86 架构下的存根程序集慢，因而 x86 下的实现仍得以保留。而在.NET Framework 4.0 中，存根程序的 IL 代码得到了极大优化，因而 IL 代码的执行速度甚至高于 x86 下的存根程序。因此，微软公司摒弃了 x86 下的实现而统一了所有处理器架构的存根程序生成方式。

> **提示**　跨越托管和原生边界的函数调用会比在同一个环境下进行调用慢一个数量级。在对原生代码和托管代码都有控制权的情况下，应当以尽可能减少跨越原生/托管边界的原则进行接口设计。尽可能将几个工作单元合并成一次调用（块接口设计）。类似地，将几个小巧的函数调用合并（如小巧的 Get、Set 函数）为一个外观设计模式，在一次调用内完成所有操作。

微软公司提供了 IL Stub Diagnostics 工具。它可以订阅 CLR ETW IL 存根生成/缓存调用事件，并将生成的 IL 存根展示在界面上。该工具及其源代码可以从 CodePlex 上免费下载。

下面是一个 IL 列集存根程序范例。这个程序包含 5 个部分：初始化、列集输入参数、调用、列集返回值和（或）输出参数，以及清理。该存根程序是为以下签名生成的：

```
// Managed signature:
[DllImport("Server.dll")] static extern int Marshal_String_In(string s);
// Native Signature:
unmanaged int __stdcall Marshal_String_In(char *s)
```

在初始化阶段，存根程序声明局部（栈）变量，获得存根的上下文，并请求非托管代码执行权限。

```
// IL Stub:
// Code size    153 (0x0099)
.maxstack 3
// Local variables are:
// IsSuccessful, pNativeStrPtr, SizeInBytes, pStackAllocPtr, result, result, result
.locals (int32,native int,int32,native int,int32,int32,int32)

call            native int [mscorlib] System.StubHelpers.StubHelpers::GetStubContext()
// Demand unmanaged code execution permission
call            void [mscorlib] System.StubHelpers.StubHelpers::DemandPermission(native
int)
```

在列集部分，存根程序将为原生函数列集输入参数。在这个例子中，我们列集了一个字符串输入参数。列集器可能通过使用 System.StubHelper 名字空间或 System.Runtime. InteropServices. Marshal 类将特定类型或类型组的参数在托管与原生形式间来回转换。本例使用了 CSTRMarshaler::ConvertToNative 方法进行 string 类型参数的列集。

这里有一个小小的优化：如果托管字符串足够短，则它将被列集到栈上（更快）。不然，则需要在堆上进行内存分配。

```
    ldc.i4      0x0     // IsSuccessful=0 [push 0 to stack]
    stloc.0             //          [store to IsSuccessful]
IL_0010:
    nop                 // argument {
    ldc.i4      0x0     // pNativeStrPtr=null [push 0 to stack]
    conv.i              //         [convert to an int32 to "native int" (pointer)]
    stloc.3             //         [store result to pNativeStrPtr]
    ldarg.0             // if (managedString == null)
    brfalse     IL_0042 //     goto IL_0042
    ldarg.0             // [push managedString instance to stack]
                        // call the get Length property (returns num of chars)
    call        instance int32 [mscorlib] System.String::get_Length()
    ldc.i4      0x2     // Add 2 to length, one for null char in managedString and
                        // one for an extra null we put in [push constant 2 to stack]
    add                 //         [actual add, result pushed to stack]
                        // load static field, value depends on lang. for non-Unicode
                        // apps system setting
    ldsfld      System.Runtime.InteropServices.Marshal::SystemMaxDBCSCharSize
    mul                 // Multiply length by SystemMaxDBCSCharSize to get amount of
                        // bytes
    stloc.2             // Store to SizeInBytes
    ldc.i4      0x105   // Compare SizeInBytes to 0x105, to avoid allocating too much
                        // stack memory  [push constant 0x105]
                        // CSTRMarshaler::ConvertToNative will handle the case of
                        // pStackAllocPtr == null and will do a CoTaskMemAlloc of the
                        // greater size
    ldloc.2             //         [Push SizeInBytes]
```

```
    clt                 //          [If SizeInBytes>0x105, push 1 else push 0]
    brtrue    IL_0042   //          [If 1 goto IL_0042]
    ldloc.2             // Push SizeInBytes (argument of localloc)
    localloc            // Do stack allocation, result pointer is on top of stack
    stloc.3             // Save to pStackAllocPtr
IL_0042:
    ldc.i4    0x1       // Push constant 1 (flags parameter)
    ldarg.0             // Push managedString argument
    ldloc.3             // Push pStackAllocPtr (this can be null)
                        // Call helper to convert to Unicode to ANSI
    call native int [mscorlib]System.StubHelpers.CSTRMarshaler::ConvertToNative(int32,
string, native int)
    stloc.1             // Store result in pNativeStrPtr,
    ldc.i4    0x1       // can be equal to pStackAllocPtr
                        // IsSuccessful=1 [push 1 to stack]
    stloc.0             //           [store to IsSuccessful]
    nop
    nop
    nop
```

接下来，存根程序从存根上下文获得原生函数指针并调用该函数。调用指令所做的工作实际上比我们看到的要多很多。例如，更改垃圾回收模式以及捕获原生函数的返回以便在垃圾回收器需要暂停托管代码执行期间挂起托管代码。

```
    ldloc.1             // Push pStackAllocPtr to stack,
                        // for the user function, not for GetStubContext
    call      native int [mscorlib] System.StubHelpers.StubHelpers::GetStubContext()
    ldc.i4    0x14      // Add 0x14 to context ptr
    add                 //      [actual add, result is on stack]
    ldind.i             //      [actual add, result is on stack]
    ldind.i             //      [deref function ptr, result is on stack]
    calli     unmanaged stdcall int32(native int)  // Call user function
```

下一个阶段实际由两个部分构成，分别处理函数返回值和输出参数的"反列集"（将原生类型转换为托管类型）。本例中的原生函数返回了一个 int 类型的值。它并不需要列集，只需直接复制为本地变量。而由于该函数没有任何输出参数，因此后一个部分为空语句。

```
// UnmarshalReturn {
    nop         // return {
    stloc.s   0x5                   // Store user function result (int) into x, y and z
    ldloc.s   0x5
    stloc.s   0x4
    ldloc.s   0x4
    nop         // } return
    stloc.s   0x6
// } UnmarshalReturn
// Unmarshal {
    nop         // argument {
    nop         // } argument
    leave     IL_007e     // Exit try protected block
IL_007e:
    ldloc.s   0x6         // Push z
    ret                   // Return z
// } Unmarshal
```

最后，清理部分将释放为列集临时分配的内存。清理工作会在一个 finally 块中执行，因而清理代码即使在原生函数抛出了异常的情况下也会执行。在某些异常情况下，还可能执行专门的清理代码。在 COM 互操作中，还可能将一个代表错误的 HRESULT 返回值翻译为一个异常。

```
// ExceptionCleanup {
IL_0081:
// } ExceptionCleanup
// Cleanup {
    ldloc.0                     // if (IsSuccessful && !pStackAllocPtr)
    ldc.i4      0x0             //      Call ClearNative(pNativeStrPtr)
    ble         IL_0098
    ldloc.3
    brtrue      IL_0098
    ldloc.1
    call        void [mscorlib] System.StubHelpers.CSTRMarshaler::ClearNative(native
int)
IL_0098:
    endfinally
IL_0099:
// } Cleanup
.try IL_0010 to IL_007e finally handler IL_0081 to IL_0099
```

总之，IL 列集器存根程序即使对于很平常的函数签名都需要做很多工作，而复杂的签名将产生更大的、运行更慢的 IL 列集器存根程序。

8.2.4　原生同构类型

大多数原生类型和托管类型的内存表示方式是相同的，这些类型称为原生同构类型（blittable type）。由于它们在跨越原生和托管边界时不需要转换，直接进行传递，因此速度要比列集那些非原生同构类型快得多。事实上，列集器存根程序可以对这种情形进行深度优化。例如，将托管对象固定，并将指向托管对象的指针直接传递给原生代码，从而避免一到两次的内存复制操作（两个列集方向上都需要进行内存复制）。

下面的类型都是原生同构类型：

- System.Byte(byte)；
- System.SByte(sbyte)；
- System.Int16(short)；
- System.UInt16(ushort)；
- System.Int32(int)；
- System.UInt32(uint)；
- System.Int64(long)；
- System.UInt64(ulong)；
- System.IntPtr；
- System.UIntPtr；
- System.Single(float)。

System.Double(double)。特别地，一个原生同构类型的一维数组（其中所有元素都是同一种类型）也是原生同构的，而仅有原生同构类型为成员变量的值或者类也是原生同构的。

由于 System.Boolean(bool)在原生代码中可以用 1 字节、2 字节及 4 字节进行表示，因此它并非原生同构的；而 System.Char(char)也不是原生同构的，因为它可能表示为 ANSI 或者 Unicode 字符。同样，System.String(string)也不是原生同构的，因为其原生表示可能是 ANSI 的或者 Unicode 的，并且，其有可能是一个 C 形式的字符串或者是一个 COM BSTR，而托管字符串是不可改变的（原生代码修改字符串内容是很危险的，这会破坏字符串的不变性）。包含对象引用成员的类型不是原生同构的，即使引用的是原生同构类型或者它们的数组也是不行的。列集非原生同构类型需要分配内存来存储转换后的参数，在适当的时候进行填充，并最终释放这些内存。

　　手动进行字符串输入参数的列集可以获得更好的性能（参见下面的代码）。此时，原生调用者必须使用 C 形式的 UTF-16 字符串并且不得更改字符串所在内存的内容，因此这种优化并非何时何地都可以使用。手动列集会固定输入字符串，并且修改平台调用的签名，使用 IntPtr 而非 string 作为参数，并将指针直接指向固定的字符串对象。

```
class Win32Interop {
    [DllImport("NativeDLL.DLL", CallingConvention=CallingConvention.Cdecl)]
    public static extern void NativeFunc(IntPtr pStr); // takes IntPtr instead of string
}

// Managed caller calls the P/Invoke function inside a fixed scope which does string pinning:
unsafe
{
    string str="MyString";
    fixed (char *pStr=str) {
        // You can reuse pStr for multiple calls.
        Win32Interop.NativeFunc((IntPtr)pStr);
    }
}
```

　　在 System.String 中，输入参数为 char* 的构造函数可用于优化将 C 形式的 UTF-16 字符串转换为托管类型的字符串。该构造函数会复制缓冲区，因此，在托管类型的字符串创建完毕之后，可以释放原生指针指向的内存。需要注意的是，这种操作并不会确保字符串中包含的字符都是合法的 Unicode 字符。

8.2.5　列集方向、值类型和引用类型的列集

　　之前提到，列集器存根程序可以双向列集函数的参数。参数的列集方向取决于以下几个因素：
- 参数是值类型还是引用类型；
- 参数是按值传递还是按引用传递；
- 参数类型是否是原生同构类型；
- 参数是否由列集方向更改类型（System.RuntimeInteropService.InAttribute 和 System.RuntimeInteropService.OutAttribute）进行了标记。

　　为了讨论方便，我们定义"向内"的方向是由托管程序到原生程序的方向；反之，"向外"的方向是原生程序到托管程序的方向。下面是默认列集方向规则列表。
- 如果参数是按值传递的，那么，无论它们是值类型或引用类型，它们只都会"向内"列集。
    - 此时参数不需要用 In 手动进行修饰。
    - StringBuilder 则是一个例外，它总是可以"向内/向外"进行列集。
- 按引用传递的参数（在 C#中使用 ref 关键字，或者在 VB.NET 用 ByRef 进行标记），无论它是值类型还是引用类型，都会"向内/向外"进行列集。

　　若单独使用 OutAttribute 的话，会阻止"向内"列集，因此，被调用的原生代码无法指望调用方进行参数的初始化。C#中的 out 关键字的行为就像 ref 关键字那样，只不过添加了 OutAttribute 标记。

> **提示**　如果在平台调用中，参数不是原生同构的，并且仅需要"向外"进行列集，那么我们可以使用 C#的 out 关键字而非 ref 关键字，以避免不必要的列集。

之前我们提到原生同构参数会进行固定优化，因此，原生同构的引用类型本身就拥有高效的"向内/向外"列集，除非符合上述规则。如果我们需要"向外"列集或者"向内/向外"列集，显示的标记列集的方向不需要依赖默认的行为。这是由于一旦加入非原生同构类型的成员或者这是一个跨越单元边界的 COM 调用，则这种优化就会失效。

值类型和引用类型列集的区别在于它们在栈上传递的方式。

- 按值传递的值类型对象会在栈上复制一份副本，因此，无论应用了何种列集方向更改标记，它们"向内"列集时总是很高效的。
- 按引用传递的值类型和按值传递的引用类型传递的均是它们的指针。
- 按引用传递的引用类型传递的是其指针的指针。

> **注意**　按值传递较大的值类型（大于十几个字节）比按引用传递的开销更大。同理，可以使用 out 参数代替大的返回值以获得更好的性能。

8.2.6　代码访问安全性

.NET 的代码访问安全机制可以在部分运行时功能（如平台调用）和基础类库功能（如文件和注册表的访问）受限的情况下在一个沙盒内执行部分可信的代码。当调用原生代码时，代码访问安全机制要求调用栈内的所有方法所在的相关程序集都拥有 UnmanagedCode 权限。列集存根程序将确保每一个调用都拥有这个权限，它还将遍历调用栈，以确保相关的代码也拥有该权限。

> **提示**　在完全可信的代码中或者在其他可以确保安全性的情况下，可以将平台调用方法、类（将标记其方法）、委托和接口的声明以 SuppressUnmanagedCodeSecurityAttribute 进行标记来获得额外的性能提升。

8.3　COM 互操作性

COM 设计的目的是使用任何支持 COM 的语言或平台开发 COM 组件，并在任何（其他）支持 COM 的语言或平台下使用它们。.NET 正是这样的平台，它可以方便地使用 COM 对象或将一个.NET 类型暴露为 COM 对象。

COM 互操作的原理和平台调用一样：我们以托管形式声明一个 COM 对象，而 CLR 将会创建一个包裹对象来处理列集工作。包裹对象分为两类，一类是运行时可调用包裹对象（runtime callable wrapper，RCW），它允许托管代码使用 COM 对象（见图 8-4）；而另一类是 COM 可以调用包裹对象（COM callable wrapper，CCW），它允许 COM 代码调用托管类型（见图 8-5）。第三方 COM 组件往往会提供一个主互操作程序集（Primary Interop Assembly）。该程序集包含第三方厂商允许的互操作定义，并具有（经过签署的）强名称并添加到了全局程序集缓存（GAC）中。我们也可以使用 Windows SDK 中的 tlbimp.exe 工具基于类库的信息自动生成交互程序集。

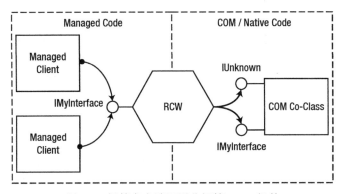

图 8-4 托管客户端调用非托管 COM 组件

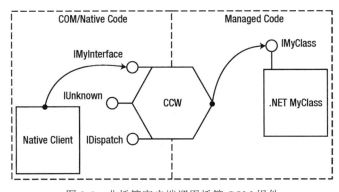

图 8-5 非托管客户端调用托管 COM 组件

COM 互操作复用了平台调用的参数列集的基础架构，并对某些默认值（如 **string** 默认被列集为 BSTR）进行了相应的修改。因此，在 8.2 节中提出的各种建议同样适用于本节。

COM 有一些特质，如单元线程模型（apartment thread model）以及不同于.NET 垃圾回收的引用计数垃圾回收机制，这会导致一些 COM 特有的性能问题。

8.3.1 生存期管理

在.NET 中持有一个 COM 对象的引用实际上是在持有一个 RCW 的引用。RCW 有且仅有一个 COM 对象的引用,而每一个 COM 对象也仅仅对应一个 RCW 实例。RCW 维持着其自身的引用计数,这和 COM 对象的引用计数是分离的。这个引用计数的值通常是 1，但是，如果它列集为一系列接口指针，或者同一个接口被多个线程列集，那么这个引用计数将大于 1。

通常，当最后一个对 RCW 的托管引用消失，且 RCW 所在的一代有一个随后的垃圾回收时，将执行 RCW 对象的终结器。该方法调用 **IUnknown** 接口的 **Release** 方法减少 COM 对象的引用计数(这个计数为 1)。而 COM 对象也随之销毁，并释放其分配的内存。

由于.NET 的垃圾回收器的执行是非确定性的，并且它也并不了解 RCW 和其关联的活跃的 COM 对象所带来的非托管内存压力，因此它并不会加快垃圾回收频率，从而导致大量内存消耗。

因此，在必要时，可以调用 **Marshal.ReleaseComObject** 方法显式地释放对象。每一次调用将减少 RCW 对象的引用计数，而当其降为零时，其关联的 COM 对象引用计数也将递减（和 RCW 的终结器执行的情形一样），从而达到释放 COM 对象的目的。在调用 `Marshal.ReleaseComObject` 之后，就不应当再继续使用 RCW。若 RCW 的引用计数大于 1，则需要循环调用 `Marshal.ReleaseComObject`，直至其引用计数降为零。一个最佳实践是将 `Marshal.ReleaseComObject` 的调用放在一个 `finally` 块中。这样，即使发生了异常，也能够保证释放那些创建好且未被释放的 COM 对象。

8.3.2　单元列集

COM 拥有其独特的线程同步机制来管理线程间调用。这个机制甚至适用于那些没有为多线程进行设计的对象。但是，如果我们对它漠不关心，则可能造成性能问题。虽然这种问题并不是.NET 互操作独有的，但是它仍然值得介绍。因为它是一个常见的问题，所以习惯了典型的.NET 线程同步机制的开发者很可能并不清楚 COM 在背后发挥的作用。

COM 为对象和线程设置了若干单元，这些单元就是一个个边界，而 COM 会列集跨越边界的调用。COM 有如下几种单元类型。

- 单线程单元（single-threaded apartment，STA）。每一个单元含有一个线程和任意数量的对象。一个进程中可以有任意数量的 STA 单元。
- 多线程单元（multi-threaded apartment，MTA）。每一个单元含有任意数量的线程以及任意数量的对象，但一个进程中只可能有一个 MTA 单元。多线程单元是.NET 线程的默认单元。
- 中立线程单元（neutral-threaded apartment，NTA）。仅包含对象而不包含线程。每一个进程只有一个 NTA 单元。

当在一个线程中通过调用 `CoInitialize` 或者 `CoInitializeEx` 初始化 COM 时，该线程就被赋值到了一个单元中。调用 `CoInitialize` 将会把线程赋值到一个新的 STA 单元中，而调用 `CoInitializeEx` 则可以选择将该线程赋值到 STA 或者 MTA 单元中。.NET 中并不需要直接调用这些函数，而是将某一个线程的入口点（或者 Main 函数）标记为 `STAThread` 或者 `MTAThread`。相应的，也可以在线程执行之前调用 `Thread.SetApartmentState` 方法或者 `Thread.ApartmentState` 属性将线程赋值给单元。如果没有进行特殊设置，则.NET 会将线程（包括主线程）初始化到 MTA 单元。

COM 会根据对象的 ThreadingModel 注册表值将其赋值到单元中，这些值有以下几种：

- Single——对象位于默认的 STA 单元。
- Apartment（STA）——对象必须位于任意一个 STA 单元中，而且只有那个 STA 的线程可以直接调用那个对象。不同的实例可以位于不同 STA 中。
- Free（MTA）——对象位于 MTA 中。任何 MTA 线程可以直接并发地调用该对象。对象本身必须保证其线程安全性。
- Both——取决于对象创建者的单元（STA 或者 MTA），即在创建之后它们要么成为类似 STA 的对象，要么成为类似 MTA 的对象。
- Neutral——对象位于中立单元中并且从不需要列集。这是最高效的模式。

关于单元、线程和对象的可视化表示，如图 8-6 所示。

如果在一个线程单元创建了一个与其线程模型不兼容的对象，那么其接口指针实际指向的是一个代理对象。如果需要将 COM 对象的接口指针传递至一个属于不同单元的线程，那么这个接口指针需要先进行列集，而不能直接传递。COM 将会在需要时返回一个代理对象。

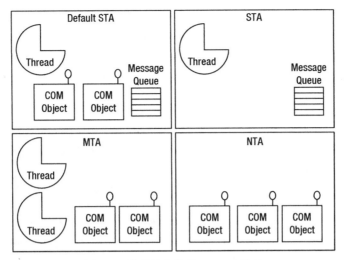

图 8-6　进程被分为若干 COM 单元

　　列集将函数调用（包括参数）翻译为消息，并将其发送到接收消息的 STA 单元消息队列中。对于 STA 对象，它是通过一个隐藏的窗口实现的。该窗口过程接收消息并将调用通过一个存根程序分发至 COM 对象。通过这种方式，STA 的 COM 对象总会在同一个线程进行调用。显然，这是线程安全的。

　　总之，每当调用者的单元与 COM 对象的单元不兼容时，就会发生线程切换与跨线程的参数列集。

　　提示　尽量使 COM 对象的单元与其创建的线程的单元保持一致，避免出现跨线程性能问题。在 STA 的线程上使用 STA 单元的 COM 对象，在 MTA 的线程上使用自由（Free）线程对象。同时支持两种模式的 COM 对象能够在任何一种线程上使用而没有额外损耗。

从 ASP.NET 中调用 STA 对象 ASP.NET

　　默认在 MTA 线程上执行页面调用。如果需要调用 STA 对象，就需要进行列集；如果这种调用非常频繁，则会影响性能。可以通过将页面标记为 ASPCOMPAT 来改善这种状况：

```
<%@Page Language="vb" AspCompat="true" %>
```

　　需要注意的是，页面的构造函数仍然会在 MTA 线程上执行，因此，可以将 STA 对象的创建移至 `Page_Load` 和 `Page_Init` 事件中。

8.3.3　TLB 导入与代码访问安全性

　　代码访问安全机制与平台调用有相同的安全检查过程。将 /unsafe 编译器开关和 tlbimp.exe 工具结合使用可以在生成的类型上添加 `SuppressUnmanagedCodeSecurity` 标记。出于安全考虑，仅在完全可信的环境下使用这个功能。

8.3.4　无主互操作程序集（NoPIA）

　　在 .NET 4.0 之前，我们不得不随着我们的应用程序或者插件同时发布互操作程序集（interop

209

assemblies）或者主互操作程序集（primary interop assemblies，PIA）。这些程序集有可能很大（甚至比使用它们的代码规模都大）。而且，由于 COM 组件的操作并不一定需要它们，因此，这些程序集通常并不随着 COM 组件一起发布，而是以可再发行的组件包进行安装。另一个不安装主互操作程序集的原因是这些程序集必须安装在全局程序集缓存（GAC）中，而这将使一个纯原生的应用程序在其安装时不得不依赖.NET Framework。

从.NET 4.0 开始，C#和 VB.NET 编译器可以评估哪些 COM 接口和方法是必要的，以便在调用程序集中仅复制或内嵌这些必需的接口及其方法。这就避免了分发主互操作程序集从而降低代码的规模。微软公司将其称为 NoPIA（无主互操作程序集）。这个技术不仅可以用于主互操作程序集，而且可以用于普通的互操作程序集。

PIA 程序集有一个称为类型等价性的重要功能。由于 PIA 拥有强名称并且会放入 GAC 中，不同的托管组件可以交换 RCW，且在.NET 看来，它们都有相同的类型。而相应的，由于每一个组件都有其独立的互操作程序集，由 tlbimp.exe 生成的互操作程序集则不具有这种特性。而在 NoPIA 下，由于不使用强类型的程序集，因此，微软公司会在接口拥有相同 GUID 的情况下，将不同程序集中的 RCW 视为相同类型，从而实现类型等价性。

若需要启用 NoPIA，就要在引用的互操作程序集下选择"属性"，并将"Embed Interop Types"（嵌入互操作类型）的值设定为 True（如图 8-7 所示）。

图 8-7　在互操作程序集引用的属性界面中启用 NoPIA

8.3.5　异常

大部分 COM 接口方法会使用 HRESULT 返回值表示方法执行的成败。负的 HRESULT（符号为 1）意味着失败，而 0（S_OK）或者正数，则意味着成功。此外，COM 对象可以调用 CreateErrorInfo 创建一个 IErrorInfo 对象，并将其作为参数传递给 SetErrorInfo 函数，以便提供更加丰富的错误信息。当我们通过 COM 互操作调用 COM 方法时，列集存根程序会根据 HRESULT 的值与

IErrorInfo 中的信息将其转换为托管异常。由于抛出异常是一个相对低效的操作，因此，那些频繁失败的 COM 函数将对性能产生影响。此时，可以用 PreserveSigAttribute 对方法进行标记，以避免自动执行异常转换。相应的，我们必须更改函数的托管签名使其返回一个 int，并将返回值用 out 进行标记。

8.4 C++/CLI 语言扩展

C++/CLI 是 C++语言的一个扩展集。它可以创建混合了托管和原生代码的动态链接库。C++/CLI 甚至可以支持在一个.cpp 文件中混合托管以及非托管的类和函数。可以像书写普通的 C++程序那样使用托管类型和原生的 C 和 C++类型。例如，通过头文件和引用使用某个库。这些强大的功能既可以创建可以在任何.NET 语言中使用的托管包装类，又可以创建可以由原生 C/C++代码调用的原生的包装类或函数（并导出为.dll 文件、.lib 库和.h 文件）。

C++/CLI 中的列集是手动完成的，因此，开发者可以更好地控制并时刻注意列集带来的性能消耗。C++/CLI 可以成功地解决平台调用解决不了的情景，如列集变长度的结构。另一个使用 C++/CLI 的优势在于可以不反复跨越托管边界重复调用原生方法，从而在没有办法控制被调用代码的情况下模拟出更大的接口。

以下的代码实现了一个原生的 NativeEmployee 类和一个包装了原生实现的托管 Employee 类，只有后者可以在托管代码中访问。

在范例中，Employee 类的构造函数展示了两种托管类型到原生类型的字符串转换方式：第一种调用 GlobalAlloc 分配内存，并需要显式进行释放；另一种临时将托管字符串固定，并直接返回指针。虽然后一种方式运行速度更快，但仅当原生代码处理的是 UTF-16 的 null 结尾字符串时才奏效，并且在使用过程中必须保证不在指针指向的内存上进行写操作。另外，长时间固定托管对象可能造成内存碎片化（参见第 4 章）。因此，在上述条件不满足时，应使用复制字符串的方式进行处理。

Employee 类的 GetName 方法展示了 3 种从原生到托管字符串的转换方法：第一种使用 System.Runtime.InteropServices.Marshal 类；第二种使用在 msclr/marshal.h 头文件中定义的 marshal_as 模板方法（稍后进行介绍）；而最后一种使用 System.String 的构造函数，这种也是运行速度最快的一种。

Employee 的 DoWork 方法接收一个托管字符串的托管数组，并将其转换为 wchar_t 的指针数组，每一个指针指向一个字符串（实际上是一个 C 类型的字符串数组）。托管到原生字符串的转换是由 marshal_context 的 marshal_as 方法完成的。其中 marshal_context 用于需要进行清理的转换工作。通常，在调用 marshal_as 进行托管到非托管转换时，需要分配非托管内存，而这些内存需要在使用完毕后进行释放。marshal_context 对象中维护了一个释放操作的链表，在该对象销毁时将执行其中所有的操作。

```cpp
#include <msclr/marshal.h>
#include <string>
#include <wchar.h>
#include <time.h>

using namespace System;
using namespace System::Runtime::InteropServices;

class NativeEmployee {
```

```
public:
  NativeEmployee(const wchar_t *employeeName, int age)
    : _employeeName(employeeName), _employeeAge(age) { }

  void DoWork(const wchar_t **tasks, int numTasks) {
    for (int i = 0; i < numTasks; i++) {
      wprintf(L"Employee %s is working on task %s\n",
              _employeeName.c_str(), tasks[i]);
    }
  }

  int GetAge() const {
    return _employeeAge;
  }

  const wchar_t *GetName() const {
    return _employeeName.c_str();
  }
private:
  std::wstring _employeeName;
  int _employeeAge;
};

#pragma managed

namespace EmployeeLib {
  public ref class Employee {
  public:
    Employee(String ^employeeName, int age) {
      // OPTION 1:
      // IntPtr pEmployeeName = Marshal::StringToHGlobalUni(employeeName);
      // m_pEmployee = new NativeEmployee(
      //   reinterpret_cast<wchar_t *>(pEmployeeName.ToPointer()), age);
      // Marshal::FreeHGlobal(pEmployeeName);

      // OPTION 2 (direct pointer to pinned managed string, faster):
      pin_ptr<const wchar_t> ppEmployeeName = PtrToStringChars(employeeName);
      _employee = new NativeEmployee(ppEmployeeName, age);
    }

    ~Employee() {
      delete _employee;
      _employee = nullptr;
    }

    int GetAge() {
      return _employee->GetAge();
    }

    String ^GetName() {
      // OPTION 1:
      // return Marshal::PtrToStringUni(
      //   (IntPtr)(void *) _employee->GetName());

      // OPTION 2:
      return msclr::interop::marshal_as<String ^>(_employee->GetName());

      // OPTION 3 (faster):
      return gcnew String(_employee->GetName());
    }

    void DoWork(array<String^>^ tasks) {
      // marshal_context is a managed class allocated (on the GC heap)
      // using stack-like semantics. Its IDisposable::Dispose()/d'tor will
```

```
  // run when exiting scope of this function.
  msclr::interop::marshal_context ctx;
  const wchar_t **pTasks = new const wchar_t*[tasks->Length];
  for (int i = 0; i < tasks->Length; i++) {
    String ^t = tasks[i];
    pTasks[i] = ctx.marshal_as<const wchar_t *>(t);
  }
  m_pEmployee->DoWork(pTasks, tasks->Length);
  // context d'tor will release native memory allocated by marshal_as
  delete[] pTasks;
}

private:
  NativeEmployee *_employee;
};
}
```

可见，C++/CLI 提供了控制列集操作的良好手段，并且不用进行重复且容易出错的函数声明（在原生函数签名频繁变化时，这显得尤为重要）。

8.4.1 marshal_as 辅助库

Visual Studio 2008 及以后的版本都随产品提供了 marshal_as 辅助库，本节将对其进行介绍。

marshal_as 是一个为了简化和方便托管到原生类型以及相反方向的列集而设计的模板库。它可以列集许多原生字符串类型。例如，将 char *、wchar_t *、std::string、std::wstring、CStringT<char>、CStringT<wchar_t>、BSTR、bstr_t 及 CComBSTR 列集为托管字符串，反之亦然。它自动处理了诸如 Unicode/ANSI 的转换、内存的分配和释放。

该库的声明和实现内联于 marshal.h（对于基础类型的列集）、marshal_windows.h（对于 Windows 类型的列集）、marshal_cppstd.h（对于标准库数据类型的列集）及 marshal_atl.h（对于 ATL 数据类型）。

marshal_as 可以通过扩展来处理用户自定义的类型，这既避免在多处列集相同类型而造成代码重复，又为列集不同类型提供了统一的语法。

以下代码示范了如何通过扩展 marshal_as 来处理托管字符串数组到原生字符串数组的列集。

```
namespace msclr {
 namespace interop {
  template<>
  ref class context_node<const wchar_t**, array<String^>^> : public context_node_base {
  private:
    const wchar_t** _tasks;
    marshal_context _context;
  public:
    context_node(const wchar_t**& toObject, array<String^>^ fromObject) {
      // Conversion logic starts here
      _tasks = NULL;
      const wchar_t **pTasks = new const wchar_t*[fromObject->Length];
      for (int i = 0; i < fromObject->Length; i++) {
        String ^t = fromObject[i];
        pTasks[i] = _context.marshal_as<const wchar_t *>(t);
      }

      toObject = _tasks = pTasks;
    }

    ~context_node() {
      this->!context_node();
```

```
  }

    protected:
      !context_node() {
        // When the context is deleted, it will free the memory
        // allocated for the strings (belongs to marshal_context),
        // so the array is the only memory that needs to be freed.
        if (_tasks != nullptr) {
          delete[] _tasks;
          _tasks = nullptr;
        }
      }
    };
  }
}

// You can now rewrite Employee::DoWork like this:
void DoWork(array<String^>^ tasks) {
  // All unmanaged memory is freed automatically once marshal_context
  // gets out of scope.
  msclr::interop::marshal_context ctx;
  _employee->DoWork(ctx.marshal_as<const wchar_t **>(tasks), tasks->Length);
}
```

8.4.2　IL 代码与原生代码

在 C++/CLI 中，非托管类型默认会被编译为 IL 代码而非机器代码。由于 Visual C++的编译器比 JIT 编译器对原生代码的优化效果更加，因此，上述做法将会降低与原生代码优化相关的性能。

`#pragma unmanaged` 和`#pragma managed` 宏可以重新定义圈定范围内代码的编译行为。并且，在 VC++工程中，也可以仅针对某一个编译单元（.cpp 文件）提供 C++/CLI 支持。

8.5　Windows 8 WinRT 互操作

Windows Runtime（又称 WinRT）是为 Windows 8 的 Metro 风格的应用程序而设计的全新平台。虽然 WinRT 是使用原生代码实现的（因此 WinRT 并不依赖.NET Framework），但是它却支持使用 C++/CX、.NET 平台下的语言或者 JavaScript 进行应用程序开发。WinRT 替换了大部分的无法访问的 Win32 和.NET 基础类库。而且，强调异步操作，并且强制那些潜在的执行时间会超过 50ms 的操作使用异步操作，以便保持平滑的用户界面操作。这种平滑的操作对于基于触控的 Metro 应用程序是非常重要的。

WinRT 是在 COM 的一个高级版本的基础上构建的。下面列出了一些 WinRT 和 COM 的区别。

- WinRT 使用 RoCreateInstance 创建对象。
- 所有实现了 IInspectable 接口的对象同时也实现了 IUnknown 接口。
- 支持.NET 形式的属性、委托和事件（而不是接收器）。
- 支持参数化接口（泛型）。
- WinRT 使用.NET 的元数据格式（.winmd 文件）而不是 TLB 和 IDL。
- 所有的对象都继承自 Platform::Object。

虽然从.NET 中借鉴了很多，但 WinRT 是完全使用原生代码实现的，因此，在不使用.NET 的语言调用 WinRT 时，是不需要公共语言运行时（CLR）的。

微软公司实现了语言映射器（language projection），将 WinRT 的概念映射到特定语言的概念上，如 C++/CX、C#和 JavaScript。例如，C++/CX 是一个新的 C++语言的扩展。这个语言扩展自动管理对象的引用计数，将 WinRT 的对象激活（RoActivateInstance）翻译为 C++的构造函数，将 HRESULT 转换为异常，将标记为 retval 的参数转换为返回值等。

当调用者和调用对象都是托管代码时，CLR 会智能地直接进行调用而不需要任何的互操作。当调用跨越原生和托管边界的时候，则会引入标准的 COM 互操作。当调用者和调用对象都是使用 C++，且调用对象的头文件对于调用者可见的情况下，不会引入任何 COM 互操作，因而这种执行会非常迅速；否则，将需要额外进行一次 COM 的 QueryInterface 调用。

8.6 互操作的最佳实践

下面是对于高性能互操作的最佳实践的总结。

- 在设计接口时通过将工作分离（或组合）避免在跨越托管和原生代码间过渡。
- 使用外观设计模式减少来回次数。
- 如果拥有跨越多次调用的非托管资源，就实现 IDisposable 接口。
- 考虑使用内存池或直接使用非托管内存。
- 如果需要重新解释数据（如实现网络协议），就考虑使用不安全的代码。
- 显式地声明调用的函数，并使用 ExactSpelling=true。
- 尽量使用同构类型作为函数参数。
- 尽可能避免 Unicode 和 ANSI 字符转换。
- 手动将字符串列集/反向列集为 IntPtr。
- 使用 C++/CLI 对 C/C++和 COM 的互操作进行高效而良好的控制。
- 显式指定[In]和[Out]属性以避免不必要的列集操作。
- 避免长时间地使用固定对象（pinned object）。
- 考虑调用 ReleaseCOMObject。
- 考虑在有很高的性能需求且完全可信的环境下启用 SuppressUnmanagedCodeSecurity Attribute。
- 考虑在有很高的性能需求且完全可信的环境使用 TLBIMP/unsafe。
- 减少或杜绝跨单元（Apartment）的 COM 调用。
- 尽可能在 ASP.NET 中使用 ASPCOMPACT 属性，减少跨越单元的 COM 调用。

8.7 小结

本章介绍了不安全的代码，包括多种互操作机制的实现原理，以及这些机制的实现细节，同时介绍了它们如何对性能造成显著的影响，以及如何降低这种影响。最后我们总结了一系列最佳实践和技术，以期降低它们对性能的影响，并使代码变得更加简单而不易出错（如帮助生成平台调用签名的工具和 marshal_as 库）。

第 9 章

■ ■ ■

算法优化

一些应用程序的内部具有专门算法，它们是针对特定领域设计的，所基于的假设不具有普适性。另一些应用程序依赖的算法则经过良好测试，能适合大量领域，且在整个计算机软件领域被广泛接受。每个软件开发者都能从算法研究的辉煌成就，以及现有软件框架所依赖的大量算法中获得启发，或者直接受益。本章部分内容对于没有一定数学背景的读者可能有些难度，不过仍值得你为它付出必要的努力。

本章会涉及计算机科学的一些基础理论，回顾几个经典算法的例子和它们的复杂度分析。通过这些示例，你可以在使用已有算法解决实际需求问题，或者创造新算法的时候，感觉更加轻松。

> **提示** 本书不是关于算法研究的书籍，也不是要介绍现代计算机科学中最重要的算法。本章篇幅小，就是要令读者明确，它肯定不会包含关于算法的全部知识。我们也不会详细阐述，或深入研究算法的标准定义。例如，我们对图灵机和图灵语言的区分就不是很严格。如果要寻找一本介绍算法的书，那么建议参考由 Cormen、Leiserson、Rivest 和 Stein 所著的《Introduction to Algorithms》，以及由 Dasgupta、Papadimitriou 和 Vazirani 合著的《Algorithms》。

9.1 复杂度的维度

在第 5 章中，我们简要提到了在 .NET 框架中内置的集合，以及我们自行实现的集合中一些操作的复杂度。本节将更精确地定义什么是大 O 复杂度，并回顾在运算理论和复杂度理论中主要涉及的复杂度的种类。

9.1.1 大 O 复杂度

我们在第 5 章讨论过，`List<T>` 类在执行查找操作时的复杂度为 $O(n)$。通俗地说，是指在一个有 1000 个元素的列表中查找子元素，最坏情况下（即当元素不存在于列表中时）的运行时间是该操作执行 1000 次。据此，我们能够估算当输入的规模增大时，其运行时间的增长量级。

不过，大 O 复杂度的正式定义却不太容易理解：设函数 $T(A;n)$ 表示在输入规模是 n 个元素时，执行算法 A 所需的运算次数。令 $f(n)$ 是一个从正整数到正整数的单调函数，如果存在常数 c 使任意 n 都满足 $T(A;n) \leqslant c\, f(n)$，那么 $T(A;n)$ 的值就是 $O(f(n))$。

216

简而言之，如果 $f(n)$ 能表示算法在输入规模是 n 时的实际执行次数的最大值，我们就说"算法的（时间）复杂度是 $O(f(n))$"。这个最大值不一定是绝对的。例如，我们会说 List<T> 查找操作的复杂度是 $O(n^4)$。然而，这种宽松的上限并不会带来太多好处，因为捕捉不到在 List<T> 中搜索某个元素的真正时间。如果它的复杂度是绝对的 $O(n^4)$，那么即使只有几千个元素，在 List<T> 中执行查找操作也是十分低效的。

此外，这个边界值有时也可能在不同输入规模时表现为绝对的值。例如，如果我们要找的正好是列表的第一个元素，那么无论列表大小如何，查找次数一定会是个常数（即 1）。这就是为什么在前面我们要提到它指的是"最坏情况"的运行时间。

这里有一些例子，用以说明大 O 复杂度是如何用于分析运行时间和比较算法的。

- 如果一个算法的复杂度是 n^3+4，另一个算法的复杂度是 $(1/2)\,n^3-n^2$，那么我们可以说它们的复杂度都是 $O(n^3)$。因此，当以大 O 复杂度来表示时，它们的复杂度是相同的（可以试着分别找出它们的常数 c）。很容易证明，在讨论大 O 复杂度时，我们可以省略除了指数之外的其他细节。
- 如果一个算法复杂度是 n^2，而另一个算法的复杂度是 $100n+5000$，那么我们仍然能够断言第一个算法在更大的输入规模时会更慢，因为它的大 O 复杂度是 $O(n^2)$，而另一个是 $O(n)$。其实，在 $n=1000$ 时，就会出现前者比后者慢得多的情形。

与运行复杂度的最大值的定义类似的，还有最小值的定义（用 $\Omega(f(n))$ 来表示），以及绝对边界的定义（用 $\Theta(f(n))$ 表示）。不过，在讨论算法复杂度时很少提到它们，因此在这里就不进行讨论了。

9.1.2 主定理

主定理是一个简单的结果，它提供了一些现成的方法，用来分析在分治法中用以将原始问题分解成小块的递归算法的复杂度。举例来说，下面的代码实现了合并排序算法：

```
public static List<T> MergeSort (List<T> list) where T : IComparable<T> {
  if (list.Count <= 1) return list;
  int middle = list.Count / 2;
  List<T> left = list.Take(middle).ToList();
  List<T> right = list.Skip(middle).ToList();
  left = MergeSort(left);
  right = MergeSort(right);
  return Merge(left, right);
}

private List<T> Merge (List<T> left, List<T> right) where T : IComparable<T> {
  List<T> result = new List<T>();
  int i = 0, j = 0;
  while (i < left.Count || j < right.Count) {
    if (i < left.Count && j < right.Count) {
      if (left[i].CompareTo(right[j]) <= 0)
        result.Add(left[i++]);
      else
        result.Add(right[j++]);
    } else if (i < left.Count) {
        result.Add(left[i++]);
```

```
    } else {
        result.Add(right++);
    }
  }
  return result;
}
```

要分析该算法的复杂度，需要对其运行时间的递推方程 $T(n)$ 进行求解，其递归关系是 $2T(n/2)+O(n)$。可以解释为，对于每一次 MergeSort 调用，我们递归调用 MergeSort 来求得原始列表的一半，然后执行一个线性复杂度的操作来合并列表（很明显，Merge 辅助方法正是对于原始规模为 n 的列表执行 n 次操作）。

求解时间递推方程的一个方法是猜测输出，然后证明结果的正确性（通常使用数学归纳法），我们可以展开一部分来看看是否有某种模式出现：

$$T(n) = 2T(n/2) + O(n) = 2(2T(n/4) + O(n/2)) + O(n) = 2(2(2T(n/8) + O(n/4)) + O(n/2)) + O(n) = \ldots$$

$$T(n) = 2T\left(\frac{n}{2}\right) + o(n) = 2\left(2T\left(\frac{n}{4}\right) + o\left(\frac{n}{2}\right)\right) + o(n)$$

主定理为求解递推方程等问题提供了类似的解决方案。根据主定理，合并排序的复杂度满足 $T(n)=O(n \log n)$（实际上除了 O 之外，Θ 更合适）。关于主定理的详细信息，可参考网上相关文章。

9.1.3　图灵机与复杂度分类

"P""NP"和"NP 完全"经常用于描述算法问题，它们指代不同的复杂度分类。将问题按复杂度分成不同类别有助于计算机科学界识别哪些问题具有合理的（易处理的）解决方案，哪些问题没有，并简化或放弃这些问题。

图灵机是一种理论中的计算机，它是一种在一条无限长、写有符号的纸带上执行各种操作的机器。机器头每次可以从纸带上读取或者向纸带输出一个符号，机器有一组内部状态，它的操作则完全由一组规则（算法）来决定。例如，"状态为 Q 时，如果磁带符号是 A，就输出 a"，或者"状态 P 且磁带符号是 a 时，将头移到右边并且将状态变为 S"。图灵机有两种特殊的状态：起始态和终止态。操作由起始态启动，当机器到达终止态时，通常意味着死循环，或简单地中止执行。如图 9-1 所示，以实例的形式展示了图灵机的定义——圆圈表示状态，箭头表示使用 read、write、head_move_direction 指令表示的状态转换。

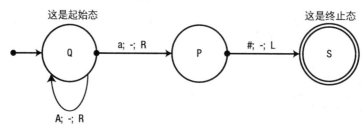

图 9-1　一个简单图灵机的状态图。最左边的箭头指向初始状态 Q。环状箭头显示当机器

处于状态 Q 且读入符号 A 后，向右移动，并且保持在状态 Q

当基于图灵机来讨论算法复杂度的时候，就不用借助含糊的"次数"来推导了。图灵机的运算步骤就是状态之间的转换过程（包括某种状态到其自身的转换过程）。例如，当图 9-1 中的图灵机以"AAAa#"的输入纸带开始之后，正好执行了 4 次运算。我们可以这样来概括：对于以"a#"结尾的 n 个 A 的输入，图灵机执行 $O(n)$ 步。（本例中，规模为 n 的输入，图灵机实际处理 $n+2$ 步。因此，这与 $O(n)$ 的定义刚好匹配，其中常数 c 的值为 3。）

使用图灵机为现实世界中的运算建模是很难的，作为学生的练习题还不错，但实用用处却不大。令人惊讶的是，每一个 C#程序（实际上每一个能够可以在现代计算机上执行的算法）都可以转译为图灵机——虽然可能比较费劲。通常，如果一个使用 C#编写的算法的复杂度是 $O(f(n))$，那么同样的算法被转译为图灵机之后，它的复杂度是 $O(f^2(n))$。这为算法的复杂度分析提供了很有用的思路：解决一个问题，如果存在基于图灵机模型的高效的算法，那么对现代计算机也会存在高效的算法；反之，如果不存在基于图灵机的高效算法，那么，基本上也没有基于现代计算机的高效算法。

我们可能认为复度杂为 $O(n^2)$ 的算法是高效的，而认为那些相对慢的算法不够高效，但复杂度理论对此有不同的基准。在复杂度理论中，用 P 来表示图灵机能够在多项式时间内解决的问题。也就是说，对于 P 类问题 A，当输入规模为 n 时，则存在一个图灵机能够在多项式时间内产生期望的结果（例如，对于自然数 k，在 $O(n^k)$ 步以内能够解决）。在复杂度理论的领域中，将 P 类问题认为是容易的问题——同时，能够在多项式时间内获得结果的算法被认为是高效的算法，尽管对于一些算法来说，k 可能很大，其运行时间可能很长。

如果我们使用这个定义，那么本书到目前为止所列的所有算法都可以视为高效的。不过，有些算法"十分"高效，有些算法则没那么高效，这意味着，它们的差异还不够显著。你也许要问，是不是还有的问题不属于 P 类，没有高效的解法？答案干脆而肯定——是的！而且，从理论上说，没有高效解法的问题实际上比有高效解法的问题还要多。

接下来，我们先考虑一个不能由图灵机解决的问题，无论高效与否。接着，我们看一些图灵机能解决，但不在多项式时间内的问题。最后，我们再看看那些我们不清楚在多项式时间内图灵机能否解决，但强烈怀疑不能解决的问题。

9.1.4 停机问题

从数学的视角来看，问题比图灵机多得多（我们认为，图灵机是"可数的"，但问题不是），这意味着肯定有无穷多的问题无法由图灵机解决。这一类问题，通常称为不可解问题（undecidable problem）。

"可数"意味着什么

在数学里，有很多种"无穷多"。很容易理解，图灵机有无穷多——毕竟，通过添加无用的新状态就能获得新的、更大的图灵机。类似地，很容易理解，问题也有无穷多，虽然这需要对问题下一个正式的定义，不过结果还是一样的。但我们却不那么容易理解，为什么图灵机和问题都是无穷的，但问题却比图灵机多。

图灵机之所以被理解为"可数的"，是因为图灵机与自然数（1, 2, 3,…）存在着某种对应关系。虽然这种对应关系不太明显，但却是可能的，因为图灵机可以被描述为有限的字符串集合，而这有限多的字符串是可数的。

然而，问题（语言文字）却是不可数的，因为不能将自然数与语言文字对应起来。可以这样简单地证明：假设问题的集合构成所有实数，对于任意实数 r，其问题是打印出数字或者识别数字是否已经作为输入出现过。由于实数是不可数的（康托定理），因此问题也是不可数的。

　　总的来说，结论看起来有点令人遗憾。不仅存在着已知的不能由图灵机解决的问题，而且它们比那些能够由图灵机解决的问题还多。尽管理论如此，但值得庆幸的是，仍然有大量的问题能够由图灵机解决，20 世纪计算机科学令人振奋的演进过程就已经证明了这一点。

　　我们现在要介绍的停机问题，就是一个不可解问题。问题如下：给定一个程序 T（或者图灵机的描述），对于程序的输入 w，判断程序 T 执行 w 时是否会停机。停机时返回 TRUE，不停机（进入死循环）则返回 FALSE。

　　可以将该问题翻译为一个接收以字符串的形式传入程序源代码的 C# 方法：

```
public static bool DoesHaltOnInput(sthing programCode, string input) { … }
```

或者接收一个委托及其输入参数：

```
public static bool DoesHaltOnInput(Action<string> program, string input) { … }
```

　　尽管好像有方法能通过分析程序来确定它会不会停机（如分析它内部的循环和对其他方法的调用等），但最终人们发现既没有图灵机，又没有 C# 程序能够解决这个问题。这个结论是怎么得来的？显然，要证明图灵机能够解决一个问题，只需要演算一遍，但是，要证明图灵机不能解决一个问题，似乎要求穷举所有图灵机，但图灵机的数目却是无穷的。

　　在数学里，我们经常使用反证法。假设存在方法 DoesHaltOnInput，可用于解决停机问题，那么我们就可以用 C# 编写这样的方法：

```
public static void Helper(string programCode, string input) {
  bool doesHalt = DoesHaltOnInput(programCode, input);
  if (doesHalt) {
    while (true) { } // Enter an infinite loop
  }
}
```

　　只需要使用 Helper 的源代码来调用 DoesHaltOnInput（忽略第二个参数），如果 DoesHaltOnInput 返回 true，那么 Helper 方法进入死循环（不停机）；如果 DoesHaltOnInput 返回 false，那么 Helper 方法不进入死循环（停机）。矛盾的结果，反向证实了这样的 DoesHaltOnInput 方法不存在。

注意　停机问题的结论是令人难过的。它以很简单的方式，诠释了计算机的运算能力是有限的。下次你面对计算机没能识别出那些明显的可优化的点，或者你喜欢的静态分析工具给出了错误的警告，你也就再也不会抱怨了。记住，静态地分析一个程序并且基于结果给出一些措施，是不可解的。对于给定的程序，优化、停机分析和确定一个变量是否被使用这类问题，对一个开发人员来说可能很容易，但却不能由机器来常规性地解决。

　　与可解问题相比，不可解问题更多。还有一个也是源自计数争议的简单例子。因为 C# 程序是由有限个符号编写而成的，所以 C# 程序的数目是可数的；然而，[0, 1] 区间的实数却是不可数的，必然存在无法由 C# 程序打印的实数。

9.1.5　NP 完全问题

即使在可以由图灵机解决的可解问题范围内，还存在着很多没有高效解决的问题。在 $n×n$ 的象棋棋盘上，一个完美的策略算法的时间复杂度是 n 的指数，这就让解决一个常见的象棋游戏问题变成了 P 类之外的问题。（如果你正好喜欢跳棋，又忌妒那些计算机程序比人类玩得好，那么你或许还可以因为跳棋的复杂度在 P 之外而感到些许安慰。）

另外有些问题，并没有被视为复杂问题，目前还不清楚它们是否存在多项式时间的算法。不少这类的问题在日常生活中很有实用意义。

- 旅行商问题：为需要访问 n 个不同的城市的售货员找到一个最小成本的线路。
- 最大团问题：找到无向图中顶点最多的完全子图。
- 最小割问题：找到分割图的方法，以使分割产生的子集之间的边数最少。
- 布尔可满足问题：找到一个能使布尔表达式的特定形式（如 "A 且 B 或 C 且非 A"）为真值的布尔组合。
- 缓存淘汰问题：根据应用程序对内存的操作历史，确定要添加到缓存或从缓存中淘汰的数据。

这类问题称为 "NP 类"。NP 类问题的特点是，存在能够在问题输入规模的多项式时间内验证其解的图灵机算法。例如，要验证当所有变量都为真值时能否满足布尔表达式，显然很简单，其复杂度与变量数目成线性关系。类似地，验证图的子集是否形成团也很简单。也就是说，要验证这些问题的解是简单的，但无法确知有没有得出这些解的高效方法。

关于上面那些问题（以及其他的 NP 问题）的另一个有趣的论点是，如果它们任何一个存在高效的算法，那么所有 NP 问题就都存在高效的算法。其原因是，它们之间能够相互归约。此外，如果一个 NP 类问题有高效的算法，那么意味着它是 P 类的，这样整个 NP 类都能塌缩（collapse）成为 P 类，即 $P=NP$。计算机科学界最深奥的争议就是，$P=NP$ 是否真的成立（大部分计算机科学家认为是不成立的）。

与其他 NP 问题存在这种塌缩关系的问题被称为 NP 完全的问题。对于大部分计算机科学家来说，证明了一个问题是 NP 完全的，就足以放弃为它设计高效算法了。接下来的几节将讨论一些 NP 完全的问题，它们有可接受的近似或概率算法。

9.1.6　记忆与动态规划

记忆（Memoization）是一种通过暂存很快就要再次用到的中间运算结果，来避免重复运算的技术，可以视为缓存的一种形式。一个经典的例子就是计算斐波那契数列，它通常作为讲解递归的首选示例：

```
public static ulong FibonacciNumber(uint which) {
  if (which == 1 || which == 2) return 1;
  return FibonacciNumber(which - 2) + FibonacciNumber(which - 1);
}
```

这个方法乍一看很不错，但它的性能却令人担忧。仅以 45 这么小的输入，它就需要好几秒才能完成；想用它来计算第 100 个斐波那契数简直不切实际，其复杂度呈指数级增长。这个方法之所以低效，其原因之一就是反复运算中间过程。例如，在计算 FibonacciNumber(11) 和 FibonacciNumber(12) 时都计算了 FibonacciNumber(10)，接着在计算 FibonacciNumber(12)、

FibonacciNumber(13) 时又要分别再算一次。用一个数组来存储中间运算的结果就可以显著地提高这个方法的性能：

```
public static ulong FibonacciNumberMemoization(uint which) {
    if (which == 1 || which == 2) return 1;
    ulong[] array = new ulong[which];
    array[0] = 1; array[1] = 1;
    return FibonacciNumberMemoization(which, array);
}
private static ulong FibonacciNumberMemoization(uint which, ulong[] array) {
    if (array[which - 3] == 0) {
        array[which - 3] = FibonacciNumberMemoization(which - 2, array);
    }
    if (array[which - 2] == 0) {
        array[which - 2] = FibonacciNumberMemoization(which - 1, array);
    }
    array[which - 1] = array[which - 3] + array[which - 2];
    return array[which - 1];
}
```

这个程序版本查找第 10 000 个斐波那契数字也只需要 1/10 000 秒，并且时间的增长是线性的。另外，这个运算还可以更简单，即只缓存最后两次运算的结果：

```
public static ulong FibonacciNumberIteration(ulong which) {
    if (which == 1 || which == 2) return 1;
    ulong a = 1, b = 1;
    for (ulong i = 2; i < which; ++i) {
        ulong c = a + b;
        a = b;
        b = c;
    }
    return b;
}
```

> **注意**　值得注意的是，斐波那契数列有一个基于黄金比例的闭型公式（closed formula）（详情可查询 Fibonacci number）。不过，使用公式来获得精确的值可能需要从非平凡解推导。

为后续运算预存所需结果这一简单的优化对很多算法都有效，它能将大问题分解为多个小问题。这项技术通常称为动态规划。我们考虑两个示例。

9.1.7　编辑距离

编辑距离，是指将一个字符串转换成另一个所需要的字符串替换操作（删除、插入和替换）的次数。例如，cat 与 hat 之间的编辑距离是 1（将 c 替换为 h），而 cat 和 groat 之间的编辑距离是 3（插入 g，插入 r，将 c 替换为 o）。很多场合都有对编辑距离的高效运算需求。例如，自动纠错功能，在拼写检查时提供备选词。

高效算法的关键是将大的问题分解为小的问题。例如，如果已知 cat 与 hat 之间的编辑距离是 1，那么 cats 与 hat 之间的编辑距离就是 2——我们用已解决的小的问题来解决大的问题。

在实践中使用这种技术，要更细致谨慎一些。如果有两个字符数组 $s[1...m]$ 和 $t[1...n]$，那么：

- 空字符串与 t 的编辑距离是 n，与 s 的编辑距离是 m（通过添加或移除所有字符）。
- 若 $s[i]=t[j]$，且 $s[1...i-1]$ 与 $t[1...j-1]$ 的编辑距离是 k，对第 i 个字符无须操作，则 $s[1...i]$ 与 $t[1...j]$ 的编辑距离为 k。
- 若 $s[i]\neq t[j]$，则 $s[1...i]$ 与 $t[1...j]$ 的编辑距离为下列值的最小值：
  - $s[1...i]$ 与 $t[1...j-1]$ 的编辑距离，加 1 以插入 $t[j]$。
  - $s[1...i-1]$ 与 $t[1...j]$ 的编辑距离，加 1 以删除 $s[i]$。
  - $s[1...i-1]$ 与 $t[1...j-1]$ 的编辑距离，加 1 以将 $s[i]$ 替换为 $t[j]$。

下面的 C#方法为子字符串间的编辑距离构造一个表，末位单元格即表示两个字符串之间的编辑距离。

```csharp
public static int EditDistance(string s, string t) {
  int m = s.Length, n = t.Length;
  int[,] ed = new int[m, n];
  for (int i = 0; i < m; ++i) {
    ed[i, 0] = i + 1;
  }
  for (int j = 0; j < n; ++j) {
    ed[0, j] = j + 1;
  }
  for (int j = 1; j < n; ++j) {
    for (int i = 1; i < m; ++i) {
      if (s[i] == t[j]) {
        ed[i, j] = ed[i - 1, j - 1]; //No operation required
      } else {                       //Minimum between deletion, insertion, and substitution
        ed[i, j] = Math.Min(ed[i- 1, j] + 1, Math.Min(ed[i, j-1]+1, ed[i - 1, j - 1] + 1));
      }
    }
  }
  return ed[m - 1, n - 1];
}
```

算法逐列填充编辑距离表，因而不会用到还没有算出的数据。图 9-2 所示为算法在输入为"stutter"和"glutton"时构造的编辑距离表。

这个算法使用 $O(mn)$ 的空间，时间复杂度是 $O(mn)$。作为比较，不使用记忆的递归解法，其时间复杂度会以指数级增长，即使对于一个中等输入规模，也无法完成处理。

	g	l	u	t	t	o	n
s	1	2	3	4	5	6	7
t	2	2	3	3	4	5	6
u	3	3	2	3	4	5	6
t	4	4	3	2	3	4	5
t	5	5	4	3	2	3	4
e	6	6	5	4	3	3	4
r	7	7	6	5	4	4	4

图 9-2　编辑距离表，已填满

9.1.8 每对顶点间的最短路径

每对顶点间的最短路径问题可用于找出图中任意两个顶点间的最短距离。这可用于规划工厂车间、估计城市之间的行程距离、评估燃料的所需成本，以及现实生活的许多其他情形。这里有一个故事，源自作者在咨询中遇到的真实案例。客户描述的问题如下。

- 我们要实现一个服务，用于管理一系列物理备份设备。有一组交叉的传送带，以及能够操作房间里所有备用磁带的机器臂。服务要处理的指令，类似于"从存储柜 13 将新的磁带 *X* 转运到备份柜 89，在转运时，确保它途经格式化计算机 *C* 或 *D*"。
- 系统启动时，计算每个柜到其他所有柜的最短路径，包括需要考虑特殊指令的情况，如通过某些特定的计算机。这个信息被存储在一个很大的散列表中，以路径描述作为索引，以路径作为值。
- 系统以 1 000 个节点和 250 个交叉点启动时，需要超过 30 分钟，并且消耗的内存峰值接近 5 GB，这令人无法接受。

首先，我们观察到"确保它途经格式化计算机 *C* 或 *D*"的约束并不会明显地导致额外的难度。从 *A* 到 *B*、经由 *C* 的最短路径，就是从 *A* 到 *C* 的最短路径，以及 *C* 到 *B* 的最短路径连接所得的路径（不言而喻）。

与前面的思路类似，Floyd-Warshall 算法通过将问题分解为更小的问题来查找图中两个顶点间的最短路径。其递推公式也基于上面一样的观察，运用了从 *A* 到 *B* 且通过某个顶点 *V* 的最短路径。要找到从 *A* 到 *B* 的最短路径，只需要找到 *A* 到 *V* 的最短路径，以及 *V* 到 *B* 的最短路径，并将它们连接起来。由于 *V* 是未知的，因此所有可能的中间顶点都需要考虑，将中间顶点编号为 1...*n* 以便于讨论。

假设不存在由顶点 *i* 到 *j* 的直接边，如果从 *i* 到 *j* 的最短路径上的顶点集合为 1, …, *k*，则下列递推式能给出最短路径的长度（*SP*）与 *k* 的关系：

$$SP(i,j,k) = \min\{\, SP(i,j,k-1),\, SP(i,k,k-1) + SP(k,j,k-1)\,\}$$

要了解其原理，可以考虑顶点 *k*。从 *i* 到 *j* 的最短路径要么经过顶点 *k*，要么不经过。如果不经过，则无须使用顶点 *k*，可以将集合缩小为 1,…, *k*–1。如果经过顶点 *k*，则分解可行——从 *i* 到 *j* 的最短路径可由 *i* 到 *k* 的最短路径（所经过的顶点集合为 1,…, *k*–1），以及 *k* 到 *j* 的最短路径（所经过的顶点集合为 1, …, *k*–1）接驳而成，如图 9-3 所示。

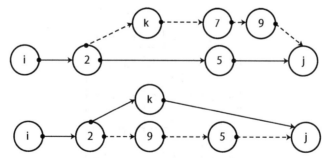

图 9-3　从 *i* 到 *j* 的最短路径(经过顶点 2 到顶点 5)不经过顶点 *k*。因此，可以将考虑的顶点范围缩小为 1,…, *k*–1。下方，从 *i* 到 *j* 的最短路径经过顶点 *k*。因此，从 *i* 到 *j* 的最短路径就是从 *i* 到 *k* 的最短路径，接驳 *k* 到 *j* 的最短路径

我们可以使用记忆来消除递归调用。假设我们需要填充一个三维表格，为每对顶点找到 *SP* 和对应的 *k* 值之后，就能够对每对顶点间的最短路径问题求解了。

对顶点 *i*、*j* 的最短路径上的中间顶点 $1, \cdots, n$，我们实际上并不需要其间所有的 *k* 值，而仅需最小的 *k* 值。注意到了这一点的话，我们就可以进一步降低存储空间需求。这让表格降为二维，同时存储空间仅需 $O(n^2)$，运行时复杂度仍为 $O(n^3)$，很难相信这是在计算图中任意两个顶点间的最短路径。

最后，当填充表格时，如果我们想要找到顶点之间的实际最短路径，我们需要为每对顶点 *i*、*j* 记录下一个顶点 *x*。可以很容易将这些想法翻译为 C#代码，并基于最后的结论重新组装路径：

```csharp
static short[,] costs;
static short[,] next;

public static void AllPairsShortestPaths(short[] vertices, bool[,] hasEdge) {
    int N = vertices.Length;
    costs = new short[N, N];
    next = new short[N, N];
    for (short i = 0; i < N; ++i) {
        for (short j = 0; j < N; ++j) {
            costs[i, j] = hasEdge[i, j] ? (short)1 : short.MaxValue;
            if (costs[i, j] == 1)
                next[i, j] = -1;    //Market for direct edge
        }
    }
    for (short k = 0; k < N; ++k) {
        for (short i = 0; i < N; ++i) {
            for (short j = 0; j < N; ++j) {
                if (costs[i, k] + costs[k, j] < costs[i, j]) {
                    costs[i, j] = (short)(costs[i, k] + costs[k, j]);
                    next[i, j] = k;
                }
            }
        }
    }
}

public string GetPath(short src, short dst) {
    if (costs[src, dst] == short.MaxValue) return "<no path>";
    short intermediate = next[src, dst];
    if (intermediate == -1)
        return "-> ";       //Direct path
        return GetPath(src, intermediate) + intermediate + GetPath(intermediate, dst);
}
```

这个简单的算法戏剧性地提高了程序的性能。模拟 300 个节点，每个节点上平均 3 条指向其他节点的边，构造完整的最短路径集耗时 3 s，而 100 000 次关于最短路径的查询仅 120 ms，内存仅占 600 KB。

225

9.2　近似算法

本节要考虑的两个算法，对给定的问题不提供精确的解，但它们作为解是足够近似的。对于复杂问题，如果存在某个算法函数，它返回的结果与真实的值（可能很难找到）相差总保持在因子 c 范围内，则这个算法被称为问题的 c 近似算法。

近似算法对 NP 完全的问题尤其有用，因为它们没有已知的多项式时间内的算法。另外，还有一些情形，与完整和精确解决问题的算法相比，近似解能用于提高效率，虽然在处理过程中牺牲了一些准确性。例如，对于大型输入，一个 $O((\log n)^2)$ 的近似算法可能比复杂度为 $O(n^3)$ 的精确算法更有用处。

9.2.1　旅行商问题

为了开展更深入的分析，需要给前面所提及的旅行商问题一个正式的定义。给定一个图，其加权函数为 w——权是图中边对应的数值，可以将权理解为城市之间的距离。该加权函数能满足三角不等式，当我们将其视作在欧几里德平面上的城市之间的旅行时，尤其成立：

对所有顶点 x、y、z，都有 $w(x, y) + w(y, z) \geqslant w(x,z)$

剩下的工作，就是对图中每个顶点（销售员地图上的每个城市）遍历一次，再返回起始顶点（公司总部），找到权最小的路径。以 $wOPT$ 表示最小的总权值。（我们已经知道，这样的决策问题是 NP 完全的。）

近似算法的处理过程是这样的：首先，为图构造一个最小生成树（MST）。以 $wMST$ 表示生成树的总权值。（图的生成树是连接所有顶点的无回路子图，最小生成树是总权值最小的生成树。）

可以断言，有 $wMST \leqslant wOPT$，因为 $wOPT$ 是所有顶点上回环路径的总权值；从回路上移除所有边才得到生成树，而 $wMST$ 是最小生成树的总权值。有了这个结论，就可以用最小生成树按如下过程生成一个 $wOPT$ 的 2 近似算法。

（1）构造一个最小生成树，存在已知的 $O(n \log n)$ 贪心算法。

（2）从根顶点开始遍历树，最后返回根顶点。此路径的总权值 $2wMST \leqslant 2wOPT$。

（3）修正结果路径，去除重复出现的顶点。如果图 9-4 中的情况（顶点 y 被遍历两次）出现，那么去除边(x, y)到(y, z)的路径，改用边(x, z)。根据三角不等式，这必然减小路径的总权值。

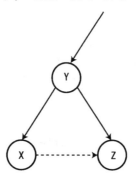

图9-4　不通过 y 两次，而以(x, z)边替代路径(x, y, z)

其结果是一个 2 近似算法，因为在最差的情况下，路径的总权值仍然会达到最优路径总权值的

2 倍。

9.2.2 最大割

在给定的图中，查找一个割（cut，从图中分割出的两个不连通的顶点子集），令连接顶点子集之间的边（割边）最多，这就是最大割问题。求解最大割问题对很多工程领域的规划工作十分有用。

我们有一个简单而巧妙的 2 近似算法。

（1）将图的所有顶点任意划分为两个不相交的集合 A 和 B。

（2）在 A 中寻找比在 B 中有更多相邻顶点的顶点 v。如果没有这样的顶点，那么算法完成。

（3）将 v 从 A 移到 B，并重复执行步骤 2。

首先，令 A 为其中一个顶点子集，v 是 A 中的顶点。用 $\deg_A(v)$ 表示在 A 中，与 v 有边的顶点数（即它在 A 中的邻居数）。接着，对给定的顶点子集 A 和 B，用 $e(A,B)$ 表示在两个不同子集中，顶点间边的数目；用 $e(A)$ 表示在子集 A 中，顶点间边的数目。

算法完成时，对 A 中的任意 v，存在 $degB(v) \geqslant degA(v)$，否则算法会继续重复步骤（2）。汇总所有顶点，能得到 $e(A, B) \geqslant degB(v1) + \cdots + degB(vk) \geqslant degA(v1) + \cdots + degA(vk) \geqslant 2e(A)$，因为右边每个边被计入了两次。类似的，有 $e(A, B) \geqslant 2e(B)$，则 $2e(A, B) \geqslant 2e(A) + 2e(B)$。可以推导得出 $2e(A, B) \geqslant e(A, B) + e(A) + e(B)$，而右边是图中边的总数。因而，割边的数目至少为图的总边数的一半，不会大于图的总边数，因此该算法是 2 近似算法。

最后，值得注意的是，该算法的运行次数与图的总边数成线性关系。每执行步骤（2）一次，割边数至少增长 1，从上面的推论可知，割边数还受限于图的总边数，因此运行次数也受它限制。

9.3 概率算法

在考虑近似算法时，我们的思维仍受到确切解的牵绊。然而，有些情况下，在算法中引入一些随机因子就能构造出在概率上合理的结果，即使算法的绝对正确性和运行时间的度量无法得到保证。

9.3.1 概率最大割

通过随机地选择两个无交集的集合（特别的，可以抛枚硬币来决定一个顶点是要置于 A 中还是 B 中），就可以获得最大割问题的 2 近似算法。通过概率分析，跨越割的边数的期望是总边数的 1/2。

要证明这个结论，可以考虑某个特定的边 (u,v) 跨越割的可能性。有 4 种相同概率的可能性：边在 A 中；边在 B 中；v 在 A 中而 u 在 B 中；v 在 B 中而 u 在 A 中。显然，边跨越割的可能性是 1/2。

对于边 e，指示变量 Xe 的期望是 1/2（当边跨越割时，其值为 1）。将期望线性化，跨越割的边的期望就是图中总边数的 1/2。注意，这时，单一批次的结果就不能被直接采纳了，不过，一些去随机化技术（如条件概率）能在某个较小的固定批次之后，产生符合预期的结果。我们要证明的是跨越割的边数小于图中总边数的 1/2 的概率的边界。有很多概率分析方法，如马尔可夫不等式，就可以在这里用上。此处略去具体证明。

9.3.2　费马质数测试

在第 6 章，我们讨论了将并行化技术应用于在集合中查找质数的运算，但我们还没有找到什么好的算法来检测一个数字是否为质数。这个运算在应用加密领域很重要。例如，在互联网上无处不在的 RSA 不对称加密算法就依赖大质数来产生密钥。

数论中有个简单的结论，又称费马小定理：若 p 是质数，则对于任意 $1 \leqslant a \leqslant p$ 区间的数字 a，$ap-1$ 除以 p 的余数恒等于 1（记为 $ap-1 \equiv 1(\bmod\, p)$）。利用这个规律，可以为给定的 n，构建如下的概率质数测试：

（1）从区间[1,n]随机选择数 a，检查费马小定理等式是否成立（即是否存在 $ap-1$ 除以 p 时，余 1）。

（2）如果等式不成立，则数字 n 为合数。

（3）如果等式成立，则将数字识别为质数；或者继续重复步骤 1，直到满足期望的信心水平为止。

对于大多数合数，这个算法用少量的迭代就可以检测出来。而质数却只能通过任意次数的测试。

不幸的是，有一批无法穷举的数字（即卡迈克尔数），它们不是质数，却也能通过所有的 a 值、任意次数的上述测试。尽管卡迈克尔数不多，但它们足以令人有所顾虑，有必要增加用于检测卡迈克尔数的附加测试来改善费马质数测试。Miller-Rabin 质数测试就是一种方法。

对于不是卡迈克尔数的普通合数，数 a 使等式不成立的可能性（概率）大于 1/2。那么，随着迭代次数的增长，错误地将合数识别为质数的可能性将呈指数级缩小。这样，使用足够的迭代次数即可极大地降低合数被漏检的可能性。

9.4　索引与压缩

存储大量数据时（如为搜索引擎索引网页），数据压缩和高效的磁盘访问通常比纯粹的运行时复杂度更重要。本节考虑两个简单的例子，它们可以最小化特定类型数据所需的存储资源，并维持较高的访问效率。

9.4.1　变量的长度编码

要将一个有 50 000 000 个正整数的集合存储到磁盘上，所有整数都在 32 位整型范围内。比较笨的方法，就是直接将这些数字写入磁盘，占用 200 000 000 字节。我们要找一个更好的替代方案，要求大大减少所需磁盘空间。（压缩后再存储还能加快载入内存的速度。）

变量的长度编码是一种压缩技术，适用于包含很多小数字的数字序列。在考虑它的原理之前，我们需要确保序列中一定会出现很多小的值——但目前看来，还不能确定。如果这 50 000 000 个数字在[0, 2^{32}]区间是均匀分布的，那么超过 99%的数字都不能用 3 字节来存储了，它们需要完整的 4 字节。不过，在存储之前，可以先对它们进行排序；然后，不存储值本身，而存储值之间的差（gap）。这种变通的做法称为差压缩（gap compression），它在大大减小数值的同时，保留了还原原始数据的能力。

举例来说，序列(38, 14, 77, 5, 90)先被排序为(5, 14, 38, 77, 90)，接着使用差压缩的方法编码为(5, 9, 24, 39, 13)。我们注意到，使用差压缩之后，数字变小了，存储它们所需的字节数也大大降低了。在上面的任务中，如果 50 000 000 个数字均匀分布于[0, 2³²]区间，那么多数差很可能位于[0, 256]区间，只占一个字节。

变量的字节长度编码技术是信息理论中大量压缩方法之一，我们来看看它的核心思想。其原理是，用每个字节的最高位来指示在编码之后当前字节是否为整个数字的最后一个字节。如果高位为 0，则继续读入后一个字节；如果高位为 1，则停止并使用已读取的所有字节来解码成原始值。

例如，数字 13 被编码为 10001101，高位为 1，因此一个字节就包含了整个数字，字节右边的 7 位就是 13 的二进制表示。再看一个，数字 132 被编码为 00000001 10000100。因为第一个字节的高位为 0，所以先记下其右边 7 位 0000001 并继续。因为第二个字节的高位为 1，所以将右边 7 位 0000100 并入前一个字节，得到 10000100，正好是 132 的二进制表示。在这个例子中，一个数字只用了 1 字节，而另一个用了 2 字节。如果在前面的差压缩存储中再应用这项技术，能将原始数据压缩近 7 成。（随机生成一组数字就可以验证这个结果。）

9.4.2 压缩索引

为网页上的关键词高效地建立索引是很多搜索引擎的基础。索引过程需要为每个单词存储其所在的页面序号（或者 URL），在压缩存储的同时维持高效的访问效率。一般情况下，页面序号并不占太多空间，但存储单词的字典对象却不一定。

根据上面的讨论，将字典中单词所在的页面序号存储到磁盘的需求，用变量长度编码技术来解决再合适不过了。然而，字典对象本身的存储却要复杂一些。理想情况下，字典是一个简单元素的数组，每个元素包含单词文本，以及指向页面序号的磁盘偏移值。要想高效地访问，就需要对数据进行排序，才能保障 $O(\log n)$ 的访问时间。

设想每个元素在内存中表示为如下的 C#值类型，而字典就是这个类型的数组：

```
struct DictionaryEntry {
    public string Word;
    public ulong DiskOffset;
}
DictionaryEntry[] dictionary = ... ;
```

在第 3 章介绍过，值类型的数组由值类型的实例直接组成。但每个值类型的实例包含了一个字符串的引用；对于 n 个元素，这些引用与磁盘偏移值一起，在 64 位系统中会占用 $16n$ 字节的内存。另外，字典里的单词本身也会占用宝贵的空间，每个单词——如果以单个变量存储——需要 24 字节的额外花销（16 字节用于对象上的花销，4 字节存储字符长度，还有 4 字节由字符串内部用于存储字符缓冲区的字符数）。

通过将字典中的单词拼接在一起形成一个长的字符串，并在 DictionaryEntry 结构中存储单词在长字符串中的偏移，就能减少存储字典所需的空间（如图 9-5 所示）。拼接之后的字符串一般不会超过 2^{24} 字节，即 16 MB，这意味着可以用 3 字节整数来表示索引字段，不再需要 8 字节地址空间了。

```
[StructLayout(LayoutKind.Sequential, Pack = 1, Size = 3)]
struct ThreeByteInteger {
  private byte a, b, c;
  public ThreeByteInteger() { }
  public ThreeByteInteger(uint integer) . .
  public static implicit operator int (ThreeByteInteger tbi) . . .
}

struct DictionaryEntry {
  public ThreeByteInteger LongStringOffset;
  public ulong            DiskOffset;
}
class Dictionary {
  public DictionaryEntry[] Entries = ...;
  public string           LongString;
}
```

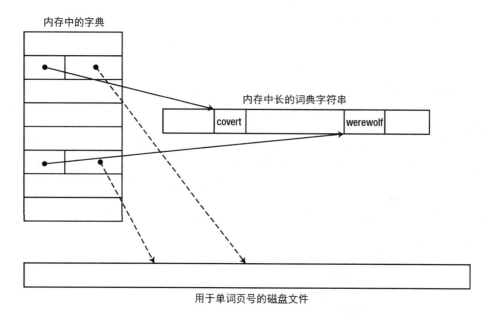

图 9-5　内存字典和字符串字典的结构示意

　　结果，我们仍能基于数组提供搜索能力，因为每个元素都有着均匀的大小，而需要存储的数据却大大减少了。在内存中，通过消除大量的字符串对象，节省出了接近 $24n$ 字节（新的方案只有一个长字符串），然后用偏移指针代替字符引用，又节省了 $5n$ 字节。

9.5　小结

　　本章回顾了计算机科学的一些基础理论，包括运行时复杂度分析、可计算性、算法设计，以及算法优化。如你所见，算法优化不必拘泥于"象牙塔"所学。在很多真实情况中，选择一个合适的算法或者合理运用压缩技术就可以显著提升性能。尤其是动态规划、索引存储和近似算法等节的内容，不少可以直接用于实际应用之中。

　　本章的例子连复杂度理论研究的"冰山一角"都算不上。我们期望，通过阅读本章，你能感受到计算机理论科学背后的一些原理，了解一些在实际应用中用到的实用算法。我们知道，.NET 开发人员很少需要完全自主发明新的算法，但我们仍然认为有必要去了解这个领域，并在自己的工具箱中留有一些算法的经验。

第 10 章

性能模式

本章包含一系列前文还未来得及讨论的话题。这些话题虽然不大，对高性能应用程序却至关重要。本章没有贯穿始终的主线，不过无论是小而美的代码片段，还是大而全的复杂应用，对极致性能的追求总是一致的。

本章以 JIT 编译器优化开篇，这些内容将对 CPU 密集型应用程序大有裨益。接下来是启动过程的性能优化，这对考验用户耐心的客户端应用程序来说非常迫切。结尾会讨论处理器相关的优化，包含数据与指令级别的并行机制，此外还有一些零星的其他话题。

10.1　JIT 编译器优化

本书前面的章节介绍过优化 JIT 编译器的重要性。在第 3 章讲解虚方法和非虚方法调用顺序时，还特别讨论过内联（inline）的细节。这里总结一下在 JIT 编译器上运用的首要优化技术，以及要确保即时编译器能够利用这些技术，在日常应用中编写代码时要注意的方式。JIT 优化对 CPU 密集型应用的性能的影响通常比较明显，对其他类型的程序也会有帮助。

要检查优化过程的具体细节，就需要附加到一个运行中的进程——JIT 编译器不会在调试状态下执行优化。另外，除了附加到进程，还需要确保要检查的方法已被编译并调用。

如果需要关闭 JIT 优化（例如，为了更直观地调试内联和尾调用，后面讨论），也不需要修改代码，或者编译一个 Debug 版本，只需要创建一个与应用的可执行程序名字相同的 ini 文件（如 MyApp.ini），在其中添加如下 3 行配置即可。将此 ini 文件置于可执行程序相同的目录中，再次运行程序时，JIT 编译器就不会执行优化了。

```
[.NET Framework Debugging Control]
GenerateTrackingInfo=1
AllowOptimize=0
```

10.1.1　标准的优化方法

有一些标准的优化方法，所有的编译器都能支持，甚至不少简单的编译器也能支持。举例来说，JIT 用几行 x86 机器码指令就能完成这样的 C#代码：

```
//Original C# code:
static int Add(int i, int j) {
    return i + j;
```

```
}
static void Main() {
    int i = 4;
    int j = 3 * i + 11;
    Console.WriteLine(Add(i, j));
}

; Optimized x86 assembly code
call 682789a0                   ; System.Console.get_Out()
mov ecx,eax
mov edx,1Bh                     ; Add(i,j) was folded into its result, 27 (0x1B)
mov eax,dword ptr [ecx]         ; the rest is standard invocation sequence for the
mov eax,dword ptr [eax+38h]     ; TextWriter.WriteLine virtual method
call dword ptr [eax+14h]
```

> **注意**　这个优化的过程并不是由 C#编译器执行的。检查生成的 IL 代码就会发现，局部变量都被保留了，对 Add 方法的调用也一样。JIT 才是真正负责所有优化的编译器。

这种优化称为常量折叠（constant folding）。类似的小优化还有很多，如公因子表达式化简（例如，在表达式 a+(b*a)–(a*b*c)中，a*b 的值只计算一次）。尽管这些是 JIT 编译器的标准优化，不过相比于一些专门为优化设计的编译器（如微软 Visual C++编译器），通常认为 JIT 的成本相对更高。这是由于 JIT 编译器需要在被严格限制的环境中，尽量快速地对方法进行编译，从而防止在首次调用时导致明显的延时。

10.1.2　方法内联

通过将对方法的调用直接替换为方法体，方法内联的优化技术不仅能减小代码的体积，而且经常能缩短执行时间。如第 3 章所见，JIT 编译器不会对虚方法进行内联处理（即便在继承的子类中调用封闭方法也一样）；对接口方法，会在预测执行（speculative execution）的情况下进行部分内联；只有静态和非虚方法总是可以内联。对于性能敏感的代码，如那些要经常被访问的基础类上的属性与方法，确保不要使用虚方法或接口实现。

JIT 编译器判断是否要对一个方法进行内联的策略没有公开，但仍可以通过实验获得一些思路：

- 调用流程复杂（如循环）的方法不会被内联。
- 包含异常处理的方法不会被内联。
- 有递归调用的方法不会被内联。
- 以非基元值类型为参数、局部变量或者返回值的方法，不会被内联。
- 方法体的 IL 代码超过 32 字节的方法不会被内联。（可以用 MethodImpl 特性的 MethodImplOptions.AggressiveInlining 值来设置这个限制。）

在 CLR 的最近版本中，移除了关于内联的一些不必要限制。在.NET 3.5 SP1 中，32 位 JIT 编译器可以内联一些定义了非原始的值类型参数的方法，如第 3 章的 Point2D 类。这个版本改变了对值类型的操作方式，它通过在特定条件下对原始类型进行等效转换（Point2D 类可转换为两个整数），从而能整体地优化结构体及相关代码：复制传播，消除冗余赋值等。来看个例子，考虑下面这段普通的代码：

```
private static void MethodThatTakesAPoint(Point2D pt) {
  pt.Y= pt.X ^ pt.Y;
```

```
        Console.WriteLine(pt.Y);
}

Point2D pt;
pt.X=3;
pt.Y = 5;
MethodThatTakesAPoint(pt);
```

使用 CLR 4.5 的 JIT 编译器，这整块代码被完美地编译为等价的 `Console.WriteLine(6)`，也就是 3 ^ 5 的结果。JIT 编译器能够为自定义的值类型运用内联，以及常量传播的优化技术。但使用 CLR 2.0 的 JIT 编译器，还是会保留对方法的调用，而对方法体，也没有实质的优化：

```
; 调用的代码
mov eax,3
lea edx,[eax +2]
push edx
push eax
call dword ptr ds:[1F3350h] (Program.MethodThatTakesAPoint(Point2D), mdToken: 06000003)

;方法的代码
push ebp
mov ebp,esp
mov eax,dword ptr [ebp +8]
xor dword ptr [ebp +0Ch],eax
call mscorlib_ni + 0x22d400 (715ed400) (System.Console.get_Out(), mdToken: 06000773)
mov ecx,eax
mov edx,dword ptr [ebp+0Ch]
mov eax,dword ptr [ecx]
call dword ptr [eax+0BCh]
pop ebp
ret 8
```

尽管没有办法显式要求 JIT 对方法进行内联，但显式禁用内联却是可以的。在方法上添加 `MethodImpl` 特性，就可以使用 `MethodImplOptions.NoInlining` 值来避免对其内联。顺便提一句，该特性还能用于在第 2 章中讨论的局部基准对比实验。

10.1.3　消除边界检查

在访问数组元素时，CLR 需要确保访问所用的索引在数组的边界范围之内。如果不做检查，内存安全就得不到保障了。理论上，初始化一个 byte[]数组对象之后，只要随意指定正值、负值的索引就可以读写任意的内存位置。边界检查固然必要，可它却要花费几个指令的性能开销。下面是 JIT 编译器为一个标准的数组访问过程生成的代码：

```
//Original C# code:
uint[] array = new uint[100];
array[4] = 0xBADC0FFE;
; Emitted x86 assembly instructions
mov ecx, offset 67fa33aa        ; type of array element
mov edx,64h                      ; array size
call 0036215c                    ; creates a new array (CORINFO_HELP_NEWARR_1_VC)
cmp dword ptr[eax + 4],4         ; eax+4 contains the array length, 4 is the index
jbe NOT_IN_RANGE                 ;if the length is less than or equal the index, jump away
mov dword ptr[eax + 18h],0BADC0FFEh; the offset was calculated at JIT time(0x18 = 8 + 4 * 4)
; Rest of the program's code, jumping over the NOT_IN_RANGE label
NOT_IN_RANGE:
call clr!JIT_RngChkFail          ; throws an exception
```

在基于索引的 for 循环中逐个访问数组的元素时，JIT 编译器会略去边界检查。如果没有这项优化，对数组的访问就永远比在非托管代码中慢，这对于科学运算和内存密集型工作来说，是难以接受的性能"伤害"。对于下面的循环，JIT 编译器不会执行边界检查：

```
//Original C# code:
for (int k = 0; k < array.Length; ++k) {
    array[k] = (uint)k;
}

; Emitted x86 assembly instructions (optimized)
xor edx, edx                     ; edx=k=0
mov eax, dword ptr[esi+4]; esi=array, eax= rray.Length
test eax, eax                    ; if the array is empty
jle END_LOOP                     ; skip the loop
NEXT_ITERATION:
mov dword ptr[esi+edx*4+8],edx ; array[k]=k
inc edx                          ; ++k
cmp eax, edx                     ; as long as array.Length>k,
jg NEXT_ITERATION                ; jump to the next iteration
END_LOOP:
```

在循环中，只有一个用于确保循环终止的检查。不过，该循环对数组的访问过程的代码是 unchecked 的——加粗的行没有检查 k 是否在数组边界之内，就为第 k 个元素赋值。

遗憾的是，这种优化也很容易被破坏。对循环稍加更改，即便一些很"无辜"的小变化，也可能会导致边界检查：

```
//The range-check elimination occurs
for (int k = 0; k < array.Length - 1; ++k) {
    array[k] = (uint)k;
}

// The range-check elimination occurs
for (int k = 7; k < array.Length; ++k) {
    array[k] = (uint)k;
}

// The range-check elimination occurs
//The JIT removes the -1 from the bounds check and starts from the second element
for (int k = 0; k < array.Length - 1; ++k) {
    array[k + 1] = (uint)k;
}

//The range-check elimination does not occurs
for (int k = 0; k < array.Length / 2; ++k) {
    array[k * 2] = (uint)k;
}

//The range-check elimination does not occurs
staticArray = array; // "staticArray" is a static field of the enclosing class
for (int k = 0; k < staticArray.Length; ++k) {
    staticArray[k] = (uint)k;
}
```

总之，消除边界检查是一项"脆弱"的优化技术，在对性能要求苛刻的部分，如果能充分利用这项优化手段，相信会很有帮助，尽管需要深入研究生成的程序集代码。更多关于消除边界检查和其他的特殊优化方法的信息参见由 Dave Detlefs 写的文章 "Array Bounds Check Elimination in the CLR"。

10.1.4　尾调用

尾调用是一种利用当前方法的调用栈来调用另一个方法的优化技术。这种优化技术在很多递归算法中很有用。事实上，如果广泛运用尾调用优化，不少递归方法可以和基于迭代的方法一样高效。考虑下面这个用于计算整数最大公约数的递归方法：

```
public static int GCD(int a, int b) {
    if (b == 0) return a;
    return GCD(b, a % b);
}
```

很明显，其中 GCD(b, a % b) 的调用由于是递归调用而不能被内联。但由于调用方和被调用方的栈完全吻合，并且调用方在调用之后没有其他操作，于是就可以用以下方式来重写优化它：

```
public static int GCD(int a, int b) {
START:
    if (b == 0) return a;
    int temp = a % b;
    a = b;
    b = temp;
    goto START;
}
```

重写之后去除了所有调用指令，递归算法也变成了循环，因而更高效。在遇到类似情况时，当然可以由自己进行重写，不过 JIT 编译器在一些情形下实际上能自动完成这个过程。下面有两个版本的 GCD 方法，第一个是用.NET 4.5 的 32 位 JIT 编译器生成的，而后一个是用.NET 4.5 的 64 位 JIT 编译器生成的：

```
; 32-bit version, parameters are in ECX and EDX
push ebp
mov ebp,esp
push esi
mov eax,ecx  ; EAX=a
mov ecx,edx  ; ECX=b
test ecx,ecx ; if b==0, returning a
jne PROCEED
pop esi
pop ebp
ret
PROCEED:
cdq
idiv eax,ecx ; EAX=a/b, EDX=a%b
mov esi,edx
test esi,esi ; if a % b==0, returning b (inlined base of recursion)
jne PROCEED2
mov eax,ecx
jmp EXIT
PROCEED2:
mov eax,ecx
cdq
idiv eax,esi
```

```
mov ecx,esi          ; recursive call on the next line
call dword ptr ds:[3237A0h] (Program.GCD(Int32, Int32), mdToken: 06000004)
EXIT:
pop esi
pop ebp
ret                  ; reuses return value (in EAX) from recursive return

; 64-bit version, parameters in ECX and EDX
sub rsp,28h          ; construct stack frame - happens only once!
START:
mov r8d,edx
test r8d,r8d         ; if b==0, return a
jne PROCEED
mov eax,ecx
jmp EXIT
PROCEED:
cmp ecx,80000000h
jne PROCEED2:
cmp r8d,0FFFFFFFFh
je OVERFLOW          ; miscellaneous overflow checks for arithmetic
xchg ax,ax           ; two-byte NOP (0x66 0x90) for alignment purposes
PROCEED2:
mov eax,ecx
cdq
idiv eax,r8d         ; EAX=a/b, EDX=a%b
mov ecx,r8d          ; reinitialize parameters
mov r8d,edx          ; . . .
jmp START            ; and jump back to the beginning (no function call)
xchg ax,ax           ; two-byte NOP (0x66 0x90) for alignment purposes
EXIT:
add rsp,28h
ret
OVERFLOW:
call clr!JIT_Overflow
nop
```

可以清晰地看出，64 位 JIT 编译器使用尾调用优化消除了递归调用，而 32 位 JIT 编译器却没有。本书不会详细讨论两种 JIT 编译器具体如何决定是否要运用尾调用优化，这里仅列出一些条目以供参考。

- 64 位 JIT 编译器对尾调用优化的要求很宽，一些情况下，即便语言编译器（如 C#编译器）不会在生成的 IL 代码中使用 **tail.** 前缀（即建议使用尾调用优化），它还是经常会优化。
- 如果在调用之后还有其他代码（返回值指令除外），那么不会被尾调用优化。（在 CLR4 中有所放松。）
    - 所调用的方法返回值类型与当前方法不同时，不会被尾调用优化。
    - 调用的方法有多个参数，或参数数目与当前方法不一致，抑或参数/返回值是大的值类型时，不会被尾调用优化。（在 CLR4 中基本被放开。）
- 32 位 JIT 编译器更倾向于不执行这项优化，仅在 IL 代码中以 tail. 前缀建议优化时，才会以优化的方式生成代码。

注意 关于尾调用优化，有一个值得关注的影响是无限递归。如果在递归的运算部分出现问题，导致了无限递归，而正好 JIT 编译器将递归调用变成了尾调用，那么导致 StackOverflow

Exception 的原因就由无限递归变成了无限循环!

关于建议 JIT 编译器启用尾调用 IL 前缀 tail.,以及 JIT 编译器判断是否执行尾调用优化的条件,可以在网络上找到很多这方面的内容。

- System.Reflection.Emit 类的 MSDN 页面上介绍了在 C#编译器不会生成,但在函数式语言(包括 F#)中大量使用的 IL 前缀 tail.:(OpCodes.Tailcall Field)。
- David Broman 的文章《Tail call JIT conditions》详细介绍了 CLR 4.0 之前的 JIT 编译器执行尾调用优化的条件。
- 《Tail Call Improvements in .NET Framework 4》一文深入讲解了 CLR4 对尾调用优化的更新。

10.1.5　启动性能

对于客户端应用程序来说,快速的启动过程会给用户及潜在的客户在体验和评估产品时留下很好的第一印象。然而,随着应用程序变得越来越复杂,想维持理想的启动速度也越来越难。有必要对冷启动和热启动加以区分。应用程序在系统启动之后的首次运行称为冷启动;而将在系统启动并使用了一段时间之后,再次运行应用程序称为热启动。持续运行着的系统服务,或者后台进程,对冷启动的速度要求高,防止让系统启动和用户登录的过程花费太久时间。像邮件客户端和网络浏览器这类典型的客户端应用程序,它们的冷启动速度可能慢一些,但在系统用过一段时间之后,用户还是希望它们能够尽量快速启动。在这两种情况下,用户都希望能有很快的启动体验。

导致启动时间长的因素有很多,其中一部分只影响冷启动,另一部分对两种启动情形都有影响。

- IO 操作——在启动应用程序时,Windows 和 CLR 需要从磁盘加载应用程序和.NET 框架的程序集,以及 CLR 和 Windows 的 dll 文件等。这主要影响冷启动。
- JIT 编译——在应用程序启动过程中,JIT 需要在方法被首次调用时对其进行编译。由于程序关闭时不会保留 JIT 编译产生的代码,因此这对冷启动和热启动都有影响。
- GUI 初始化——为了显示界面,需要进行一些 GUI 相关的初始化步骤,具体的步骤与所用的 GUI 框架(Metro、WPF 或 Windows Forms)相关。对冷启动和热启动都有影响。
- 加载应用程序数据——应用程序在显示开始的界面时,可能需要从文件、数据库或者网络上获取信息。如果应用程序没有对数据进行合适的缓存,就对冷启动和热启动都会有影响。

在第 2 章,我们介绍了几种能够诊断启动时长的度量工具。Sysinternals 进程监控程序可以查看应用程序进程中的 IO 操作,无论该操作是由 Windows、CLR 还是应用程序的代码发起的,它都支持。PerfMonitor 以及.NET CLR JIT 分类中的性能计数器都可以诊断在应用程序启动过程中不必要的 JIT 编译。一些标准分析器(在采样或指令模式中)可以用于查看应用程序的启动时间用在了哪里。

此外,还有一种简单的对比试验可以用来确定 I/O 是不是启动慢的首要原因:对冷启动和热启动情形下的时间直接加以对比。如果热启动比冷启动快得多,那么 I/O 可能就是罪魁祸首。在试验中,要使用新准备的硬件环境,并确保在冷启动过程中没有额外不必要的初始化过程对参与对比的结果造成影响。

对应用程序数据的加载过程的优化就取决于开发者自己了。这里即使给出一些建议,也会比较笼统,很难付诸实践(除了建议提供一个欢迎界面以尽量消除用户不耐烦的情绪)。不过,如果应用程序的启动性能不佳是由于 I/O 操作和 JIT 编译,那么是有一些方法可以补救的。在某些情况下,应用程序的启动时间可以缩短一半甚至更多。

10.1.6 使用 NGen 进行 JIT 预编译

尽管 JIT 编译机制用起来很方便，而且只会在方法首次被调用时才会编译，但只要 JIT 运行，确实就会造成应用程序的性能开销。.NET 框架中有一个优化工具——本机镜像生成器（NGen.exe），它可以在运行之前将程序集编译为机器码（即本机镜像）。如果应用程序所使用的程序集都已按这种方式预编译好，就不需要在启动过程中加载 JIT 编译器了。虽然所生成的本机镜像一般都比原始程序集要大，但大多数情况下冷启动过程中的磁盘 I/O 开销实际上却更少，这是因为不再需要从磁盘上读入 JIT 编译器和所引用的程序集的元信息了。

预编译还有一个好处——本机镜像可以在进程间共享，而由 JIT 编译器在运行时生成的却不能。如果同一机器上的多个进程在程序集中调用同一本机镜像，其所需的物理内存要比使用 JIT 编译器少。对于有多个用户连接到同一服务器的终端服务会话，运行同一个应用的共享系统，这一特性尤为重要。

调用.NET Framework 目录中的 NGen.exe 工具对应用程序的入口程序集进行处理（一般是.exe 文件），就可以完成对整个应用程序的预编译。NGen 会自动从入口程序集查找所有静态依赖项，并将它们都预编译为本机镜像。所生成的本机镜像存储于缓存中，不需要手工管理。该缓存与 GAC 在同一目录下，默认为 C:\Windows\Assembly\NativeImages_*文件夹。

提示 CLR 和 NGen 会自动管理本机镜像，因而不应该将所生成的本机镜像复制到其他机器上使用，复制过程会打破其自动管理机制。系统支持托管程序集进行预编译的唯一方式，就是在当前系统中运行 NGen 工具。执行这一步骤的理想时机是应用程序安装期间（NGen 其实还提供了一个"defer"命令，能将预编译工作放置到后台服务中运行）。.NET Framework 安装程序对频繁用到的.NET 程序集也用到了这种技术。

下面的例子完整地展示了如何使用 NGen 来预编译一个简单的应用，它由两个程序集构成——main.exe 和它引用的 auxiliary.dll。NGen 成功检测到依赖之后，把两个程序集都预编译为本机镜像：

```
> c:\windows\microsoft.net\framework\v4.0.30319\ngen install Ch10.exe

Microsoft (R) CLR Native Image Generator - Version 4.0.30319.17379
Copyright (c) Microsoft Corporation. All rights reserved.

Installing assembly D:\Code\Ch10.exe
1> Compiling assembly D:\Code\Ch10.exe (CLR v4.0.30319) . ..
2> Compiling assembly HelperLibrary, . .. (CLR v4.0.30319) . ..
```

在运行期间，CLR 能够直接使用这些本机镜像，而不需要通过加载 clrjit.dll 来调用（在下面的 lm 命令的输出结果中，没有 clrjit.dll 的记录）。类型方法表（参见第 3 章）也直接存储在本机镜像中，指向本机镜像边界之内的预编译版本。

```
0:007>lm
start      end        module name
01350000   01358000   Ch10                (deferred)
2f460000   2f466000   Ch10_ni             (deferred)
30b10000   30b16000   HelperLibrary_ni    (deferred)
67fa0000   68eef000   mscorlib_ni         (deferred)
6b240000   6b8bf000   clr                 (deferred)
```

239

```
6f250000   6f322000   MSVCR110_CLR0400   (deferred)
72190000   7220a000   mscoreei           (deferred)
72210000   7225a000   MSCOREE            (deferred)
74cb0000   74cbc000   CRYPTBASE          (deferred)
74cc0000   74d20000   SspiCli            (deferred)
74d20000   74d39000   sechost            (deferred)
74d40000   74d86000   KERNELBASE         (deferred)
74e50000   74f50000   USER32             (deferred)
74fb0000   7507c000   MSCTF              (deferred)
75080000   7512c000   msvcrt             (deferred)
75150000   751ed000   USP10              (deferred)
753e0000   75480000   ADVAPI32           (deferred)
75480000   75570000   RPCRT4             (deferred)
75570000   756cc000   ole32              (deferred)
75730000   75787000   SHLWAPI            (deferred)
75790000   757f0000   IMM32              (deferred)
76800000   7680a000   LPK                (deferred)
76810000   76920000   KERNEL32           (deferred)
76920000   769b0000   GDI32              (deferred)
775e0000   77760000   ntdll              (pdb symbols)


0:007>!dumpmt -md 2f4642dc
EEClass:        2f4614c8
Module:         2f461000
Name:           Ch10.Program
mdToken:        02000002
File:           D:\Code\Ch10.exe
BaseSize:       0xc
ComponentSize:  0x0
Slots in VTable:6
Number of IFaces in IFaceMap: 0
--------------------------------------
MethodDesc Table
   Entry    MethodDe    JIT   Name
68275450   68013524   PreJIT   System.Object.ToString()
682606b0   6801352c   PreJIT   System.Object.Equals(System.Object)
68260270   6801354c   PreJIT   System.Object.GetHashCode()
68260230   68013560   PreJIT   System.Object.Finalize()
2f464268   2f46151c   PreJIT   Ch10.Program..ctor()
2f462048   2f461508   PreJIT   Ch10.Program.Main(System.String[])


0:007>!dumpmt -md 30b141c0
EEClass:        30b114c4
Module:         30b11000
Name:           HelperLibrary.UtilityClass
mdToken:        02000002
File:           D:\Code\HelperLibrary.dll
BaseSize:       0xc
ComponentSize:  0x0
Slots in VTable:6
Number of IFaces in IFaceMap: 0
--------------------------------------
MethodDesc Table
   Entry    MethodDe      JIT Name
68275450   68013524   PreJIT System.Object.ToString()
682606b0   6801352c   PreJIT System.Object.Equals(System.Object)
68260270   6801354c   PreJIT System.Object.GetHashCode()
68260230   68013560   PreJIT System.Object.Finalize()
30b14158   30b11518   PreJIT HelperLibrary.UtilityClass..ctor()
30b12048   30b11504   PreJIT HelperLibrary.UtilityClass.SayHello()
```

另外，还有一个有用的"update"命令，强制 NGen 对缓存的所有本机镜像重新查找依赖项，对发生修改的程序集重新预编译。在目标机器上安装了更新之后，或者在开发期间都可能用到这个命令。

> **提示** 从理论上讲，相比于 JIT，NGen 中能够提供的优化手段可以更加丰富多彩。毕竟，NGen 不像 JIT 编译器那样受时间约束。不过，到写作本书的时候为止，NGen 还没有提供比 JIT 中更多的优化。

在 Windows 8 上使用 CLR 4.5 时，NGen 不再被动地等待所输入的预编译指令，而由 NGen 的后台维护任务，收集 CLR 生成程序集调用情况，定期分析出预编译优化效果明显的程序集，然后为其运行 NGen。你仍然可以使用 NGen 的"display"命令查看本机镜像缓存（或者通过命令行窗口检查其文件），但分析哪些程序集能从预编译受益的责任则主要落在了 CLR 肩上。

10.1.7 多核后台 JIT 编译

从 CLR 4.5 开始，可以让 JIT 编译器生成一份应用运行期间执行过的方法记录，然后在随后的启动过程中（包括冷启动）根据该记录提前在后台编译这些方法。应用的主线程还在初始化的过程中，就会以后台线程的方式执行 JIT 编译，这样那些方法在被调用之前很可能就已经完成了编译。因为方法执行记录每次运行期间都会更新，所以即使程序以不同的配置运行数百次，它也总是能保持最新。

> **提示** 这项技术在 ASP.NET 和 Silverlight 5 应用中默认是开启的。

如果要运用多核后台 JIT 编译技术，就需要调用 `System.Runtime.ProfileOptimization` 类的两个方法。第一个方法设置记录器存储记录的位置，而第二个方法用于在记录器中设置当前启动过程的场景。第二个方法的目的是区分不同的运行场景，这样优化过程就可以针对特定的场景细化。举个例子，文件压缩工具可能用来"显示压缩包中的文件"，这时候它的运行路径中包含一系列方法；它也可能用来"从目录创建压缩包"，这时候要运行的就是另一系列方法了。

```
public static void Main(string[] args){
    System.Runtime.ProfileOptimization.SetProfileRoot(
    Path.GetDirectoryName(Assembly.GetExecutingAssembly().Location));
    if (args[0] == "display")   {
        System.Runtime.ProfileOptimization.StartProfile("DisplayArchive.prof");
    } else if (args[0] == "compress") {
        System.Runtime.ProfileOptimization.StartProfile("CompressDirectory.prof");
    }
    //...More startup scenarios
    //The rest of the application's code goes here, after determining the startup scenario
}
```

1. 镜像打包工具

对原始数据进行压缩是减少 I/O 消耗的常用手段。毕竟，从网络下载 15 GB 的 Windows 安装文件实在不是一件明智的事，尤其是在它其实能被压缩到一张 DVD 上的时候。存储在磁盘上的托管应用也面临相同的情况。先压缩，然后在加载到内存之后再解压，这样能够极大地降低冷启动过程中I/O 操作的消耗。压缩是一把双刃剑，对代码和数据的解压缩过程要耗费一定的 CPU 时间，但在迫切需要降低冷启动消耗的时候，这些付出是值得的。典型的，一个信息查询的小程序就应该在系统启动之后迅速运行。

有很多商业的和开源的工具可以对软件进行压缩（也称为打包工具）。在使用打包工具的过程中，要确保它能够压缩.NET 应用（有些打包工具只能用于非托管程序）。MPress 是一款能压缩.NET 应用的工具，可以免费从 matcode 网站搜索下载。Rugland Packer（RPX）能处理.NET 可执行程序，它是一款发布在 CodePlex Archive 的开源工具。下面是用 RPX 处理小型应用的示例输出：

```
> Rpx.exe Shlook.TestServer.exe Shlook.Common.dll Shlook.Server.dll

Rugland Packer for (.Net) eXecutables 1.3.4399.43191
"""""""""""""""""""""""""""""""""""""""""""""""""""""""""" 100.0%
Unpacked size :..............27.00 KB
Packed size :................13.89 KB
Compression :................48.55%
_____
Application target is the console

Uncompressed size :..............27.00 KB
Startup overhead :................5.11 KB
Final size :.....................19.00 KB
_____
Total compression :.............29.63%
```

2. 托管配置引导式优化工具（MPGO）

托管配置引导式优化工具（Managed Profile Guided Optimization，MPGO）是一个在 Visual Studio 11、CLR 4.5 中新增的工具，可以用于优化由 NGen 生成的本机镜像在磁盘上的分布。MPGO 能生成应用执行过程中的特定期间的记录，将其嵌入在程序集中。接着，NGen 使用这个信息来优化所生成的本机镜像文件。

MPGO 有两种优化本机镜像文件分布的技术。首先，MPGO 能让频繁使用的代码和数据（热数据）在磁盘集中放置。这样，产生的分页错误就更少，调用热数据时所需的磁盘读取操作也更少，因为在单个页上存放的热数据更多。另外，MPGO 还能让潜在的、可能写入的数据在磁盘上集中放置。在一个进程间共享的内存页发生修改时，Windows 将为有修改需求的进程创建一份私有副本（写时复制）。经过 MPGO 优化，共享内存页的修改更少，副本数量就更少，内存占用也就更少。

运行 MPGO 时，要提供用于处理的程序集列表，指定一个输出目录来存放优化后的二进制文件，还有指示超时停止的时间。MPGO 处理并运行应用，分析结果后为所指定的程序集创建经过优化的本机镜像。

```
> mpgo.exe -scenario Ch10.exe -assemblylist Ch10.exe HelperLibrary.dll -OutDir . –NoClean

Successfully instrumented assembly D:\Code\Ch10.exe
Successfully instrumented assembly D:\Code\HelperLibrary.dll

<output from the application removed>

Successfully removed instrumented assembly D:\Code\Ch10.exe
Successfully removed instrumented assembly D:\Code\HelperLibrary.dll
Reading IBC data file: D:\Code\Ch10.ibc
The module D:\Code\Ch10-1.exe, did not contain an IBC resource
Writing profile data in module D:\Code\Ch10-1.exe
```

```
Data from one or more input files has been upgraded to a newer version.
Successfully merged profile data into new file D:\Code\Ch10-1.exe
Reading IBC data file: D:\Code\HelperLibrary.ibc
The module D:\Code\HelperLibrary-1.dll, did not contain an IBC resource
Writing profile data in module D:\Code\HelperLibrary-1.dll
Data from one or more input files has been upgraded to a newer version.
Successfully merged profile data into new file D:\Code\HelperLibrary-1.dll
```

> **注意**　优化完成后，需要在优化后的程序集上再次运行 NGen 来创建最终的本机镜像以利用 MPGO 的优势。前文已讲解了如何在程序集上运行 NGen 的内容。

截止到目前，Visual Studio 2012 还没有将 MPGO 集成到界面的计划。命令行工具还是利用这项性能收益的唯一方式。由于要依赖 NGen，因而，这仍是一项要在应用安装之后才能使用的优化手段。

10.2　关于启动性能的其他技巧

还有一些尚未提到的技巧，也可能对应用的启动时间有少许的提升。

10.2.1　将强命名程序集置于 GAC 中

如果程序集有强命名，就要把它们安装到全局程序集缓存（GAC）。否则，程序集的加载过程几乎需要访问每个内存页来验证数据签名。对 GAC 之外的程序集进行强命名验证的过程，已经把从 NGen 那里获得的性能收益抵消殆尽了。

10.2.2　防止本机镜像发生地址重排

在使用 NGen 时，要确保本机镜像不存在基准地址冲突，否则就需要重排了。重排是一个"昂贵"的操作，它需要在运行时修改代码地址，为本来需共享的代码页创建副本。可以使用 dumpbin.exe 工具，并指定/headers 标记来查看本机镜像的基准地址：

```
> dumpbin.exe /headers Ch10.ni.exe

Microsoft (R) COFF/PE Dumper Version 11.00.50214.1
Copyright (C) Microsoft Corporation. All rights reserved.

Dump of file Ch10.ni.exe

PE signature found

File Type: DLL

FILE HEADER VALUES
        14C machine (x86)
          4 number of sections
   4F842B2C time date stamp Tue Apr 10 15:44:28 2012
          0 file pointer to symbol table
          0 number of symbols
         E0 size of optional header
       2102 characteristics
              Executable
```

```
                        32 bit word machine
                        DLL

OPTIONAL HEADER VALUES
           10B  magic # (PE32)
         11.00  linker version
             0  size of code
             0  size of initialized data
             0  size of uninitialized data
             0  entry point
             0  base of code
             0  base of data
      30000000  image base (30000000 to 30005FFF)
          1000  section alignment
           200  file alignment
          5.00  operating system version
          0.00  image version
          5.00  subsystem version
             0  Win32 version
          6000  size of image
< more output omitted for brevity>
```

　　要改变本机镜像的基准地址，可以在 Visual Studio 的项目属性中设置基准地址。基准地址位于"编译"标签页的"高级"对话框中（见图 10-1）。

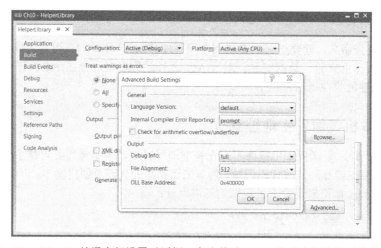

图 10-1　Visual Studio 编译高级设置对话框，允许修改 NGen 生成本机镜像时的基准地址

　　自.NET 3.5 SP1 起，NGen 为运行于 Windows Vista 及以上平台上的应用引入了一种地址空间布局随机化（Address Space Layout Randomization，ASLR）技术。使用 ASLR 时，将出于安全考虑而对镜像的基准加载地址随机化处理。有了这种配置，用于防止基准地址冲突的程序集重排机制在 Windows Vista 及以上平台中就没那么重要了。

10.2.3　减少程序集数目

　　要尽量减少应用需要加载的程序集数目。每加载一个程序集，都要花费一定量的开销，无论其体积大小；而嵌套的程序集引用与方法调用，还可能在运行时产生更多消耗。需要加载上百个程序集的大型应用并不常见，通过合并程序集可以为它们节省几秒的启动时间。

10.3 处理器相关的优化

理论上，.NET 开发人员不会需要关心精细到特定处理器或指令集相关的优化。毕竟，IL 和 JIT 编译器的出发点就是以托管的形式将应用运行在所有安装有.NET 框架的硬件上，而不需要处理操作系统字节码、处理器功能和指令集等方面的差异。不过，要给托管应用挤出最后一点的性能提升，就需要在编配语言级别动脑筋了，本书通篇都能印证这一点。在很多时候，获得性能提升的首要因素就是要理解处理器相关功能的原理。

接下来，我们简要地回顾几种处理器功能相关的细致的优化技术，这些技术可能在一台机器很奏效，却在另一台机器根本没用。我们主要会关注英特尔(Intel)处理器，尤其是 Nehalem、Sandy Bridge 和 Ivy Bridge 系列，但大部分的经验也适用于 AMD 处理器。这些方法多少有点"铤而走险"，有时还不能稳定有效，因而不应作为"制胜法宝"加以运用，只能是为了让应用获得更好的性能而进行额外努力。

10.3.1 单指令多数据流（SIMD）

数据级别的并行，又称为单指令多数据流（Single Instruction Multiple Data，SIMD），是现代处理器的一种功能，它让单指令执行在一个大的数据集中（比机器字更大）。SIMD 指令的事实标准是 SSE（流式的 SIMD 扩展），英特尔处理器从 Pentium III 开始使用。这种指令集额外添加了 128 位注册位（带 XMM 前缀），同时容纳用于操作它们的指令。最近英特尔处理器引入了高级向量扩展（Advanced Vector Extensions，AVX）机制，这是 SSE 基础上的一种扩展，它提供 256 位注册位，同时支持更多的 SIMD 指令。典型的 SSE 指令有：

- 整数与浮点数算术运算；
- 对比、转移及数据类型转换（整数到浮点数）；
- 位运算；
- 最小、最大和条件复制，CRC32 和填充计数（SSE4 后增加的新功能）。

你可能会好奇，操作这些新注册的指令会不会比标准指令要慢？如果确实如此，那么性能提升就无从谈起了。所幸，事实并非如此。在英特尔 i7 系列处理器上，32 位注册的浮点加法指令的吞吐量是每周期一个指令，延迟为 3 个周期。对等的 128 位注册上的 ADDPS 指令的吞吐量也是每周期一个指令，延迟同样为 3 个周期。

延迟与吞吐量

在衡量性能时，延迟与吞吐量一般是常规指标。但在讨论处理器指令速度时，它们却是重要的指标。

- 指令的延迟指的是执行指令的一个实例从开始到结束所花的时间（通常用时钟周期度量）。
- 指令的吞吐量指的是在单位时间内能够执行的相同类型的指令数（通常用时钟周期度量）。

如果 FADD 的延迟是 3 个周期，那么单个 FADD 操作需要 3 个周期才能完成。如果 FADD 的吞吐量是每周期一个指令，那么通过同时发起多个 FADD 实例，处理器便能够让执行率满足每周期一个指令，这类似于需要 3 个这样的指令同时执行。由于处理器可以并发地发起并执行多个指令，因而指令的吞吐量比延迟通常要好很多（我们稍后还会继续讨论这个话题）。

在高性能的循环中，与原来一次操作一个浮点数或者整数的简单地顺序执行的程序相比，使用这些指令可以获得多达 8 倍的性能提升。举例来说，考虑这样一段普通的代码：

```
//Assume that A, B, C are equal-size float arrays
for (int i = 0; i < A.length; ++i){
    C[i] = A[i] + B[i];
}
```

在这种情形中，JIT 生成的标准代码为：

```
; EST has A, EDI has B, ECX has C, EDX is the iteration variable
xor edx,edx
cmp dword ptr [esi+4],0
jle END_LOOP
NEXT_ITERATION:
fl d dword ptr [esi +edx*4 +8] ; load A[i], no range check
cmp edx,dword ptr [edi+4]      ; range check before accessing B[i]
jae OUT_OF_RANGE
fadd dword ptr [edi+edx*4 +8]  ; add B[i]
cmp edx,dword ptr [ecx+4]      ; range check before accessing C[i]
jae OUT_OF_RANGE
fstp dword ptr [ecx+edx*4 +8]  ; store into C[i]
inc edx
cmp dword ptr [esi+4],edx      ; Are we done yet?
jg NEXT_ITERATION
END_LOOP:
```

循环的每次迭代执行一次 FADD 指令，对两个 32 位浮点数相加。但通过运用 128 位 SSE 指令，一次可以发起 4 次循环迭代，示例代码如下（下面的代码未检查范围，并假设迭代次数可被 4 整除）：

```
xor edx, edx
NEXT_ITERATION:
movups xmm1, xmmword ptr [edi+edx*4 +8]    ; copy 16 bytes from B to xmm1
movups xmm0, xmmword ptr [esi +edx*4 +8]   ; copy 16 bytes from A to xmm0
addps xmm1, xmm0                           ; add xmm0 to xmm1 and store the result in xmm1
movups xmmword ptr [ecx+edx*4 +8], xmm1    ; copy 16 bytes from xmm1 to C
add edx, 4                                 ; increase loop index by 4
cmp edx, dword ptr [esi+4]
jg NEXT_ITERATION
```

在 AVX 处理器上，甚至可以在迭代中移动更多数据（使用 256 位 YMM*注册），因而可以获得更多的性能提升：

```
xor edx, edx
NEXT_ITERATION:
vmovups ymm1, ymmword ptr [edi+edx*4 +8]   ; copy 32 bytes from B to ymm1
vmovups ymm0, ymmword ptr [esi+edx*4 +8]   ; copy 32 bytes from A to ymm0
vaddps ymm1, ymm1, ymm0                    ; add ymm0 to ymm1 and store the result in ymm1
vmovups ymmword ptr [ecx+edx*4 +8], ymm1   ; copy 32 bytes from ymm1 to C
add edx, 8                                 ; increase loop index by 8
cmp edx, dword ptr [esi+4]
jg NEXT_ITERATION
```

> **注意**　上述例子中的 SIMD 的指令只是抛砖引玉而已。在现代化应用和游戏中，SIMD 指令可以用来执行很多复杂的操作，包括 scalar 产品，在注册和内存中调配数据，校验运算等。英特尔的 AVX 网页详细介绍了 AVX 的功能。

JIT 编译器只使用了 SSE 指令中的一小部分，尽管实际上近十年来所有的处理器都已经提供了对它们的支持。另外，JIT 编译器使用 SSE MOVQ 指令通过 XMM*注册来复制中等大小的结构（对大的结构会用 REP MOVS），而处理浮点数到整数的转换，以及其他特殊情形时，会使用 SSE2 指令。JIT 编译器不会像前述代码那样通过对迭代统一化来自动对循环进行向量化，而现代 C++编译器（包括 Visual Studio 2012）却会。

遗憾的是，C#并未提供任何关键字来在托管程序中嵌入汇编代码。虽然可以将性能敏感的部分用 C++模块来实现，然后用.NET 互操作性来调用，但这通常很"鸡肋"。要想不借助额外模块嵌入 SIMD 代码，还有两种方法。

在托管应用中随意运行机器码有一个"暴力"的方法（还是需要一点互操作），就是动态生成机器码并调用。Marshal.GetDelegateForFunctionPointer 方法很关键，它返回托管的委托指针指向一个非托管内存位置，该位置可以包含任意代码。下面的代码使用 EXECUTE_READWRITE 页保护功能分配虚拟内存，然后将代码复制字节到内存中，并执行。优化结果的是，在 i7-860 处理器上，执行时间获得两倍的提升！

```
[UnmanagedFunctionPointer(CallingConvention.StdCall)]
delegate void VectorAddDelegate(float[] C, float[] B, float[] A, int length);

[DllImport("kernel32.dll", SetLastError = true)]
static extern IntPtr VirtualAlloc(
  IntPtr lpAddress, UIntPtr dwSize, IntPtr flAllocationType, IntPtr flProtect);

//This array of bytes has been produced from the SSE assembly version – it is a complete
//function that accepts four parameters (three vectors and length) and adds the vectors
byte[] sseAssemblyBytes = { 0x8b, 0x5c, 0x24, 0x10, 0x8b, 0x74, 0x24, 0x0c, 0x8b, 0x7c, 0x24,
                            0x08, 0x8b, 0x4c, 0x24, 0x04, 0x31, 0xd2, 0x0f, 0x10, 0x0c, 0x97,
                            0x0f, 0x10, 0x04, 0x96, 0x0f, 0x58, 0xc8, 0x0f, 0x11, 0x0c, 0x91,
                            0x83, 0xc2, 0x04, 0x39, 0xda, 0x7f, 0xea, 0xc2, 0x10, 0x00 };
IntPtr codeBuffer = VirtualAlloc(
    IntPtr.Zero,
    new UIntPtr((uint)sseAssemblyBytes.Length),
    0x1000 | 0x2000,      // MEM_COMMIT | MEM_RESERVE
    0x40                  // EXECUTE_READWRITE
);
Marshal.Copy(sseAssemblyBytes, 0, codeBuffer, sseAssemblyBytes.Length);
VectorAddDelegate addVectors = (VectorAddDelegate)
  Marshal.GetDelegateForFunctionPointer(codeBuffer, typeof(VectorAddDelegate));
//We can now use 'addVectors' to add vectors!
```

还有一种完全不同的思路，即扩展 JIT 编译器以生成 SIMD 指令，不过这个方法很遗憾地不能用在微软 CLR 中。Mono.Simd 用到了这种方法。使用 Mono 的.NET 运行时的托管代码，开发人员可以通过引用 Mono.Simd 来让 JIT 编译器支持将 Vector16b 或 Vector4f 等类型的相关操作转换为合适的 SSE 指令。有关 Mono.Simd 的更多信息，参见其官方文档。

10.3.2 指令级别并行

数据级别并行依赖特定的指令来一次操作更多的数据，与此不同，指令级别并行（instruction-level parallelism，ILP）是一种在同一处理器上模拟执行多个指令的机制。在现代处理器的长长的处理管线中有不同的执行单元，例如，一个单元用于访问内存，一个单元用于处理算术运算，一个单元用于解码 CPU 指令。管线机制确保在多个指令的执行过程中不会对管线的同一个区域产生竞态，同时在它们之间也不会有数据依赖。在指令需要在它之前执行的指令所产生的结果时，就会产生数据依赖（例如，当指令需要从前面的指令写入的内存位置读取数据时）。

注意 指令并行与第 6 章讨论的并行编程没有关系。使用并行编程 API 时，应用程序会在多个处理器中运行多个线程。而指令并行则可以在单个处理器的单一线程中，一次执行多个指令。与并行编程不同，ILP 更难以控制，并且对程序优化有很强的依赖。

除了管道，处理器还有一种"超标量执行"机制，可以在单个处理器中使用多个冗余单元来同时处理一种类型的多个操作。除此之外，为了在并行执行指令期间将对数据依赖的影响降到最低，处理器会按原始顺序执行指令以确保不会打破数据依赖关系。有了探测性执行（主要通过猜测要被使用的分支，还有一些其他技术）之后，很可能在按原始程序指示的顺序，原本下一个指令会由于数据依赖而无法被执行的情况下，还是会执行额外的指令。

优化编译器最出色的工作就是要组织指令的顺序，以最大化指令并行。JIT 编译器在这方面做得并不是很好，因为引入不必要的数据依赖（特别是向循环中）导致了乱序执行，限制了指令并行。

考虑这样的 3 个循环：

```
for (int k=1; k< 100; ++k) {
    first[k]=a * second[k] + third[k];
}

for (int k=1; k< 100; ++k) {
    first[k]=a * second[k] + first[k - 1];
}

for (int k=1; k< 100; ++k) {
    first[k]=a * first[k - 1] +third[k];
}
```

我们在测试机器上，用有 100 个整数的数组执行了这些循环，每次运行 100 万次迭代。第一个循环花费了约 190 ms，第二个循环花费了约 210 ms，第三个循环则花费了约 270 ms。这是指令并行带来的直观的性能差异。在第一个循环中，没有任何数据依赖——大量的迭代在处理器中能以任意顺序发起，并在处理器管线中同时运行。第二个循环的迭代中引入了一个数据依赖——为 first[k] 赋值的代码依赖 first[k-1]。不过，至少求积运算（比加法优先）可以在无须数据依赖的情况下发起。第三个循环的情况就更糟了：即使求积的运算，也需要等待前面的迭代的结果才能发起。

还有一个例子是查找整数数组中的最大值。在常规实现情况下，每次迭代都依赖当前已经从之前的迭代中产生的最大值。有趣的是，这里我们可以用到在第 6 章介绍的方法——聚合，然后对每个结果求和。特殊的是，查找整个数组的最大值的过程，等同于分别查找奇数位和偶数位元素的最大值，然后比较两个最大值即可获得最终的结果。两种方式的代码如下：

```
//Native algorithm that carries a dependency from each loop iteration to the next
int max = arr[0];
for (int k = 1; k < 100; ++k){
    max = Math.Max(max, arr[k]);}

//ILP-optimized algorithm, which breaks down some of the dependencies such that within the
//loop iteration, the two lines can proceed concurrently inside the processor
int max0 = arr[0];
int max1 = arr[1];
for (int k = 3; k < 100; k += 2){
```

```
        max0 = Math.Max(max0, arr[k - 1]);
        max1 = Math.Max(max1, arr[k]);
    }
    int max = Math.Max(max0, max1);
```

遗憾的是，这一优化技术的效果会由于 CLR 的 JIT 编译器为第二个循环所生成的机器码不够完善而有所折扣。在第一个循环里，max 和 k 适合存储于注册表中。在第二个循环中，JIT 编译器无法让所有值都存储于注册表；如果 max1 或者 max0 在内存中，循环的性能就有所损失。不过，对应的 C++实现却能够按照预期展现出性能提升——第一批操作减少了一半以上执行时间，而第二批（使用 4 个局部最大值）又提升了 25%。

指令并行可以与数据并行相结合。这里考虑的两个例子（乘积求和和求最大值）也都可以从 SIMD 指令中获得额外的提速。在求最大值的例子里，PMAXSD SSE4 指令操作两套存有 4 个已存储的 32 位整数的集合并查找各自的最大值。下面的代码（使用中的 Visual C++ intrinsics）比之前最快的版本还要快 3 倍，而比一开始的常规版本快 7 倍。

```
    __m128i max0 = *(__m128i*)arr;
    for (int k = 4; k < 100; k += 4){
        max0 = _mm_max_epi32(max0, *(__m128i*)(arr + k)); // 生成 PMAXSD
    }
    int part0 = _mm_extract_epi32(max0, 0);
    int part1 = _mm_extract_epi32(max0, 1);
    int part2 = _mm_extract_epi32(max0, 2);
    int part3 = _mm_extract_epi32(max0, 3);
    int fi nalmax = max(part0, max(part1, max(part2, part3)));
```

在尝试减少数据依赖，用指令并行改善性能的时候，数据并行（有时，也称为向量化）总能在不经意间产生更大的性能优势。

托管代码与非托管代码

.NET 的“竞争者”有个常见的说法，CLR 的托管特性导致了性能消耗，想用 C#、.NET 框架和 CLR 来开发高性能算法是行不通的。纵观本书和本章，我们能看到，如果想为托管应用挤出每一丁点性能的话，确实有不少需要注意的性能问题。更不幸的是，非托管代码（用 C++、C，甚至是手写的汇编）比对应的托管程序性能好的例子数不胜数。

我们不是要对网络上举出的用 C++描述的算法比 C#版本更高效的例子逐一分析归类，但仍有一些经验值得关注。

严格的 CPU 密集型数值算法用 C++编写可能更快，往往比优化了的 C#版本更快。原因很多，从 C++编译器中常见的优化技术，如数组边界检查（JIT 只在特定情况下能对数组进行优化，而且也仅限于一维数组）和 SIMD 指令优化，到很多 C++编译器更擅长的优化技术，如精准内联和智能注册分配等。

某些内存管理的模式会对 GC 的性能形成不利影响（参见第 4 章）。相比而言，C++代码能通过内存池机制有效管理内存，或者重复利用已获得的非托管内存，而.NET 代码却对此无能为力。

C++代码能更轻松、直接地访问 Win32 API，而不需要互操作性的支持，如参数封送和线程状态过渡（参见第 8 章）。如果用.NET 编写需要向操作系统公开交互性接口的高性能应用程序，就会受到这个互操作层的影响。

David Piepgrass 在 CodeProject 上发表了一篇非常不错的文章 "Head-to-head benchmark:C++ vs. Net"，能为人们打消不少对托管代码性能的顾虑。例如，Piepgrass 发现.NET 集合类在一些情况下比对应的 C++ STL 要快很多。类似的情况，还有分别用 **StreamReader** 和 **ifstream** 逐行读入文件数据的例子。另一方面，它的测试数据也指出了 64 位 JIT 编译器依然存在的一些缺陷，以及 CLR 缺少对 SIMD 的内建运用（前文已讨论），这些也为 C++的优势提供了佐证。

10.4　异常

只要运用适量和得当，异常并不是一种"昂贵"的机制。这里有几条简单的经验，可供"驾驭"由大量的异常带来的风险和性能损失：

- 在异常情况下应该使用异常；但如果预期异常会频繁地发生，就应该考虑使用防御性编程，而不是抛出异常。由此可见，即便是关于使用异常的规则，也会有异常（真是一语双关），但在有高性能要求的场景中，如果一个分支条件出现的概率达到 10%，它的处理就不应该是抛出异常了。
- 在调用可能抛出异常的方法之前检查例外情况。典型的例子就是 **Stream.CanRead** 属性，以及值类型上的 **TryParse** 系列静态方法（如 **int.TryParse**）。
- 不要将异常作为一种控制流的机制：不要因为要退出循环、要中止读入文件，或者要从方法里返回信息等需求，就抛出异常。

与抛出异常和处理异常有关的比较大的性能开销可以归为几类：

- 构建异常的过程需要遍历调用栈（来获得栈信息），栈越深，开销就越大。
- 异常抛出和处理过程中需要涉及非托管代码（Windows 结构化异常处理（SEH）基础设施）栈上的 SEH 处理程序链都要运行。
- 异常在热点区域引发了控制流和数据流的转向，导致内存页错误或缓存失效而需要由代码重新加载数据。

要识别异常是否引起了性能问题，可以使用.NET CLR 异常的性能计数器（有关性能计数器的更多内容，参见第 2 章）。特别提一下，如果每秒有成百上千的异常产生，通过# of Exceps Thrown / sec 计数器就能看出潜在的性能问题。

10.5　反射

反射一直饱受诟病，原因是它经常给复杂应用程序造成性能陷阱。其中一部分指责是比较客观的：有些反射操作确实十分"昂贵"。例如，用 **Type.InvokeMember** 通过名称来调用方法，或者用 **Activator.CreateInstance** 创建需要用到延迟绑定参数的实例。用反射来调用方法或者为字段赋值的主要开销来自本该预先完成的工作。强类型代码可以由 JIT 编译为机器码指令，而反射的代码实际上是在运行时通过调用一系列高成本的方法来解释执行的。

举例来说，用 **Type.InvokeMember** 调用方法的过程需要用元信息来定位要调用的方法并解析重载，确保传入的参数与方法签名匹配，必要时还得处理类型约束，验证安全风险，最后才能执行方法。反射操作的参数与返回值严重依赖 **Object** 类型，因此，装箱和拆箱也会带来额外的开销。

注意　与.NET 反射 API 性能相关的更多"内部"技巧，可以研究一下 Joel Pobar 的 MSDN 杂志文章 "Dodge Common Performance Pitfalls to Craft Speedy Applications"。

在性能要求严格的场景中，代码生成机制是"解救"反射的"良药"。与在未知的类型上反射，然后动态调用方法和属性不同，代码生成机制能够随意（为任何类型）生成符合强类型风格的调用。

10.6 代码生成

代码生成技术经常被用在序列化框架、对象关系映射工具（ORM）、动态代理，或其他需要与动态未知类型打交道的性能敏感的代码中。.NET 框架中提供了多种动态生成代码的方法，还有很多第三方代码生成的框架，如 LLBLGen 和 T4 模板等。

- 轻量级代码生成（LCG），即 DynamicMethod。此 API 能用于直接生成一个方法，不需要额外创建一个类型和程序集来承载。对于小段代码，这是一种最高效的代码生成机制。LCG 方法生成代码时，需要用到 ILGenerator 类来直接操作 IL 指令。
- System.Reflection.Emit 命名空间提供了能生成 IL 层次程序集、类型和方法的 API。
- 表达式树（在 System.Linq.Expressions 命名空间中）可以从已序列化的形态创建轻量级的表达式。
- CSharpCodeProvider 类可以直接将 C#源代码（字符串或者从文件读入）编译为程序集。

10.6.1 直接用源代码生成代码

假设你要实现一个序列化框架，以 XML 形式呈现任意给定的对象。利用反射来枚举非空、公有字段并递归输出，这样实现起来很简单，但相当低效：

```
// Rudimentary XML serializer - does not support collections, cyclic references, etc.
public static string XmlSerialize(object obj){
    StringBuilder builder = new StringBuilder();
    Type type = obj.GetType();
    builder.AppendFormat("<{0} Type='{1}'>", type.Name, type.AssemblyQualifiedName);
    if (type.IsPrimitive || type == typeof(string))    {
        builder.Append(obj.ToString());
    } else {
      foreach (FieldInfo field in type.GetFields()){
        object value = field.GetValue(obj);
        if (value != null) {
            builder.AppendFormat("<{0}>{1}</{0}>", field.Name, XmlSerialize(value));
        }
      }
    }
    builder.AppendFormat("</{0}>", type.Name);
    return builder.ToString();
}
```

作为对比，可以针对每个类型生成一次序列化程序的强类型的代码，然后调用所生成的代码。基于 CSharpCodeProvider 的主要实现如下：

```
    public static string XmlSerialize<T>(T obj){
        Func<T, string> serializer = XmlSerializationCache<T>.Serializer;
        if (serializer == null) {
            serializer = XmlSerializationCache<T>.GenerateSerializer();
        }
        return serializer(obj);
    }

    private static class XmlSerializationCache<T>{
        public static Func<T, string> Serializer;
        public static Func<T, string> GenerateSerializer(){
            StringBuilder code = new StringBuilder();
            code.AppendLine("using System;");
            code.AppendLine("using System.Text;");
            code.AppendLine("public static class SerializationHelper {");
            code.AppendFormat("public static string XmlSerialize({0} obj){{", typeof(T).FullName);
            code.AppendLine("StringBuilder result =new StringBuilder();");
            code.AppendFormat("result.Append(\"< {0} Type='{1}' >\");",
                            typeof(T).Name, typeof(T).AssemblyQualifiedName);

            if (typeof(T).IsPrimitive || typeof(T) == typeof(string)) {
                code.AppendLine("result.AppendLine(obj.ToString());");
            } else {
              foreach (FieldInfo field in typeof(T).GetFields()){
                code.AppendFormat("result.Append(\"<{0}>\");", field.Name);
                code.AppendFormat("result.Append(XmlSerialize(obj.{0}));", field.Name);
                code.AppendFormat("result.Append(\"</{0}>\");", field.Name);
              }
            }
            code.AppendFormat("result.Append(\"</{0}>\");", typeof(T).Name);
            code.AppendLine("return result.ToString();");
            code.AppendLine("}");
            code.AppendLine(")");

            CSharpCodeProvider compiler = new CSharpCodeProvider();
            CompilerParameters parameters = new CompilerParameters();
            parameters.ReferencedAssemblies.Add(typeof(T).Assembly.Location);
            parameters.CompilerOptions = "/optimize +";
            CompilerResults results = compiler.CompileAssemblyFromSource(parameters,
code.ToString());
            Type serializationHelper = results.CompiledAssembly.GetType
("SerializationHelper");
            MethodInfo method = serializationHelper.GetMethod("XmlSerialize");
            Serializer = (Func<T, string>)Delegate.CreateDelegate(typeof(Func<T, string>),
method);
            return Serializer;
        }
    }
```

基于反射实现的代码被移到了中间，现在它只在生成强类型代码的过程中用到一次——其结果会被缓存在一个静态字段中。之后序列化同一类型时，将直接复用。值得注意的是，上述序列化代码并没有经过充足的测试，这里它还只是用于展示代码生成的概念的例子。简单对比一下就可以发现，基于代码生成的方式可以比原来基于反射的方式快两倍。

10.6.2　用动态轻量级代码生成技术（LCG）生成代码

还有一个与分析网络协议相关的需求场景。假如你有一大段二进制流数据，如网络数据包，现在需要分析数据包的头部，从而读取数据包的正文。数据包的头部的结构如下（当然，这只是个假设的定义，真正的 TCP 包头不会如此整齐）：

```
public struct TcpHeader{
    public uint SourceIP;
    public uint DestIP;
    public ushort SourcePort;
    public ushort DestPort;
    public uint Flags;
    public uint Checksum;
}
```

在 C/C++ 中，从字节流中解析这类数据结构是很轻松的事。如果用指针来操作，那么连内存复制都不需要。实际上，从字节流中解析任何结构都很容易：

```
template<typename T>
const T* get_pointer(const unsigned char* data, int offset) {
    return (T*)(data+offset);
}

template<typename T>
const T get_value(const unsigned char* data, int offset) {
    return *get_pointer(data, offset);
}
```

但在 C# 中，情况会变得更复杂。从流中读取结构随机的数据的方法有很多。例如，用反射遍历类型上的所有字段，然后从流中单独读入对应的字节：

```
// Supports only some primitive fields, does not recurse
public static void ReadReflectionBitConverter<T>(byte[] data, int offset, out T value)
{
    object box = default(T);
    int current = offset;
    foreach (FieldInfo field in typeof(T).GetFields()){
        if (field.FieldType == typeof(int)) {
            field.SetValue(box, BitConverter.ToInt32(data, current));
            current += 4;
        } else if (field.FieldType == typeof(uint)) {
            field.SetValue(box, BitConverter.ToUInt32(data, current));
            current += 4;
        } else if (field.FieldType == typeof(short)) {
            field.SetValue(box, BitConverter.ToInt16(data, current));
            current += 2;
        } else if (field.FieldType == typeof(ushort)) {
            field.SetValue(box, BitConverter.ToUInt16(data, current));
            current += 2;
        }
        // ... many more types omitted for brevity
        value = (T)box;
```

```
    }
```

我们在测试机器上用一个 20 字节的 `TcpHeader` 结构执行上述代码 100 万次，测试结果表明，这个方法平均消耗时间为 170 ms。虽然运行效率看起来还不错，但大量装箱操作带来的内存消耗却值得注意。此外，如果网络的实际带宽为 1 Gbit/s，每秒能传输的数据包应该有上千万。也就是说，大部分的 CPU 时间其实花在了对入站数据的分析和读取上。

有一种高效得多的方式，我们可以使用 Marshal.PtrToStructure 方法，它正是用于将非托管数据块（chunk）转换为托管结构而设计的。我们要做的是固定原始数据，然后分配一个指向它的内存的指针：

```
public static void ReadMarshalPtrToStructure<T>(byte[] data, int offset, out T value){
    GCHandle gch = GCHandle.Alloc(data, GCHandleType.Pinned);
    try {
      IntPtr ptr = gch.AddrOfPinnedObject();
      ptr += offset;
      value = (T)Marshal.PtrToStructure(ptr, typeof(T));
    } finally {
      gch.Free();
    }
}
```

这个版本的表现相当不错，处理 100 万个数据包，平均只需 39 ms。性能的提升十分明显，但 Marshal.PtrToStructure 还是会在堆上产生内存分配，因为它返回了一个对象的引用，而对于每秒上千万的数据包来说，这还是不够快。

在第 8 章，我们讨论过 C#的指针和非安全代码，而现在正是运用它们的好时机。毕竟 C++版本正是由于使用了指针而灵活无比。果然，下面的代码表现强劲，处理 100 万个数据包只需要 0.45 ms，优化效果令人难以置信！

```
public static unsafe void ReadPointer(byte[] data, int offset, out TcpHeader header){
  fixed (byte* pData = &data[offset]) {
      header = *(TcpHeader*)pData;
    }
}
```

这个方法为什么能这么快？因为负责复制数据的部件不再需要调用 Marshal.PtrToStructure 之类的 API 了——这个部件现在就是 JIT 本身。这个方法所生成的汇编代码可以被内联（64 位 JIT 编译器会这样优化），然后只用 3~4 个指令就能完成数据复制的过程（例如，32 位系统中的 MOVQ 指令一次就能复制 64 位数据）。唯一的问题是，与对应的 C++版本不同，我们这个 ReadPointer 方法还不支持泛型。我们本能的反应是实现一个泛型的版本：

```
public static unsafe void ReadPointerGeneric<T>(byte[] data, int offset, out T value){
  fixed (byte* pData = &data[offset]) {
    value = *(T*)pData;
  }
}
```

可这却不能通过编译！在这里，T*与 C#或其他托管代码中的实现不一样，因为这里没有泛型约束来确保指针指向了合适的 T（在第 8 章讨论过，只有 blittable 类型才可以固定和指向）。由于不能用泛型约束，似乎只好为每种类型编写一个 ReadPointer 方法了，于是代码生成技术又可以大展身手了。

强类型引用与 C#未公开关键字　非常时期得用非常手段。这里的非常手段就是"挖出"两个不曾公开的关键字__makeref 和__refvalue（它们对应的 IL 操作码也没有公开）。这些关键字常与 TypedReference 结构一起，用于与 C 语言风格的可变长度方法参数列表进行低级别的互操作的场景中（同时还需要另一个未公开的关键字__arglist）。

TypedReference 是一个很小的结构体，有两个 IntPtr 字段——Type 和 Value。Value 字段是指向值的指针，值可以是值类型也可以是引用类型；而 Type 字段是方法表的指针。创建一个指向值类型位置的 TypedReference 对象，就可以用强类型的方式重新读取内存了，我们正需要这样的能力，接着与 ReadPointer 一样，也利用 JIT 编译器来复制内存。

```
//WE are taking the parameter by ref and not by out because we need to take its address,
//and _makeref requires an initialized valye.
public static unsafe void ReadPointerTypedRef<T>(byte[] data, int offset, ref T value){
    //We aren't actually modifying 'value' – just need an lvalue to start with
    TypedReference tr = __makeref(value);
    fixed (byte* ptr = &data[offset]) {
        //The first pointer-sized field of TypedReference is the object address, so we
        //overwrite it with a pointer into the right location in the data array:
        * (IntPtr*)&tr = (IntPtr)ptr;
        //_refvalue copies the pointee from the TypedReference to 'value'
        value = __refvalue(tr, T);
    }
}
```

不过，这种蹩脚的编译器技巧还是会产生一些损耗。尤其是，__makeref 操作符是由 JIT 编译器通过调用 clr!JIT_GetRefAny 来编译的，与能够完全内联的 ReadPointer 版本相比，还是有些额外的开销。其结果大概是慢两倍——这个方法处理 100 万次需要 0.83 ms。不过，这其实是本节介绍的各种泛型方式里性能最好的了。

为了不需要为每种类型都写一个专属的 ReadPointer 方法，我们用轻量级代码生成技术（DynamicMethod 类）来生成代码。首先，我们来看一下 ReadPointer 方法生成的 IL 代码：

```
.method public hidebysig static void ReadPointer(
uint8[] data, int32 offset, [out] valuetype TcpHeader& header) cil managed
{
  .maxstack 2
  .locals init ([0] uint8& pinned pData)
  ldarg.0
  ldarg.1
  ldelema uint8
  stloc.0
  ldarg.2
  ldloc.0
  conv.i
  ldobj TcpHeader
  stobj TcpHeader
  ldc.i4.0
  conv.u
  stloc.0
  ret
```

```
    }
```

接下来,我们要做的就是生成 IL,用泛型的类型参数替换其中的 **TcpHeader**。实际上,得益于.NET Reflector 的优秀插件 ReflectionEmitLanguage,它能够将方法逆向转换成能够生成这些方法的 Reflection.Emit 的 API 调用,因此,我们甚至都不需要手动编写这些代码——尽管确实需要做一些很小的改动:

```
static class DelegateHolder<T>
{
    public static ReadDelegate<T> Value;
    public static ReadDelegate<T> CreateDelegate() {
        DynamicMethod dm = new DynamicMethod("Read", null,
            new Type[] { typeof(byte[]), typeof(int), typeof(T).MakeByRefType() },
            Assembly.GetExecutingAssembly().ManifestModule);
        dm.DefineParameter(1, ParameterAttributes.None, "data");
        dm.DefineParameter(2, ParameterAttributes.None, "offset");
        dm.DefineParameter(3, ParameterAttributes.Out, "value");
        ILGenerator generator = dm.GetILGenerator();
        generator.DeclareLocal(typeof(byte).MakePointerType(), pinned: true);
        generator.Emit(OpCodes.Ldarg_0);
        generator.Emit(OpCodes.Ldarg_1);
        generator.Emit(OpCodes.Ldelema, typeof(byte));
        generator.Emit(OpCodes.Stloc_0);
        generator.Emit(OpCodes.Ldarg_2);
        generator.Emit(OpCodes.Ldloc_0);
        generator.Emit(OpCodes.Conv_I);
        generator.Emit(OpCodes.Ldobj, typeof(T));
        generator.Emit(OpCodes.Stobj, typeof(T));
        generator.Emit(OpCodes.Ldc_I4_0);
        generator.Emit(OpCodes.Conv_U);
        generator.Emit(OpCodes.Stloc_0);
        generator.Emit(OpCodes.Ret);
        Value = (ReadDelegate<T>)dm.CreateDelegate(typeof(ReadDelegate<T>));
        return Value;
    }
}

public static void ReadPointerLCG<T>(byte[] data, int offset, out T value)
{
    ReadDelegate<T> del = DelegateHolder<T>.Value;
    if (del == null) {
        del = DelegateHolder<T>.CreateDelegate();
    }
    del(data, offset, out value);
}
```

这个版本处理 100 万数据包的消耗时间是 1.05 ms,比 ReadPointer 方法慢 2 倍多。不过,比原始基于反射的方式还是要快两个数量级,这再一次证实代码生成技术的威力。(与 ReadPointer 相比,其性能损耗主要花在了从静态字段获取委托、空值检查,并以委托的方式来调用方法的过程中。)

10.7　小结

　　尽管本章所讨论的多种优化技巧和技术多有差异，但对于实现高性能 CPU 密集型算法和设计复杂系统的架构来说，这些都至关重要。通过让代码充分利用内置的 JIT 优化和处理器相关的指令优化技术，尽可能提高客户端应用的启动速度，妥善地驾驭反射和异常这类"昂贵"的 CLR 机制，就一定能把托管应用程序的性能优化到极致。

　　在接下来的最后一章，我们将讨论 Web 应用程序的性能特性，主要以 ASP.NET 为代表，介绍一些 Web 服务器相关的优化技术。

第 11 章

■ ■ ■

Web 应用性能

Web 应用每秒要处理成百上千次的请求。想要成功地开发这样的应用，就必须识别潜在的性能瓶颈，并尽可能加以防范。而在 ASP.NET 应用中，要处理并防止瓶颈的出现，并不限于代码层面。一个 HTTP 请求在抵达服务器之后、来到 Web 应用之前，它先要通过 HTTP 管线和 IIS 管线，在最终的 ASP.NET 管线才真正接触到实际代码。完成对请求的处理之后，响应就再次沿着这些管线返回，直到最终由客户端机器接收。每一个管线都是潜在的瓶颈所在，因此，改善 ASP.NET 应用的性能，就要同时改善应用的代码和各个管线的性能。

在讨论用于改善 ASP.NET 应用性能的方法时，我们应该将视角从应用本身放大开来，然后去检查 Web 应用的各个不同部分对整体性能的影响。Web 应用程序整体性能的构成要素包括：

- 应用程序的代码；
- ASP.NET 环境；
- 宿主服务器环境（通常是 IIS）；
- 网络情况；
- 客户端（不在本书的讨论范围）。

在本章中，我们将简要地讨论对 Web 应用进行性能测试的工具，并从上述多个因素出发，探索能够改善 Web 应用整体性能的不同方法。在本章结尾，我们将讨论对 Web 应用扩容的场景，并探讨如何在扩容时防止一些常见的问题。

11.1 测试 Web 应用的性能

在动手修改 Web 应用之前，我们需要知道应用的性能情况是不是正常的——它取决于在 SLA（Service Level Agreement，服务水平承诺）中要求的标准。当流量较大时，应用会不会出现意外状况？有没有什么常见的和容易提升的问题？要掌握这些信息，我们要借助于测试和监控工具，它们有助于识别 Web 应用中的问题和瓶颈。

在第 2 章，我们介绍了一些能检测代码中的性能问题的常规分析工具，如 Visual Studio 和 ANTS 分析器，另外还有一些工具能帮助我们测试、度量并分析应用的"Web"部分。

这里只是简要介绍一下 Web 性能测试的基本情况。对于 Web 应用性能测试的规划、执行和分析，可以参考 MSDN 文章"Performance Testing Guidance for Web Applications"，以获得更全面的描述和指南。

11.1.1　Visual Studio Web 性能测试和压力测试

在 Visual Studio Ultimate 的诸多测试工具中，有一个性能测试工具，可以用于评估 Web 应用的响应时间和吞吐能力。使用性能测试工具，可以记录在浏览 Web 应用过程中生成的 HTTP 请求和响应，如图 11-1 所示（仅支持 Internet Explorer）。

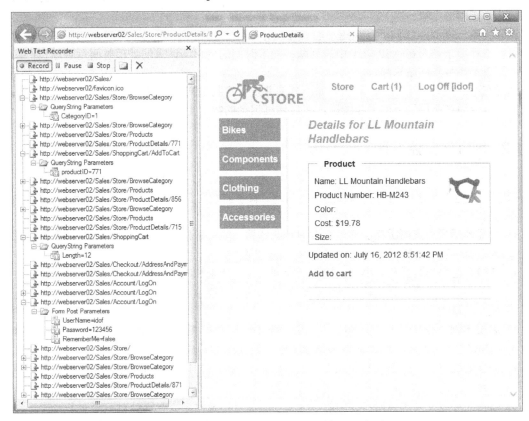

图 11-1　使用 Web 测试记录器录制 Web 应用

录制完成之后，就可以在测试其正确性的同时，使用该记录测试 Web 应用的性能，对新的响应和所记录的响应进行比较。

在 Web 性能测试工具中，可以定制测试流程。我们可以改变请求之间的排列顺序、发送新的请求、在流程中添加循环和条件、修改请求头和请求体以及添加对响应的验证规则，甚至还能通过编辑测试的流程的代码来定制整个测试流程。

使用 Web 性能测试工具本身就有很多益处了，不过想要对 Web 应用进行压力测试，还得配合 Visual Studio 的压力测试工具。压力测试工具能够模拟多个用户并发访问和执行不同的操作，并通过收集到的多种性能信息（如性能计数器和事件日志）来测试系统的行为。

提示　不建议给网络上其他的网站进行压力测试，只应该给自己的网站和应用进行压力测试。给其他网站进行压力测试可能被网站当做拒绝服务（DoS）攻击，导致你的机器甚至整个子网都被网站屏蔽。

将压力测试与 Web 性能测试工具结合起来，就能模拟几十个，甚至几百个用户并发访问 Web 应用，从而摸拟在请求中用不同的参数来访问多个页面的情形。

想要更真实地模拟几百个用户的并发，建议使用专用测试机。专用测试机接收控制机的指令，执行所要求的测试，并将结果发回控制机。运用专用测试机能降低单台测试机的压力（而不是降低被测机器的压力），如果在单台机器上模拟几百个用户的情况，就可能会由于本机性能的降低而导致测试产生不正确的结果。

在压力测试期间，我们可以观测不同的性能计数器，它们指示出应用程序在高压下的行为。例如，可以检查请求是否在 ASP.NET 中被列队；随着时间的变化，请求的处理时间是否增长；以及是否有因配置不当导致的请求超时。

通过在不同情景下运行压力测试，如不同的并发用户数量或者不同的网络类型（快的、慢的），我们能了解应用在高压之下的工作情况，然后通过记录的数据得出提高应用整体性能的方法。

11.1.2　HTTP 监控工具

一些能够"嗅探"HTTP 通信的工具，如 Wireshark、NetMon、HTTP Analyzer 及 Fiddler，能够帮助识别与 Web 应用之间的请求和响应中的问题。有了监控工具，就可以验证多种可能影响 Web 应用性能的问题。例如：

- **合理地运用浏览器缓存**。通过查看 HTTP 通信，能够识别哪些响应没有包含缓存头信息；请求已有缓存的内容时，是否携带了合适的"匹配"头。
- **HTTP 通信的数量和大小**。监控工具能列出每个请求和响应，通信所消耗的时间、通信体积的大小等，这些信息能够帮助发现频繁发送的重复请求、体积大的请求和响应，以及处理时间久的请求。
- **启用压缩**。通过查看请求和响应，可以确保请求发送时携带了 `Accept-Encoding` 头以允许 GZip 压缩，并且据此 Web 服务器返回了经过压缩的响应。
- **同步的通信**。一些 HTTP 监控工具能绘制请求之间的时间线，并显示发送请求的进程信息。于是我们就可以验证客户端应用程序能否同时发送多个请求，或者是否出现了由于缺乏出站连接而导致的请求被同步。例如，这个功能可以用来检测浏览器针对单个服务器能打开几个并发连接，或者检查 .NET 客户端应用程序是不是使用了默认由 `System.Net.ServicePointManager` 强制限制的两个连接。

类似 Fiddler 的一些工具还能将记录的 HTTP 通信导出为 Visual Studio Web 性能测试，这样就可以使用 Web 测试和压力测试，去测试那些供客户端应用和 IE 之外的浏览器调用的 Web 应用了。例如，可以监控 .NET 客户端应用发出的基于 HTTP 的 WCF 调用，导出为 Web 测试，并使用压力测试来测试 WCF 服务。

11.1.3　分析工具

Web 分析工具可以用来识别 Web 应用的问题，如雅虎的 YSlow 和谷歌的 Page Speed。除了分析 HTTP 通信，查找没有配置缓存的头和没有启用压缩的响应之外，Web 分析工具还能通过分析 HTML 页面来检测可能影响页面加载和呈现性能的问题，例如：

- 可能影响渲染时间的复杂 HTML 结构；

- 可以精简的 HTML、CSS 和 JavaScript 内容；
- 一些大的图片可以缩小，在减小了文件体积的同时，更能与其在页面中的分辨率相匹配；
- 一些原本在页面加载期间执行的 JavaScript 代码，可以调整到加载之后执行，从而让页面加载速度更快。

11.2 提高 Web 服务器的性能

从代码上优化 ASP.NET 应用性能的手段有很多。其中一些优化手段既适用于 ASP.NET 应用，也适用于桌面应用程序，如用线程或任务来执行没有上下文依赖的异步操作；但也有一些优化手段与代码编写方式有关，如使用 Web Form 的代码隐藏（Code Behind）模式^①，或是 MVC 控制器。这些变化虽小，却能帮助更好地利用服务器资源，从而让应用运行更快，提供更强的并发请求处理能力。

11.2.1 缓存公用对象

在 Web 应用中处理一个请求经常需要读取数据，通常是从一个远程位置，如数据库或者 Web 服务。这些读取数据的操作是很"昂贵"的，常常会导致响应时间的延迟。可以预先获取一次数据，并以某种缓存机制在内存中存储，而不是每次操作都获取一次数据。预缓存之后，新到来的请求就能够使用已缓存的数据，而无须从原始源再次获取了。缓存的步骤通常可以描述为：如果数据已经缓存，那么直接使用数据。否则如下：

（1）获取数据；

（2）在缓存中存储数据；

（3）使用数据。

> **注意**　由于多个请求可能访问同一个缓存的实例，这导致同一对象被多个线程所引用，因此，对缓存数据的更新操作需要倍加谨慎：要么将它作为一个不可变对象（在修改缓存的对象之前，先复制一份，在新的副本上完成修改之后，再将副本更新到缓存中），要么使用锁机制来确保它不会被其他线程修改。

ASP.NET 的 Application 状态集合在内存中提供了一个存储机制，能从所有的用户和会话中访问到。因此，很多开发人员便把它当做缓存机制使用。Application 集合的使用很简单：

```
Application["listOfCountries"]=countries;  // Store a value in the collection
countries=(IEnumerable<string>)Application["listOfCountries"];  // Get the value back
```

把 Application 集合用作缓存时，在内存中存储的资源随着时间而积累，最终会耗尽服务器内存，致使应用不得不使用磁盘分页内存，甚至由于缺少内存而退出。ASP.NET 提供了一种专门的缓存机制，对缓存的数据提供一些管理功能，用以在内存不足时释放一些没用的数据。

ASP.NET 缓存可以使用 **Cache** 类访问，它提供了功能丰富的缓存机制。除了存储数据，它还提供以下这些功能。

---

① Web Form 和代码隐藏是早期的 ASP.NET 应用开发的常见形式。——译者注

- 为缓存的数据指定过期时间，可以是 `TimeSpan`，也可以是固定的 `DateTime`。一旦到期，数据将被自动地从缓存中移除。
- 为缓存的数据指定优先级。当出现内存不足需要释放时，优先级可以帮助缓存机制决定哪些数据是相对不"重要"的。
- 为缓存的数据指定依赖项作为其有效性规则，如 SQL 依赖。例如，如果缓存的数据是一个 SQL 查询的结果，就可以为缓存指定一个 SQL 依赖，如果在数据库中发生了会影响查询结果的变化，就会导致缓存失效。
- 为缓存的数据附加回调，当一条数据从缓存中被移除时，回调就会被调用。当缓存的数据过期或失效时，回调能够帮助我们获取已更新的资源信息。

向缓存中添加数据如同向字典中添加数据一样简单：

```
Cache["listOfCountries"] = listOfCountries;
```

如果用上面的代码向缓存中添加数据，被缓存数据的优先级是默认的 `Normal`，不会设置过期或者依赖项检查。如果要向缓存中添加一个延时过期的数据，可以使用 `Insert` 方法：

```
Cache.Insert("products", productsList,
Cache.NoAbsoluteExpiration, TimeSpan.FromMinutes(60), dependencies: null);
```

注意　`Cache` 类还提供 `Add` 方法。如果在缓存中已存在具有相同键的缓存项，`Add` 方法会抛出异常，这与 `Insert` 方法覆盖现有值的行为不同。

使用 ASP.NET 的 `Cache` 类访问缓存的实现通常如下所示：

```
object retrievedObject=null;

retrievedObject = Cache["theKey"];
if (retrievedObject == null) {
  // Lookup the data somewhere (database, web service, etc.)
  object originalData=null;
  ...
  // Store the newly retrieved data in the cache
  Cache["theKey"] = originalData;
  retrievedObject = originalData;
}
// Use the retrieved object (either from the cache or the one that was just cached)
...
```

可以注意到，代码的第一行尝试直接从缓存中读取数据，而不预先检查是否存在于缓存中。这是因为数据可能随时从缓存中被移除，如在其他请求中或者缓存机制本身都有可能，那么移除也可能发生在检查和读取之间，检查也就没有必要了。

11.2.2　使用异步页面、模块和控制器

Web 请求由 IIS 传入 ASP.NET 之后，就被列队到线程池中，并且分配一个工作线程来处理，无论请求的是简单的 HTTP 处理程序、ASP.NET Web Form 应用程序中的页面，还是 ASP.NET MVC 应用程序中的控制器。

工作线程的数目是受限制的（由 Web.Config 中的 `processModel` 的 `maxWorkerThreads` 配置节定义），这意味着 ASP.NET 应用能够并发执行的请求数目也受到它的限制。

工作线程的默认配置通常能够满足中小型 Web 应用的需要，足以应付数十个并发请求的情形。不过，如果应用需要处理成百上千的并发，那么就有必要继续阅读本节了。

并发上的约束促使开发人员努力缩短执行请求所需的时间，但是，如果请求的执行过程依赖其他 I/O 操作（如 Web 服务调用或者等待数据库操作的完成）会怎么样？在这种情况下，请求执行的时间严重依赖在远程处理上的消耗，在这段时间里，请求所在的工作线程持续被占用，不能处理其他请求。

最终，当请求的并发量超过线程池限制之后，新的请求将被列队。而队列满之后，之后的请求就会收到 HTTP 503（Service Unavailable）的错误响应。

> **注意** 线程池和请求队列限制的配置在 `Web.Config` 的 `processModel` 中，部分由 `processModel` 的 `autoConfig` 特性控制。

在现代 Web 应用程序中，I/O 操作（如调用 Web 服务、查询数据库和读取网络文件等）是必然存在的，这经常导致很多线程处于等待 I/O 操作的状态，只有少量线程实际在执行 CPU 运算任务。这致使服务器 CPU 一方面没有被有效利用，另一方面却又不能用来处理其他请求，因为没有更多空闲的线程来处理它们。

在 Web 应用程序中，请求的处理常常始于 Web 服务调用或从数据库获取数据，即使有很高的用户量，也常常会出现很低的 CPU 利用率。可以使用性能计数器来检查 Web 应用程序的 CPU 利用率，如 `Processor\% CPU Utilization` 计数器、`ASP.NET Applications\Requests/Sec` 以及 `ASP.NET\Requests Queued` 计数器。

如果请求需要执行耗时的 I/O 操作，那么在 I/O 完成之前，是不需要占用工作线程的。在 ASP.NET 中，异步页面、异步控制器、异步处理程序和异步模块能够将处于等待 I/O 操作的工作线程返还给线程池，一旦 I/O 操作完成，再从线程池中获取一个工作线程继续完成对请求的处理。在最终用户看来，页面的加载过程还是花费一样的时间，因为在请求处理完成、响应可以回发之前，请求一直处于挂起状态。

在 I/O 密集的请求中，将同步处理变为异步处理就可以为运算密集型、CPU 敏感的请求增加可用的线程数目，这让服务器更好地利用 CPU，避免了请求被列队。

11.2.3 创建异步页面

要在 ASP.NET Web Form 应用中创建异步页面，首先需要在页面文件里标记为异步：

```
<%@ Page Async="true" ...
```

标记为异步之后，需要创建 `PageAsyncTask` 对象，给它传入 `begin`、`end` 和 `timeout` 这 3 个委托方法。创建好 `PageAsyncTask` 对象之后，最后调用 `Page.RegisterAsyncTask` 方法来启动异步操作。

下面的代码展示了如何为耗时的 SQL 查询使用 `PageAsyncTask` 对象：

```
public partial class MyAsyncPage : System.Web.UI.Page{
    private SqlConnection _sqlConnection;
    private SqlCommand _sqlCommand;
    private SqlDataReader _sqlReader;
```

```
IAsyncResult BeginAsyncOp(object sender, EventArgs e, AsyncCallback cb, object state)
{
    //This part of the code will execute in the original worker thread,
    //so do not perform any lengthy operations in this method
    _sqlCommand = CreateSqlCommand(_sqlConnection);
    return _sqlCommand.BeginExecuteReader(cb, state);
}

void EndAsyncOp(IAsyncResult asyncResult) {
    _sqlReader = _sqlCommand.EndExecuteReader(asyncResult);
    //Read the data and build the page's content
    ...
}

void TimeoutAsyncOp(IAsyncResult asyncResult) {
    _sqlReader = _sqlCommand.EndExecuteReader(asyncResult);
    //Read the data and build the page's content
    ...
}

public override void Dispose() {
    if (_sqlConnection != null)
    {
        _sqlConnection.Close();
    }
    base.Dispose();
}

protected void btnClick_Click(object sender, EventArgs e) {
    PageAsyncTask task = new PageAsyncTask(
      new BeginEventHandler(BeginAsyncOp),
      new EndEventHandler(EndAsyncOp),
      new EndEventHandler(TimeoutAsyncOp),
      state: null);
    RegisterAsyncTask(task);
}
}
```

另外一种创建异步页面的方法是利用现有异步操作的完成事件。例如，由 Web 服务或 WCF 服务生成的代理类上的异步方法：

```
public partial class MyAsyncPage2 : System.Web.UI.Page{
    protected void btnGetData_Click(object sender, EventArgs e) {
        Services.MyService serviceProxy = new Services.MyService();
        //Attach to the service's xxCompleted event
        serviceProxy.GetDataCompleted += new
          Services.GetDataCompletedEventHandler(GetData_Completed);
        //Use the Async service call which executes on an I/O thread
        serviceProxy.GetDataAsync();
    }
    void GetData_Completed(object sender, Services.GetDataCompletedEventArgs e) {
        //Extract the result from the event args and build the page's content
    }
}
```

与第一种方式一样，在这种方法里，也需要将页面标记为 Async，但可以省去创建 PageAsyncTask 对象的过程，因为在使用 xxAsync 异步方法调用服务时，在 xxCompleted 事件触发之后，页面就能自动收到通知了。

> **注意**　当将页面设置为异步之后，ASP.NET 修改页面来实现 IHttpAsyncHandler 接口，而不再是 IHttpHandler。如果希望创建自己的通用异步处理程序，也可以实现 IHttpAsyncHandler 接口。

11.2.4　创建异步控制器

在 ASP.NET MVC 中，如果要处理耗时的 I/O 操作，也可以使用异步控制器。创建异步控制器的步骤如下。

（1）创建控制器类，继承 AsyncController 类。（2）对于每一个异步操作，实现成对的 xxAsync 和 xxCompleted 方法（xx 指的是 Action 的名字）。

（2）在 xxAsync 方法中，调用 AsyncManager.OutstandingOperations.Increment 方法并传入异步操作的数目。

（3）在异步操作完成之后执行的代码里，调用 AsyncManager.OutstandingOperations. Decrement 来通知操作已完成。

例如，下面的代码展示了在控制器中名称为 Index 的异步 Action，它调用了获取视图数据的服务：

```
public class MyController : AsyncController{
    public void IndexAsync() {
        //Notify the AsyncManager there is going to be only one Async operation
        AsyncManager.OutstandingOperations.Increment();
        MyService serviceProxy = new MyService();

        //Register to the completed event
        serviceProxy.GetDataCompleted += (sender, e) = >{
            AsyncManager.Parameters["result"] = e.Value;
            AsyncManager.OutstandingOperations.Decrement();
        };
        serviceProxy.GetHeadlinesAsync();
    }

    public ActionResult IndexCompleted(MyData result) {
        return View("Index", new MyViewModel { TheData = result });
    }
}
```

11.3　ASP.NET 环境调优

除了应用程序的代码，每个入站请求和出站响应都需要经过一个个 ASP.NET 组件来处理。ASP.NET 中有些机制是给开发人员提供的，如 ViewState，但它们可能对应用程序的整体性能产生影响。为了改善 ASP.NET 应用程序的性能，建议不要使用这些默认的行为。尽管有时候因为改变了默认行为，会需要同时改变应用程序里代码的组织方式。

11.3.1　关闭 ASP.NET 跟踪和调试

通过 ASP.NET 的跟踪功能，开发者能查看页面请求中的特征信息，如执行时间、路径、会话状态和 HTTP 头信息等。

尽管跟踪功能很有用，在 ASP.NET 应用程序的开发和调试过程中能提供大量的帮助，但由于其机制本身需要在每个请求执行过程中收集数据，因此跟踪功能会对应用程序的整体性能造成一定影响。如果在开发过程中启用了跟踪功能，那么不要忘了在部署到生产环境时，通过配置关闭跟踪功能：

```
<configuration>
  <system.web>
    <trace enabled="false"/>
  </system.web>
</configuration>
```

> **注意**　如果没有在 Web.Config 中特别指定，那么跟踪功能默认是关闭的（enabled="false"），因此，也可以直接从 Web.Config 删除对应的配置节，来关闭跟踪功能。

创建新的 ASP.NET 应用程序时，在 Web.Config 中默认会添加 system.web/compilation 配置节，并且 debug 属性的值为 true。

```
<configuration>
  <system.web>
    <compilation debug="true" targetFramework ="4.5" />
  </system.web>
</configuration>
```

> **注意**　这是 Visual Studio 2012 和 Visual Studio 2010 的默认行为，在早期的 Visual Studio 里，这个配置默认是 false，在开发者第一次调试应用程序时，会弹出对话框询问用户是否要自动将其更改为 true。

这个配置的问题在于，开发者经常在将应用部署到生产环境时，忘记将 debug 值从 true 改回 false，甚至有时还会特意设置为 true，从而在异常时获得更详尽的信息。实际上，这样配置可能导致很多性能问题。

（1）浏览器不会缓存由 WebResource.axd 处理程序加载的脚本。例如，在页面里使用验证控件就需要用到这样的脚本。如果把 debug 设为 false，WebResource.axd 处理程序就会输出缓存头，这样浏览器就会缓存响应，有利于之后的访问。

（2）debug 设置为 true 时，请求不会超时。尽管这便于代码调试，但在生产环境就不允许了。长时间挂起的请求会让服务器无法处理其他请求，甚至出现持续占用 CPU、内存和其他资源的情况。

（3）debug 设置为 false 时，ASP.NET 会按照 httpRuntime/executionTimeout 的配置来定义请求是否超时（默认为 110 s）。

（4）debug 设置为 true 时，代码不能被即时编译器（JIT）优化。即时编译优化是.NET 的重要优点，它能有效提升 ASP.NET 应用的性能，而无须改写代码。将 debug 设置为 false，就可以让即时编译器通过必要的处理为应用加速。

（5）debug 设置为 true 时，在编译时不会启用批量编译。没有批量编译，每个页面、每个控件会生成到单独的程序集里，这样 Web 应用程序在运行时要加载几十或上百个程序集，零碎地加载这么多的程序集也可能会由于碎片化的地址空间而引发内存问题。将 debug 设置为 false 就可以使用批量编译，这样会为用户控件生成单个程序集，页面也只会生成几个程序集（页面的生成会根据对用户控件的使用情况分组）。

修改这个配置相当简单，直接从配置文件中删除 debug 属性，或者设置为 false 值。

```
<configuration>
  <system.web>
    <compilation debug="false" targetFramework="4.5" />
  </system.web>
</configuration>
```

为了防止在部署应用程序时忘记修改这个配置，也可以在服务器上的 machine.config 中添加如下配置来禁用服务器上所有 ASP.NET 应用的 debug 配置：

```
<configuration>
  <system.web>
    <deployment retail="true"/>
  </system.web>
</configuration>
```

11.3.2　关闭视图状态

视图状态是一种在 ASP.NET Web Form 应用程序中借助 HTML 输出来存储页面状态的技术（ASP.NET MVC 应用程序里没有这项机制）。视图状态能让 ASP.NET 在执行页面回发的整个过程中保持页面的状态。视图的状态数据经过序列化、加密（默认不启用）之后，以 Base64 编码的形式存储在隐藏表单域中。用户回发页面之后，视图的数据又被解码并反序列化回来成为视图状态字典。很多服务器控件基于视图状态来保存状态，如属性值等。

尽管这项机制强大而实用，但它生成的 Base64 字符串很大，直接提高了响应正文的量级。举例来说，一个带翻页功能的 GridView 页面，绑定一个有 800 个顾客的列表，将会生成 17 KB 的 HTML 输出，其中 6KB 是视图状态——GridView 控件需要将数据源存储在视图状态中。另外，视图状态机制需要在处理每个请求过程中对视图状态数据进行序列化、反序列化操作，也会给页面处理增加额外的负担。

提示　如果客户端位于服务器的同一网络中，由视图状态生成的额外 HTML 输出往往不被察觉。这是由于局域网通常很快，能够以毫秒级的速度传输较大的页面（理想情况下，1 GB 带宽的局域网有 40~100 MB/s 的吞吐量）。但是在像互联网这样的广域网中，视图状态的影响就明显了。

除非确有需要，否则建议将视图状态功能关闭。通过修改 Web.Config 即可关闭整个应用程序的视图状态：

```
<system.web>
  <pages enableViewState="false"/>
</system.web>
```

如果不想关闭整个应用程序的视图状态，也可以单独将页面或页面里的控件的视图状态关闭：

```
<%@ Page EnableViewState="false" ... %>
<asp:GridView ID= "gdvCustomers" runat="server" DataSourceID="mySqlDataSource"
```

```
AllowPaging="True" EnableViewState="false"/>
```

在 ASP.NET4 之前，在页面上关闭了视图状态，其控件的视图就不能单独启用了。在 ASP.NET 4 里，新的 ViewStateMode 属性允许在页面上关闭视图状态的情况下，为特定的控件启用视图状态功能。例如，下面的代码就在页面上关闭了视图状态，但 GridView 控件除外：

```
<%@ Page EnableViewState="true" ViewStateMode="Disabled" ... %>

<asp:GridView ID="gdvCustomers" runat="server" DataSourceID="mySqlDataSource"
            AllowPaging="True" ViewStateMode="Enabled" />
```

注意　如果将 EnableViewState 设置为 false，那么，在关闭视图状态的同时，也会覆盖 ViewStateMode 的设置。因此，如果要使用 ViewStateMode 管理视图状态，那么要确保 EnableViewState 设置为 true，或者不设置（默认即为 true）。

11.3.3　服务端输出缓存

尽管我们通常认为 ASP.NET 页面的内容是动态的，但经常会发现动态页面的内容也并不是一直在变化。例如，页面可能使用产品的 ID 来查询并返回关于产品详细信息的 HTML。由于能为不同的产品提供 HTML 内容，因而页面本身是动态的。但对于特定的产品来说，其变化却并不频繁，至少在数据库里，产品对应的数据发生改变之前是不会变化的。

继续讨论这个关于产品的例子，为了防止在页面每次收到产品的请求时都要查询数据库，我们可以在内存中缓存产品的信息，以便更快地读入数据。即使这样，我们还是每次都需要渲染 HTML 内容。与缓存所需数据不同，ASP.NET 还提供了另一种缓存机制，即 ASP.NET 输出缓存，它可以直接缓存输出的 HTML。

ASP.NET 可以通过输出缓存把首次执行代码所产生的 HTML 缓存起来，后续请求将自动从缓存中获取已渲染完成的 HTML，无须再执行页面的代码。输出缓存在 ASP.NET Web Form 中可以用来缓存页面，而在 ASP.NET MVC 中也可以缓存控制器中的执行结果。

来看一个例子，下面的代码使用输出缓存对 ASP.NET MVC 控制器中返回的视图缓存 30 s：

```
public class ProductController : Controller{
    [OutputCache(Duration = 30)]
    public ActionResult Index() {
        return View();
    }
}
```

如果例子中的 Index 需要根据收到的 ID 来显示特定产品的视图，那么我们可能需要根据收到的 ID 来对不同的输出进行缓存了。除了固定的输出，输出缓存还支持根据传入的参数在同一个 Action 上缓存不同的输出。下面的代码展示了通过修改 Action 来根据 ID 参数对输出结果进行缓存：

```
public class ProductController : Controller {
    [OutputCache(Duration = 30, VaryByParam = "id")]
    public ActionResult Index(int id) {
        //Retrieve the matching product and set the model accordingly
        ...
        return View();
    }
}
```

> **注意**　除了查询字符串参数，输出缓存还能根据 HTTP 请求头的变化进行缓存，如 `Accept-Encoding`、`Accept-Language` 请求头等。例如，如果 Action 返回的内容需要根据 `Accept-Language` 请求头变化，那么将输出缓存设置为按照它缓存，就可以根据请求中的语言维护不同版本的缓存了。

如果需要为多个页面和 Action 配置一样的输出缓存，那么可以用全局的缓存配置来替代到处重复设置的做法。全局缓存配置保存在 `Web.Config` 文件的 `system.web/caching` 配置节。下面的示例声明了可用于多个页面的缓存配置：

```
<system.web>
  <caching>
    <outputCacheSettings>
      <outputCacheProfiles>
        <add name="CacheFor30Seconds" duration="30" varyByParam="id"/>
      </outputCacheProfiles>
    </outputCacheSettings>
  </caching>
</system.web>
```

完成配置之后，它可以直接在 Action 中使用，不需要重复有效期和参数等：

```
public class ProductController : Controller{
    [OutputCache(CacheProfile = "CacheFor30Seconds")]
    public ActionResult Index(int id) {
        //Retrieve the matching product and set the model
        ...
        return View();
    }
}
```

在 ASP.NET Web Form 中，也可以用 `OutputCahce` 页面指令使用缓存配置：

```
<%@ OutputCache CacheProfile="CacheEntityFor30Seconds" %>
```

> **注意**　默认情况下，ASP.NET 输出缓存机制会使用服务器内存来存储缓存的内容，在 ASP.NET 4 中，可以使用自定义的输出缓存提供程序。例如，可以编写一个自己的提供程序，将缓存的内容存储到磁盘上。

11.3.4　对 ASP.NET 应用程序进行预编译

在编译 ASP.NET Web 应用程序的过程中，应用的所有逻辑代码会生成到同一个程序集中。而页面（.aspx）和控件（.ascx）不编译，会直接部署到服务器上。Web 应用程序首次启动时（即第一个请求到来时），ASP.NET 会动态地编译页面和控件，而后把编译产生的文件置于 ASP.NET 临时文件夹中。这种动态编译机制延长了首次请求的响应时间，让用户感觉网站加载速度很慢。

为了解决这个问题，可以使用 ASP.NET 编译工具（aspnet_compiler.exe）对 Web 应用程序的逻辑代码、页面和用户控件进行预编译。在生产环境服务器上运行编译工具可以减少用户在首次请求的等待时间。运行编译工具的步骤如下。

（1）在生产环境服务器上运行命令提示符。

（2）切换到**%windir%\Microsoft.NET** 目录。

（3）根据 Web 应用程序的应用程序池是否配置为支持 32 位应用程序，来选择切换到 Framework 还是 Framework64 文件夹（对于 32 位系统，只能使用 Framework 文件夹）。

（4）根据应用程序池所使用的.NET Framework 版本（v2.0.50727 或者 v4.0.30319），切换到版本对应的文件夹。

输入下面的命令，启动编译过程（将命令中的 **WebApplicationName** 替换成应用程序的虚拟路径）：

```
Aspnet_compiler.exe -v /WebApplicationName
```

11.3.5　ASP.NET 进程模型调优

ASP.NET 会在应用程序收到请求时，启动工作线程来处理。有时候，应用自身的代码也要创建新的线程，例如，在调用外部服务的时候，这同样要消耗线程池中的线程。

为了防止线程池中的可用线程耗尽，ASP.NET 会自动对线程池进行优化，为给定线程能够处理的请求数目应用多种限制。这些设置由 3 个主要的配置节来控制：system.web➤processModel、system.web➤httpRuntime 及 system.net➤connectionManagement 配置节。

> **注意**　httpRuntime 和 connectionManagement 节可以在应用程序的 Web.Config 文件中配置，而 processModel 节只能在 machine.config 文件中配置。

processMdoel 节控制有关线程池的限制，如最少和最多的工作线程数，而 httpRuntime 节定义可用线程数的限制，例如，为了用于持续处理来路请求而存续的最少可用的线程数。connectionManagement 节控制每个地址的最多出站 HTTP 连接数。

这些配置项都有默认值，但有些默认值比较小。另外，ASP.NET 还有一个 autoConfig 配置，可以用于自动调整其他配置来优化性能。它也位于 processModel 节，默认值为 true。

autoConfig 控制着以下这些配置项（下面的默认值来自微软知识库文章 KB821268）：

- processModel➤maxWorkerThreads 在内核数的 20~100 倍之间自动调整线程池中的最大工作线程数。
- processModel➤maxIoThreads 在内核数的 20~100 倍之间自动调整线程池中的最大 I/O 线程数。
- httpRuntime➤minFreeThreads 在内核数的 8~88 倍之间自动调整用于处理新请求的最小可用线程数。
- httpRuntime➤minLocalFreeThreads 在内核数的 4~76 倍之间自动调整用于处理新的本地请求的最小可用线程数。
- connectionManagement➤maxConnections 在内核数的 10~12 倍之间自动调整最大的并发连接数。

尽管上述默认值也是为了优化性能而设置，但根据应用程序的实际情况，有时为了更好的性能表现，还是要手动定制。例如，如果应用程序要调用其他服务，就可能要增加最大并发连接数，以允许更多的、同时发往基础服务的请求。下面的代码为增加最大连接的配置方法：

```
<configuration>
  <system.net>
    <connectionManagement>
      <add address="*" maxconnection="200" />
    </connectionManagement>
  </system.net>
</configuration>
```

还有一些情况，例如，应用在启动过程中往往会有很多请求被列队，甚至突然陷入拥堵，这时可能需要调整线程池的最少工作线程数（所设置的值会在运行时再乘以机器的内核数），在 machine.config 使用如下配置，即可完成：

```
<configuration>
  <system.web>
    <processModel autoConfig="true" minWorkerThreads="10" />
  </system.web>
</configuration>
```

在贸然地提高最小、最大线程数的配置之前，要考虑好这个改变可能会给应用程序带来的副作用：如果允许太多并发的请求，可能会导致 CPU 和内存的过量占用，最终也可能致使应用程序崩溃。这意味着，修改了这些配置之后，一定要做好压力测试，以确保机器可以承受这样大量的请求。

11.4　配置 IIS

作为宿主环境，IIS 也对应用程序的整体性能有一些影响。例如，IIS 管线越短，处理请求过程需要执行的代码也就越少。IIS 中一些机制可以用于减少延迟、增加吞吐能力，从而改善应用程序的性能；另外一些机制，如果运用得到，还能提高应用程序的整体性能。

11.4.1　输出缓存

我们知道 ASP.NET 已有专门的输出缓存机制，那为什么 IIS 还需要另外一套呢？很简单，除了 ASP.NET 页面，还有其他类型的内容需要进行输出缓存。例如，一些被频繁请求的静态图片文件，或者自定义的 HTTP 处理程序的输出结果，对它们进行缓存时，就可以使用由 IIS 提供的输出缓存。

IIS 的输出缓存有两种形态：用户模式缓存和内核模式缓存。

1. 用户模式缓存

与 ASP.NET 类似，IIS 能将响应缓存在内存中，然后自动从内存中为接下来的请求服务，而不需要访问磁盘静态文件，或者调用应用程序的代码。

在 IIS 中，为 Web 应用程序配置输出缓存的步骤为：打开 IIS 管理器，转到要操作的 Web 应用程序，打开输出缓存功能。进入之后，在 Actions 面板单击"Add..."链接来添加新的缓存规则，或者编辑已有的规则。

创建用户态缓存规则的方法为添加新的规则，在创建缓存规则的对话框中，输入要缓存的文件扩展名，勾选用户模式缓存的复选框，如图 11-2 所示。

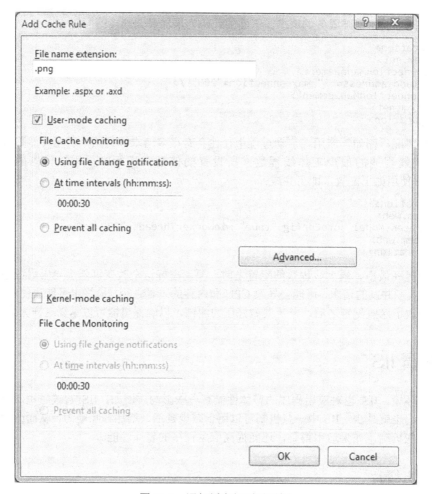

图 11-2　添加缓存规则对话框

选中复选框后，可以选择从内存中移除缓存的时机，例如，当文件发生更改，或者初次缓存的一段时间间隔之后。对于静态文件来说，文件更改通知就很适合，而时间间隔更适合于动态内容。单击 "Advanced" 按钮，还可以控制针对不同版本的缓存的存储方式（根据查询字符串，以及 HTTP 请求头等方式）。

在创建了缓存规则之后，其配置会存储在 Web.Config 文件的 system.webServer➤caching 配置节中。例如，将规则设置为缓存 .aspx 页面、30 分钟之后过期，并根据 Accept-Language 请求头变化，则会生成如下配置：

```
<system.webServer>
  <caching>
    <profiles>
      <add extension=".aspx" policy="CacheForTimePeriod" kernelCachePolicy= "DontCache"
        duration="00:00:30" varyByHeaders="Accept-Language" />
    </profiles>
  </caching>
</system.webServer>
```

2. 内核模式缓存

与用户模式缓存使用 IIS 工作进程的内存来存储缓存内容不同，内核模式缓存将缓存的内容存储在 HTTPS.sys 内核模式驱动中。运用内核模式缓存能提供更快的响应时间，不过它并不能支持所有的情况。例如，如果请求要包含查询字符串，或者包含身份凭证信息，就不适用了。

启用内核模式缓存的方法与启用用户模式缓存的类似。在规则对话框里，勾选 "Kernel-mode caching"，再选择一个缓存监控设置。

也可以为一个规则同时启用内核模式缓存和用户模式缓存。如果都启用，会先尝试利用内核模式缓存，如果由于请求中包含了查询字符串等情况而导致不适用，就会启用用户模式缓存。

> **提示** 对于同时启用了内核模式缓存和用户模式缓存的规则，如果要用时间间隔来监控，那么要确保两种模式的时间间隔设置是相同的，否则用户模式也会使用内核模式设置的时间间隔。

11.4.2 应用程序池配置

IIS 工作进程运行我们的程序代码，而应用程序池则控制 IIS 如何创建和维护这些进程。在安装 IIS 和 ASP.NET 时，会根据服务器的.NET 版本自动创建一系列应用程序池。之后在安装新的 Web 应用程序的时候，也会添加新的应用程序池。应用程序池创建之后，自动按默认的配置工作。例如，每一个应用程序池都有一个闲置超时时间的配置，闲置超过这个时间，应用程序池就会关闭。

理解应用程序池的配置有助于定制应用程序池的工作方式，以便让其更符合应用程序的需求。

1. 回收

通过调整关于回收（Recycling）的配置，可以控制应用程序池何时重启工作进程。可以选择让工作进程每几小时回收一次，或者在所占用的内存超过一定量的时候回收。如果 Web 应用程序随着时间的推移占用了大量的内存（如存储了很多对象），适当增加回收次数能够有效维持整体性能。另一方面，如果应用程序工作正常，减少回收次数就可以防止上下文状态信息的丢失。

> **提示** 可以使用 ASP.NET\Worker Process Restarts 性能计数器来检查应用程序池回收的次数和频率。如果发现大量无故回收，就要比对一下应用程序的 CPU 和内存占用情况，确保没有超过应用程序池中的定义的阈值。

2. 闲置超时

默认情况下，如果持续不活跃超过 20 分钟，应用程序池就会自动关闭。除非真会有用户突然都不访问了，你才可能期待这样的自动回收的超时时间。实际上，你可能希望要延长闲置超时的时间，或者直接关闭这个机制。

3. 处理器亲和性

按照默认配置，应用程序池会使用服务器上的所有 CPU 核心。如果服务器还运行着一些需要优先占用 CPU 资源的特殊后台进程，就可以让应用程序池只使用特定的 CPU 内核，将余下的 CPU 内核留给那些后台进程。当然，也需要设置那些后台进程的 CPU 亲和性，以确保它们不会和应用程序池工作进程抢占 CPU 内核。

4. Web 园

应用程序池默认只启动一个工作线程来处理所有对应用程序的请求。如果工作进程一次要处理多个请求，且这些请求基于锁来解决对同一资源的竞争，就可能由于资源争用引发响应延迟。例如，如果应用程序使用锁来防止对独占缓存的并发写入，请求的执行过程就是按次序串行的，这会导致很难察觉的延迟，也不好修复。尽管有时候可以重新设计代码，少用锁，但总有无法避免锁的时候。另一种解决这种竞态问题的思路是，启动多个工作进程，都运行相同的应用程序，它们各自处理请求，则出现竞争的概率将会降低。

另外，如果在 64 位 IIS 服务器上运行 32 位 Web 应用程序，那么在多个进程中运行相同的应用程序的做法也很有帮助。64 位服务器通常有很多内存，而单个 32 位应用程序最多只能使用 2 GB 内存，因此，会很频繁地导致垃圾回收，甚至应用程序池回收。而启用 2 个或 3 个运行 32 位 Web 应用程序的工作进程，应用程序就可以更好地利用服务器内存、减少 GC 和应用程序池回收的次数。

在 IIS 的应用程序池配置里，可以设置用于处理请求的最多工作进程数。将它设置为大于 1 的值（默认为 1）之后，当 Web 请求来临，就会启动多个工作进程，直至到达设置的限值。启用了多个工作进程的应用程序池被称为"Web 园"（Web Garden）。客户端连入后，会被关联到一个工作进程上，此客户端接下来的请求也都由这个工作进程处理。这样不同用户的请求被均衡分配到不同进程上，降低竞争发生的概率。

Web 园也有一些缺点。例如，多个工作进程会占用更多内存、不能使用进程内会话状态模式等。多个工作进程在同一机器上运行的时候，还可能产生机器资源的竞争问题，例如，当多个进程要访问同一个日志文件的时候。

11.5　网络优化

即使代码能够高速运行、服务器环境处理能力也不错，但对于 Web 应用程序来说，还有一个可能出问题的瓶颈环节，那就是客户端带宽、数据量以及请求数。减少请求数量、压缩响应的方法有很多，其中有些很简单，只需要修改 IIS 配置，而还有一些则要在应用程序代码中下功夫。

11.5.1　使用 HTTP 缓存头

让浏览器缓存那些不怎么发生变化的内容能有效节省带宽。静态内容（如图片、脚本和 CSS 文件）就是很好的代表，其实即使是.aspx 和.ashx 这类动态内容也常常可以缓存，只要它们的变化不频繁。

1. 为静态内容设置缓存头

在静态文件上使用的缓存头通常有两个。

- **ETag**。IIS 根据文件最近的修改算出一个散列值，并将其设置到响应头中。后续请求中如果带有 ETag 值，IIS 就会将其与基于文件最新算出的 ETag 值进行比较，如果不匹配，就返回文件内容；如果匹配，就会返回 HTTP 304（未修改）响应，而不再返回文件内容。客户端用于提供 ETag 值的请求头是 If-None-Match。
- **Last-Modified**。IIS 会将文件的最近修改时间设置到响应头中。如果 IIS 的 ETag 功能关闭了，那么 Last-Modified 缓存头是一个备选方案。后续请求如果将 Last-Modified 值发回服务器，IIS 就会将其与文件的最近修改时间进行比对，如果文件已更新，则返回文件内容，否则返回 HTTP 304 响应。客户端用于提供 `Last-Modified` 值的请求头是 `If-Modified-Since`。

这两个缓存头能在客户端已有缓存的情况下，不会向客户端回发文件内容，不过这个机制还是需要由客户端发起请求来验证内容没有更新。如果应用程序里有一些静态文件在接下来的几周甚至几个月肯定不会变化，如公司的标识（Logo），或者在应用程序升级之前肯定不会更新的脚本文件，我们就可能希望通过设置一些缓存头来让客户端缓存这些内容，并直接使用缓存的版本、不必每次都向服务器验证是否有了变化。使用 `Cache-Control` HTTP 头，并设置 `max-age`，或者 `Expires` HTTP 头都可以实现这个行为。`max-age` 与 `Expires` 的区别在于前者设置的是相对的过期时长，而后者设置的则是缓存过期的绝对时间点。例如，将 `max-age` 值设置为 3 600 就可以让浏览器自动对内容缓存一小时（3 600 s），并且在这段时间里不会发送请求到服务器验证内容是否有更新。无论是满足相对过期时长还是固定过期时间，只要缓存一过期，浏览器就会将其标记为失效，在需要这个资源时就会发送请求到服务器获取新的内容。

> **提示** 可以用 HTTP 监控工具（如 Fiddler）来验证，对于已缓存的内容，确实不会再有请求发出来了。它们还可以用于侦测发送到服务器的其他请求。如果出现了对应该缓存的资源的请求，可以检查该请求的响应来检查 max-age 或 Expires 缓存头是否正确设置。

搭配使用 `ETag/Last-Modified` 响应头和 `max-age/Expires` 响应头还可以兼有两者的好处。在缓存过期之后，客户端会发送检查请求，而如果服务器的内容实际上并没有发生更新，那么仍然可以返回 HTTP 304 响应，还能一并返回新的 `max-age/Expires` 值。

在多数浏览器里，单击"刷新"按钮（或按<F5>键）能让浏览器忽略缓存的 `max-age/Expire` 设置，总是会发送请求以获取新版本。不过，这些请求还会包含 `If-Modified- Since/If-None-Match` 请求头，如果内容没有变化，服务器还可以返回 304 响应。

在 `Web.Config` 文件中添加如下配置即可设置 `max-age` 头：

```
<system.webServer>
  <staticContent>
    <clientCache cacheControlMode="UseMaxAge" cacheControlMaxAge="0:10:00" />
  </staticContent>
</system.webServer>
```

上面的配置会在所有请求静态内容的响应里设置 `Cache-Control` 响应头，并将 `max-age` 值设为 600s。

如果要设置 Expires 响应头，那么可以更改如下所示的 `clientCache` 配置节：

```
<system.webServer>
  <staticContent>
    <clientCache cacheControlMode="UseExpires" httpExpires="Wed, 11 Jul 2013 6:00:00 GMT"/>
  </staticContent>
</system.webServer>
```

上面的配置会让所有静态内容在 2013 年 7 月 11 日早上 6 点过期。如果要区分不同资源的 `max-age` 设置，例如，给 JavaScript 文件设置固定的过期时间，而给图片设置 100 天的相对过期时间，就可以使用 `location` 配置节来为应用程序不同的部分使用不同的配置。示例代码如下：

```
<location path="Scripts">
  <system.webServer>
    <staticContent>
      <clientCache cacheControlMode="UseExpires" httpExpires="Wed, 11 Jul 2013 6:00:00
GMT" />
    </staticContent>
  </system.webServer>
</location>
<location path="Images">
  <system.webServer>
    <staticContent>
      <clientCache cacheControlMode="UseMaxAge" cacheControlMaxAge ="100.0:00:0" />
    </staticContent>
  </system.webServer>
</location>
```

注意　Expires 响应头的值必须是完整格式的日期和时间。另外，根据 HTTP 标准，Expires
头的日期不得超过当前日期之后的一年。

---

2. 为动态内容设置缓存头

静态文件有固定的修改时间，可用于判断文件是否有更新。而动态内容没有固定的修改时间，
因为每次请求时它们都会重新生成，所以修改时间就是当前时间，于是 ETag 和 Last-Modified 缓
存头就不能用于动态内容了。

尽管如此，如果观察一个动态页面，实际上可以找到某种方法来表示其修改时间，或计算其 ETag。
例如，一个查询产品信息的请求，如果数据表中已经有一个列存储了最后修改时间，就可以直接用
于设置 Last-Modified。即使数据表里没有，也可以用实体的各个字段的值来计算其 MD5 散列值，
并设置为 ETag。后续请求如果带有 ETag，服务器再次算出 MD5 散列值，值相等时服务器便返回
HTTP 304 响应。

下面的代码将产品的最后修改时间设置为 Last-Modified 缓存头：

```
Response.Cache.SetLastModified(product.LastUpdateDate);
```

如果没有存储最后修改时间，那么可以将由实体的字段算得的 MD5 散列值设置为 ETag：

```
Response.Cache.SetCacheability(HttpCacheability.ServerAndPrivate);

//Calculate MD5 hash
System.Security.Cryptography.MD5 md5 = System.Security.Cryptography.MD5.Create();
string contentForEtag = entity.PropertyA + entity.NumericProperty.ToString();
byte[] checksum = md5.ComputeHash(System.Text.Encoding.UTF8.GetBytes(contentForEtag));

//Create an ETag string from the hash
//ETag strings must be surrounded with double quotes, according to the standard
string etag = "\"" + Convert.ToBase64String(checksum, 0, checksum.Length) + "\"";
Response.Cache.SetETag(etag);
```

注意　ASP.NET 的缓存模式默认不支持 ETag。要开启对 ETag 的支持，需要将缓存模式设置为
ServerAndPrivate，以允许内容在服务端和客户端缓存，但不包括网络中间环节，如代理。

收到带有 ETag 的请求后，可将算出的 ETag 与浏览器提供的 ETag 进行比较，如果匹配，则返
回 304 响应：

```
if (Request.Headers["If-None-Match"] == calculatedETag) {
    Response.Clear();
    Response.StatusCode = (int)System.Net.HttpStatusCode.NotModified;
    Response.End();
}
```

如果能预估动态内容的有效期，那么还可以搭配使用 max-age 或者 Expires 缓存头。例如，下架的产品不会再发生改变，就可以在返回页面时设置其过期时间为一年：

```
if (productIsDiscontinued)
    Response.Cache.SetExpires(DateTime.Now.AddYears(1));
```

也可以使用 max-age 表达类似的语义：

```
if (productIsDiscontinued)
    Response.Cache.SetMaxAge(TimeSpan.FromDays(365));
```

除了以代码的方式设置响应的过期时间，还可以在 .aspx 页面文件的 OutputCache 指令里设置。下面的代码所示为将产品的页面设置为允许客户端缓存 10 min（即 600 s）：

```
<%@ Page ... %>
<%@ OutputCache Duration="600" Location="Client"%>
```

使用 OutputCache 指令时，所指定的时间输出为 HTTP 响应头之后会既包含 max-age，也包含 Expires（Expires 值由当前时间计算而来）。

11.5.2　启用 IIS 压缩

除了多媒体文件（声音、图片和视频等）和二进制文件，如 Silverlight 和 Flash 组件，从 Web 服务器上输出的大部分内容都是基于文本的，如 HTML、CSS、JavaScript、XML 及 JSON。IIS 压缩功能能够压缩这些文本内容的体积，通过减小响应正文来提高响应速度。IIS 压缩功能可以将响应的体积缩小 50%~60%，有时甚至更多。IIS 提供的压缩功能有两种，即静态压缩和动态压缩。在使用 IIS 压缩功能之前，需要安装静态压缩和动态压缩的 IIS 组件。

1．静态压缩

IIS 的静态压缩会将响应内容压缩后暂存在磁盘上，对于该资源的后续请求，直接返回已压缩的内容，不会再执行压缩。这样，利用磁盘空间避免了持续压缩所需的高 CPU 占用和响应延迟。

静态压缩适用于那些不经常变化的文件（它们是"静态"的），如 CSS 文件和 JavaScript 文件。不过，在原始文件发生改变时，IIS 也能检测变化，并用新内容重新压缩。

要注意的是，静态压缩非常适用于文本文件（.htm、.txt 和.css），也适用于某些二进制文件，如 Microsoft Office 文档（.doc 和.xls），但不太适合于已经压缩好的文件，如图片文件（.jpg 和.png）和压缩的 Microsoft Office 文档（.docx 和*.xlsx）。

2．动态压缩

IIS 的动态压缩会在每次请求资源时都执行压缩，不将压缩后的内容存储到磁盘上。压缩过程会占用一些 CPU 资源，响应也会略有延迟。因而，动态压缩更适合变化频繁的内容，如 ASP.NET 页面响应。

由于动态压缩会增加 CPU 压力，因此建议在启用动态压缩之后要检查 CPU 资源使用情况，以确保不会给 CPU 增加太多负担。

3．配置压缩功能

使用压缩的首要步骤就是要启用压缩。打开 IIS 管理器，选择机器名称，单击压缩选项，选择要使用的压缩，如图 11-3 所示。

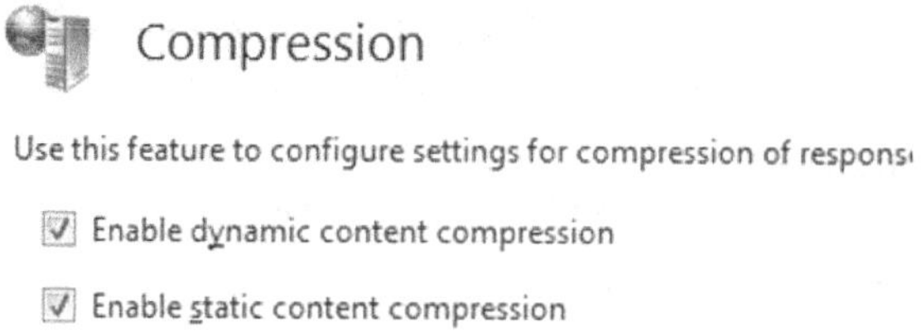

Compression

Use this feature to configure settings for compression of respons·

☑ Enable dynamic content compression

☑ Enable static content compression

图 11-3　在 IIS 管理器中启用动态压缩和静态压缩

还可以在压缩对话框里设置压缩的选项，如用于暂存压缩内容的文件夹位置，以及需要压缩的最小的文件大小。

选择了要启用的压缩类型之后，还要选择哪些 MIME 类型用于静态压缩，哪些用于动态压缩。遗憾的是，IIS 管理器不提供修改这项设置的功能。需要手动去修改 IIS 配置文件，即位于%windir%\System32\inetsrv\config 目录下的 applicationHost.config 文件。打开该文件并搜索<httpCompression>配置节，应该可以看到一些 MIME 类型被分别定义为静态压缩和动态压缩。除了已有类型，还可以添加 Web 应用程序中用到的其他 MIME 类型。例如，如果要对 AJAX 调用返回的 JSON 响应进行动态压缩，就可以使用如下配置（为了简化，此处已隐去配置中的已有项）：

```
<httpCompression>
    <dynamicTypes>
        <add mimeType="application/json; charset =utf-8" enabled="true" />
    </dynamicTypes>
</httpCompression>
```

> **注意**　向配置中添加新的 MIME 类型之后，建议使用 Fiddler 之类的 HTTP 监测工具验证压缩确已生效。经压缩的响应会包含 Content-Encoding 响应头，值为 gzip 或者 deflate。

4．IIS 压缩与客户端应用程序

对出站响应进行压缩之前，IIS 需要确保客户端应用程序能够正确处理经压缩的响应内容。为了让 IIS 启用压缩，客户端发送请求时，需要添加 Accept-Encoding 请求头，并将值设为 gzip 或者 deflate。

因为常见浏览器都会自动添加这个请求头，所以在浏览器中使用 Web 应用程序，或者 Silverlight 应用程序，IIS 会返回经过压缩的内容。但在.NET 客户端应用程序里，使用 HttpWebRequest 对象发送 HTTP 请求时，不会自动添加 Accept-Encoding 请求头，需要开发者手动添加。另外，需要将 HttpWebRequest 对象设置为自动解压缩，它才会自动解压响应的内容。在 HttpWebRequest 里需要使用如下代码来解压压缩后的响应：

```
var request = (HttpWebRequest)HttpWebRequest.Create(uri);
request.Headers.Add(HttpRequestHeader.AcceptEncoding, "gzip,deflate");
request.AutomaticDecompression = DecompressionMethods.GZip | DecompressionMethods.Deflate;
```

对于其他 HTTP 通信，如 ASMX Web 服务代理或 WebClient 对象也都支持 IIS 压缩，但需要手动配置发送请求头、解压缩响应的过程。对于基于 HTTP 的 WCF 服务，在 WCF 4 之前，.NET 客户端使用的服务引用或者信道工厂不支持 IIS 压缩。WCF 4 支持了 IIS 压缩，包括发送请求头和解压缩响应。

11.5.3 精简与合并

Web 应用程序中经常有大量的 JavaScript 和 CSS 文件。当页面包含多个外部资源的链接时，浏览器加载页面的时间会变长，用户需要等到页面及其所有相关样式和脚本都下载并分析完成才能使用页面。在处理页面资源时，需要考虑以下两个问题。

（1）浏览器需要发送并等待响应的请求个数。请求越多，浏览器发送这些请求的时间就越长，因为浏览器会限制到单个服务器的并发连接数（如 IE 9 中该限制为 6）。

（2）响应内容的大小从整体上影响着浏览器的下载时间。响应越大，浏览器用于下载的时间就越长。如果达到了浏览器允许的最多并发连接数，那么也可能会影响浏览器发出新的请求。

要解决这个问题，我们需要一种既能缩小响应大小又能减少请求数量的技术。在 ASP.NET 4.5 中，框架已内置这项技术，即"合并"（bundling）和"精简"（minification）。

合并指的是将多个文件合并为单一的 URL，请求这个 URL 即可以通过资源集的方式一次获取所有这些文件的内容；精简指的是通过移除文件中多余的空白来缩小样式和脚本文件的体积。在脚本文件中，还可以通过将变量和函数重命名为较短的名称来进一步减小文件体积。

结合使用精简和压缩技术可以极大地减小响应的大小。举例来说，在精简之前，jQuery 1.6.2 的文件为 240 KB，压缩后的大小约为 68 KB。而从原始文件精简的版本为 93 KB，比压缩后的版本略大，但在精简的版本上再使用压缩，则可以缩小为 33 KB，仅原始版本的 14%。

使用合并、精简功能之前，要安装 `Microsoft.AspNet.Web.Optimization` 的 NuGet 包，添加 `System.Web.Optimization` 程序集的引用。安装完成后，就可以使用 `BundleTable` 类来为脚本和样式创建资源集了。因为资源集要在页面加载之前就预先设置好，所以设置资源集的代码需要置于 `global.asax` 文件的 `Application_Start` 方法中。下面的代码展示了如何创建名为 `MyScripts` 的资源集（以 `bundles` 虚拟路径访问），并关联 3 个能自动精简的脚本文件：

```
protected void Application_Start(){
    Bundle myScriptsBundle = new ScriptBundle("~/bundles/MyScripts").Include(
      "~/Scripts/myCustomJsFunctions.js",
      "~/Scripts/thirdPartyFunctions.js",
      "~/Scripts/myNewJsTypes.js");

    BundleTable.Bundles.Add(myScriptsBundle);
    BundleTable.EnableOptimizations = true;
}
```

注意 默认情况下，合并、精简功能只在应用程序的编译模式设置为 release 时启用。要在 debug 模式下启用它，则需要设置 EnableOptimizations 为 true。

设置好资源集之后，在页面中使用如下代码来嵌入脚本：

```
<%= Scripts.Render("~/bundles/MyScripts") %>
```

页面渲染后，上述行会被替换成一个指向合并集的 script 标签，如下所示：

```
<script src="/bundles/MyScript?v =XGaE5OlO_bpMLuETD5_XmgfU5dchi8G0SSBExK294I41"
        type="text/javascript"></script>
```

默认情况下，合并、精简框架会将资源集的过期时间设置为一年，因此，合并后的内容仍能利用浏览器缓存。资源集的 URL 查询参数中包含一个标识，用于处理资源集中文件的变化。如果资源集中的文件发生移除、添加，或者内容的变化，标识也相应地发生改变，下次页面所生成的指向资源集的 URL 的查询参数中就会使用新的标识，浏览器就会请求资源集最新的内容了。

创建 CSS 资源集的方式也类似：

```
Bundle myStylesBundle = new StyleBundle("~/bundles/MyStyles")
    .Include("~/Styles/defaultStyle.css",
             "~/Styles/extensions.css",
             "~/Styles/someMoreStyles.js");
BundleTable.Bundles.Add(myStylesBundle);
```

在页面中使用这个资源集：

```
<%= Styles.Render("~/bundles/MyStyles") %>
```

在页面中将会生成一个标签：

```
<link href="/bundles/MyStyles?v=ji3nO1pdg6VLv3CVUWntxgZNf1zRciWDbm4YfW-y0RI1"
      rel="stylesheet" type="text/css" />
```

合并、精简框架还支持自定义的资源处理程序，例如，可以为 JavaScript 文件创建定制一个自己的精简程序。

11.5.4　使用内容发布网络（CDN）

获取资源过程中的网络延迟是 Web 应用程序典型的性能问题。如果用户与服务器就处于同一个子网，那么必然能获得理想的响应时间。但如果 Web 应用程序面向全球，世界各地的用户通过互联网访问，那些远距离的用户，如另一个大洲的用户，就可能会由于网络问题而"遭受"漫长的延迟和有限的带宽了。

解决距离问题的一种思路是将 Web 服务器在不同地区部署多套，在地理上分散开来，让用户总能使用距离较近的服务器。这必然会导致一系列的管理问题，因为经常要在服务器之间同步数据，而且还可能需要根据用户位置的不同，生成对应的 URL 来将用户引导到不同的服务器上。

这正是 CDN 解决的问题。CDN 是一组分散在全球各地的服务器，它让用户与 Web 应用程序内容总能"近在咫尺"。启用了 CDN 之后，全球各地的用户可以使用一样的 CDN 网址，但当地的 DNS 会将网址转译为靠近用户的 CDN 服务器位置。很多的网络运营商都建有它们自己的 CDN，如微软、亚马逊和 Akamai 等。

使用 CDN 的步骤为：

（1）设置 CDN 并将其指向原始内容。

（2）用户首次通过 CDN 访问该内容时，当地的 CDN 服务器从原始服务器上获取内容，缓存在自己服务器并向用户返回内容。

（3）对于后续请求，CDN 服务器直接返回已缓存的内容，无须从原始服务器上获取，从而加快了响应时间，也有可能会提供更好的网络带宽。

> **注意** 除了能给用户提速，使用 CDN 还能减少到原始服务器的静态请求，这就意味着服务器能将大部分资源用来处理动态请求。

在完成第一个步骤时，需要选择一个 CDN 服务商，并按照服务商的说明完成配置。获取到 CDN 地址之后，只要将静态内容（图片、样式和脚本）的链接指向 CDN 地址即可。例如，将静态内容上传到微软云 Blob 存储并为其注册 CDN 服务，就可以在页面中将 URL 改为如下形式：

```
<link href="http://az18253.vo.msecnd.net/static/Content/Site.css"
      rel="stylesheet" type="text/css" />
```

为了方便调试，可以将静态 URL 设置为一个变量以控制要使用本地地址还是 CDN 地址。例如，下面的 Razor 代码可按 Web.Config 文件中由 CdnUrl 配置项提供的 CDN 地址前缀来构造 URL：

```
@using System.Web.Configuration
<script src="@WebConfigurationManager.AppSettings["CdnUrl"]/Scripts/jquery-1.6.2.js"
        type="text/javascript"></script>
```

在调试应用程序期间，将 CdnUrl 设置为空值就可以从自己的 Web 服务器获取资源。

11.6 对 ASP.NET 应用程序进行扩容（scaling）

在尽数运用了上述方法，以及其他的各种技巧对性能进行了改善之后，Web 应用程序的运行高效了许多。部署到生产环境之后，开始的几周里一切都很好，然后越来越多的用户开始访问网站，每天都有新的用户注册，服务器压力开始上升。很快，服务开始不稳定了。一开始的症状可能是响应时间变长，服务器上工作进程占用的内存和 CPU 越来越高。最后，大量的请求超时，服务器日志被 HTTP 500（内部的服务器错误）的记录充满。

问题出在哪里？要不要继续努力投入精力来改善应用程序的性能？即便还能改善，当更多用户访问时，还会再次陷入一样的困境。要不要给机器增加内存和 CPU 配置？但在单一机器上增加配置（向上扩容）的空间总是有限的。这时，就要面对现实——我们需要更多服务器（向外扩容）。

向外扩容在整个应用程序的生命周期的过程中是一个很自然要历经的阶段。单一服务器可以承载几十个甚至几千个并发用户，但在超大的压力下无法提供持久的支持。会话状态导致的内存不足、线程"饥饿"以及频繁的上下文切换等问题将必然会降低单一服务器的处理能力。

11.6.1 向外扩容

以架构的视角来看，扩容并不难：新购一两台机器（或者 10 台），把它们置于负载均衡之中，然后一切就解决了。但问题是，问题并非总是这么简单。

在向外扩容时，开发者需要面对的一个重要问题是，如何保障服务器亲和性。举例来说，在使用单一服务器时，用户的会话状态存储在内存中。一台新服务器上线之后，如何让它也能访问到这些会话状态？如何在服务器之间同步会话状态？一些开发者希望继续用服务器维护状态，而尝试在客户端与服务器之间以一种亲和性来解决这种问题。客户端通过负载均衡与其中一台服务器建立连接之后，来自同一客户端的后续请求都将发往同一服务器处理，这也称为会话保持（sticky session）。会话保持只是一种折中，并不是真正的解决方案，这并不能在各个服务器之间实现均衡。这很容易出现其中单台服务器承载的用户很多，而其余服务器却空闲，因为它们的用户可能早就

281

断开了连接。

对扩容友好的真正解决方案是不依赖服务器的内存，无论是给用户维护的会话状态还是用于改善性能的内存缓存。为什么内存缓存会给扩容带来问题？如果某个用户发送的某个请求会导致缓存更新，那么收到这个请求的服务器会更新其内存缓存，而其他服务器对这个更新一无所知，假如它们此前也有一份缓存，那么这份缓存其实已经失效了，这必然导致在整个应用程序范围内的不一致性。似乎可以通过在服务器之间同步缓存来解决这个问题。尽管不无可能，但就算不考虑服务器之间的通信成本，它也会给应用程序的架构增加额外的复杂性。

11.6.2　ASP.NET 扩容机制

使用多个服务器来为应用程序扩容的过程需要一种独立于工作进程的状态管理能力。ASP.NET 有以下两种内置的进程外状态管理机制：

- **状态服务**。ASP.NET 状态服务是一项 Windows 服务，它能为多台机器提供状态管理能力。这个服务在安装.NET 框架时会自动安装，但默认是不启用的。只要让其中一台机器运行状态服务，并让其他机器都用它作为状态服务器即可。状态服务并不提供持久化能力，如果提供运行它的机器出现故障，那么 Web 园里所有会话状态都会丢失。
- **SQL Server**。ASP.NET 支持使用 SQL Server 来存储会话状态。这种方式除了提供与状态服务一样的共享能力，还能对会话状态进行持久化，即使 Web 服务器，甚至是 SQL Server 发生故障，会话状态仍能恢复。

对于缓存，多数情况下建议使用分布式的缓存机制，如微软的 AppFabric 缓存、NCache 或者 Memcached2 之类开源的分布式缓存。运用分布式缓存，可以将多个服务器的内存合并为一整个分布式内存，用于存储缓存数据。分布式的缓存提供对位置的抽象，消费方无须了解数据实际存储于何处；还提供通知服务，在缓存项发生变化时通知消费方；分布式缓存还提供高可用性，以保障即使缓存集群中的服务器节点发生故障，也不会丢失数据。

11.6.3　向外扩容的隐患

虽然与性能不一定有关系，但在给 Web 应用程序扩容过程中，还是有些要注意的问题，在这里值得一提。为了防止数据篡改和欺诈攻击，Web 应用程序的特定功能需要配置特殊的安全密钥来生成唯一标识。例如，创建 Forms Authentication Cookie 和加密 ViewState 数据时，都需要唯一标识。默认情况下，Web 应用程序的安全密钥会在应用程序池启动时动态生成。对于单一服务器来说，不会有什么问题，但当应用部署在多个服务器的时候，如果每个服务器持有不同的密钥，就成问题了。考虑这样一个场景：客户端发送一个请求到服务器 A 并获得了用服务器 A 的密钥签名的 Cookie，接着客户端带着这个 Cookie 发送了新的请求到服务器 B 上。由于服务器 B 的密钥与服务器 A 的不同，因此对 Cookie 内容的校验就会失败，客户端就会收到一个错误。

可以通过配置 machineKey 配置节来决定 ASP.NET 如何生成这些密钥。将应用部署到多个服务器上时，需要在所有服务器的应用程序配置中使用相同的、预先生成好的 machineKey。

与扩容和密钥相关的另一个问题是，对 Web.Config 文件中配置节进行加密的能力。应用程序部署到生产服务器后，Web.Config 中的敏感信息是要加密的。例如，为了防止数据库用户名和密码泄露，可以对 connectionString 配置节进行加密。如果不想在部署之后在每个服务器对

Web.Config 进行一次乏味的加密操作，就可以生成一份加密好的 Web.Config 文件，然后部署到所有服务器上。

> **注意** 要了解关于生成 machineKey 并配置到应用程序中的更多信息，可参考微软知识库基准文档 KB312906。关于生成 RSA 密钥容器的更多信息，参见 MSDN 文章 "Importing and Exporting Protected Configuration RSA Key Containers"。

11.7 小结

本章开篇时，我们讨论了 Web 应用程序的整体性能不仅由应用程序代码决定，还受到管线中的诸多其他部分影响。本章一开始介绍了一些测试和分析工具，用以帮助发现 Web 应用程序的瓶颈所在。有了良好的测试，以及对监控和分析工具的运用，就能很容易地发现问题所在，并明显地改善 Web 应用程序的性能。之后，我们跟随整个管线，在各个不同部分发现那些能够让应用程序更快速、更高效，或者缩减响应大小来加快响应速度的方法。通过本章我们发现，只要正确设置客户端缓存就能消减不必要的请求，即使很小的调整也能解决很多应用程序面临的瓶颈问题。

在本章后续部分，我们意识到单一服务器的处理能力是有上限的，因此要为扩容做好计划，提前使用扩容友好的解决方案，如分布式缓存和进程外的状态管理，这样在达到单一服务器承载上限时，可以很容易地进行扩容。最后，本章仅探索了用于改善服务端性能的几种技术，而将客户端的部分留给了读者。

本章是全书的最后一章。通过全书（11 章），你能了解到如何度量和改善应用程序的性能；如何对.NET 代码并行化，利用 GPU 的能力运行算法；如何分析.NET 类型系统和垃圾回收的复杂度；如何巧妙地选择要使用的集合类型以及何时实现自己的集合类型；如何利用最新、最好的处理器功能来为 CPU 密集型软件"压榨"额外的性能。感谢有你一起完成这一征程，愿你在改善应用程序性能的过程中顺利成功！